科学技术学术著作丛书

智能教育技术及应用

ZHINENG JIAOYU JISHU JI YINGYONG

苗启广　谢琨　王泉　著

西安电子科技大学出版社

内 容 简 介

为了更好地帮助读者了解智能教育技术，本书结合西安电子科技大学在智能教育中的大量实践案例，对智能教育技术从理论到应用进行了全面介绍。

全书共 11 章，内容包括绪论、教室中的师生行为分析、基于智能分析的知识图谱构建、学位论文智能格式检测、基于课堂行为的学生成绩预测、双师型智慧教育平台、基于语音信号处理的多语言慕课生成、基于虚拟教师形象的 MOOC 资源生成、面向智能教育的边缘计算、大规模语言模型与智慧教育、元宇宙与智能教育。

本书可为从事智能教育技术研究的学者、教师和学生提供较为丰富、全面的理论知识和实践技术，为其进一步开展智能教育研究打下良好基础，同时对推动智能教育的研究与应用发挥一定的作用。

图书在版编目（CIP）数据

智能教育技术及应用 / 苗启广，谢琨，王泉著. -- 西安 ：西安电子科技大学出版社，2025.9. -- ISBN 978-7-5606-7665-4

Ⅰ. G40-057

中国国家版本馆 CIP 数据核字第 2025RD4913 号

策　　划　高　樱　　明政珠
责任编辑　高　樱
出版发行　西安电子科技大学出版社（西安市太白南路 2 号）
电　　话　（029）88202421　88201467　　　邮　　编　710071
网　　址　www.xduph.com　　　　　　　　电子邮箱　xdupfxb001@163.com
经　　销　新华书店
印刷单位　陕西天意印务有限责任公司
版　　次　2025 年 9 月第 1 版　　　　　2025 年 9 月第 1 次印刷
开　　本　787 毫米×1092 毫米　1/16　　　印　张　16
字　　数　377 千字
定　　价　49.00 元

ISBN 978-7-5606-7665-4

XDUP 7966001-1

*** 如有印装问题可调换 ***

前 言 ///

随着 5G、人工智能、大数据、云计算等技术的飞速发展和融合应用，教育领域正经历着一场由技术驱动的革命，智能教育已经成为教育发展的一个重要趋势，正在以前所未有的速度改变着我们的学习方式、教学模式和教育体系。本书应势而生，旨在为从事智能教育技术研究的学者、教师和学生提供一个较为全面的视角，并且从学科理论到教育实践，探索智能教育技术的最新进展和实际应用。

本书共 11 章。

第 1 章 绪论：主要介绍了人工智能发展历程、信息技术在教育教学中的应用进展并指出了智能教育的发展路径。

第 2 章 教室中的师生行为分析：深入分析了教室场景下，教师和学生在教学过程中的行为以及这些行为是如何被智能技术所捕捉和分析的。

第 3 章 基于智能分析的知识图谱构建：介绍了知识图谱构建技术，并主要围绕课程知识图谱模式层构建方法、课程知识图谱数据层构建方法、多模态知识图谱构建以及课程知识图谱可视化交互系统的设计与实现四个方面展开。

第 4 章 学位论文智能格式检测：主要对学位论文格式检测系统从需求分析到系统设计给出了详细介绍。

第 5 章 基于课堂行为的学生成绩预测：着重介绍了学习效果评价特征指标体系的确定、双流信息融合学习效果评价模型、学生学习能力评价与成绩智能预测模型以及基于课堂行为的学生成绩预测系统建设。

第 6 章 双师型智慧教育平台：主要介绍双师型智慧教育平台的关键技术和应用；深入探讨知识点粒度的 MOOC 资源推荐、智能问答技术、内容检索系统设计、基于 OJ 的程序评测系统设计以及基于积分的游戏应用五个方面的内容。

第 7 章 基于语音信号处理的多语言慕课生成：首先介绍如何利用语音识别技术将语音转换为文本，并通过语言翻译技术将文本翻译成不同的语言；接着通过 TTS 语音合成技术将翻译后的文本转化为语音；最后，将这些技术整合到一个多语言 MOOC 生成系统中，为学习者提供以多种语言展示的高质量教育内容。

第 8 章 基于虚拟教师形象的 MOOC 资源生成：分别描述了基于教师二维形象及基于三维虚拟教师的课程视频制作方案，并通过教师访谈及问卷调查论证了其用于教学的有效性。

第 9 章　面向智能教育的边缘计算：详细介绍了国产异构设备在边缘计算中的应用，以及边缘计算的概念、架构和特点；阐述了在边缘计算中常用的任务调度方法，并探讨了边缘计算在智能教育中的具体应用场景。

第 10 章　大规模语言模型(LLM)与智慧教育：介绍了 LLM 涉及的基本技术及其在教育教学中的具体应用；深入分析了 LLM 应用于教育教学面临的挑战并给出了高校可采取的应对措施。

第 11 章　元宇宙与智能教育：介绍了元宇宙技术及其在教育教学中的应用；探讨了云边协同的元宇宙教育关键技术及实现。

本书汇集了智能教育技术领域涉及的最新研究成果，包括大型语言模型、元宇宙等前沿技术，不仅覆盖了智能教育技术的理论基础，还深入探讨了各种技术在教育中的应用实践，为读者提供了全方位的视角。本书旨在为研究智能教育技术的学者、教师和学生提供坚实的理论基础和丰富的实践案例。我们希望读者能够通过本书，不仅获得知识上的启迪，更能在实际工作中找到创新的思路和方法。

本书的编写得到了李荣涵、宋建锋、卢子祥、杨涛、谢晖、牛冠冲、常顺、黄峻鑫、燕忠正、贾秉文、谭华林、王煜琨、汪字全、刘昊天等人的宝贵支持和无私贡献，他们的专业知识和深刻见解为本书的编写奠定了坚实的基础。衷心感谢所有为本书的出版付出努力的同仁们。

然而，我们也深知，尽管我们在本书的撰写过程中力求严谨、准确，但由于智能教育技术是一个快速发展的领域，新的理论和应用不断涌现，我们无法涵盖所有最新的进展，加之作者的知识和经验有限，书中可能仍存在一些不足之处。我们诚挚地欢迎读者提出宝贵的意见和建议，帮助我们不断改进和完善。

感谢读者的阅读和支持。让我们携手在智能教育的浪潮中，一起探索、学习、成长，共同迎接教育的新时代。

著　者

2025 年 2 月

目 录

第 1 章　绪　　论

1.1　人工智能发展历程

人工智能(Artificial Intelligence，AI)作为新一轮科技革命和产业变革的核心动力，正在根本性地改变人们的生产、生活和学习模式。这一领域的发展历程充满了创新与探索。从最初的理论构想到如今的广泛应用，人工智能经历了数十年的发展，其间经历了几次重要的突破和变革(见图 1.1)。

20 世纪 50 年代，人工智能的理念已然萌芽。在这一时期，计算机科学领域的先驱艾伦·图灵在其论文《计算机器与智能》中开创性地提出了"图灵测试"的概念，旨在判断机器是否能够仿效人类的智能行为。这一思考极大地激发了学术界对于智能机器研究的浓厚兴趣。1956 年，约翰·麦卡锡、马文·明斯基和克劳德·香农等学者在达特茅斯会议上首次正式使用了"人工智能"一词，标志着人工智能正式成为一个独立的学科领域。

在 20 世纪 50 年代到 60 年代，人工智能处于其发展的早期阶段，这一时期的研究主要集中在数理逻辑、计算机寻址和博弈理论等领域。该时期的代表性成果包括 1956 年阿伦·纽厄尔和赫伯特·西蒙开发的启发式程序"逻辑理论家"，以及后续的通用问题求解器。这些早期的系统展示了计算机可以通过符号操作解决复杂问题的潜力。

然而随着研究的深入，人工智能领域也遇到了许多挑战。在 20 世纪 60 年代至 70 年代初，人工智能处于低谷发展阶段。由于计算能力的局限性和数据存储容量的不足，许多针对人工智能的研究项目难以达到预期的成效，导致对该领域的投资和支持显著减少。这一时期被称为"人工智能寒冬"，象征着人工智能领域面临着严峻挑战。尽管如此，一些重要的研究工作仍在进行，例如 1972 年阿伦·科尔莫戈罗夫和安德烈·马尔科夫提出的柯尔莫哥洛夫(Kolmogorov)复杂性理论，对以后计算理论的发展产生了深刻的影响。

进入 20 世纪 80 年代，人工智能迎来复兴，进入应用发展阶段，其中知识工程和专家系统成为了主要研究方向。专家系统凭借其知识库和推理引擎的运用，开始模仿人类专家在特定领域内解决问题的能力，标志着人工智能向更高层次发展迈进。MYCIN 和 DENDRAL 是这一时期的代表性专家系统，它们在医学诊断和化学分析中展示了人工智能实际应用的潜力。然而，专家系统的开发和维护成本高昂，系统性能依赖于知识库的质量和完整性，限制了其广泛应用。

进入 20 世纪 90 年代，人工智能研究再次迎来新的发展机遇。计算能力的提升和互联网的发展为数据驱动的机器学习提供了新的可能性。神经网络的重新兴起是这一时期的重要突破。1997 年，由 IBM 研发的超级计算机深蓝击败国际象棋世界冠军卡斯帕罗夫，展示了计算机在特定领域的超强计算能力。

进入 21 世纪，人工智能进入了快速发展的阶段。2006 年，杰弗里·辛顿提出的深度学习方法，利用多层神经网络大幅提升了机器学习的性能。深度学习在图像识别、语音识别和自然语言处理等领域取得了显著成就，推动了人工智能技术的广泛应用。2012 年，在当时著名的图像分类竞赛 ImageNet 数据集上，辛顿团队的 AlexNet 展现了优越的性能，比其他模型实现更低的错误率，象征着深度学习时代的正式来临。

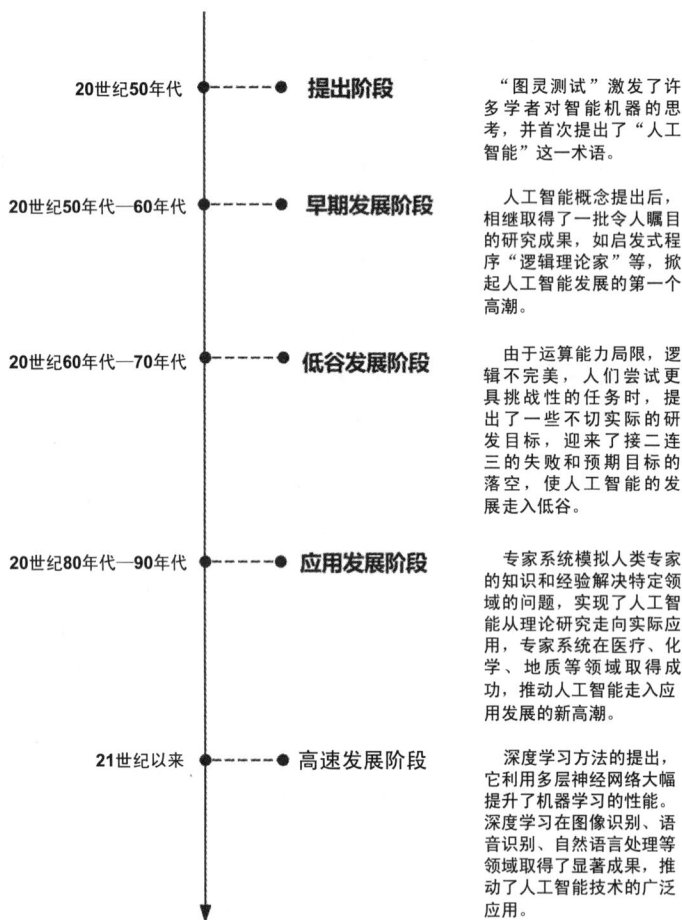

20世纪50年代	提出阶段	"图灵测试"激发了许多学者对智能机器的思考，并首次提出了"人工智能"这一术语。
20世纪50年代—60年代	早期发展阶段	人工智能概念提出后，相继取得了一批令人瞩目的研究成果，如启发式程序"逻辑理论家"等，掀起人工智能发展的第一个高潮。
20世纪60年代—70年代	低谷发展阶段	由于运算能力局限，逻辑不完美，人们尝试更具挑战性的任务时，提出了一些不切实际的研发目标，迎来了接二连三的失败和预期目标的落空，使人工智能的发展走入低谷。
20世纪80年代—90年代	应用发展阶段	专家系统模拟人类专家的知识和经验解决特定领域的问题，实现了人工智能从理论研究走向实际应用，专家系统在医疗、化学、地质等领域取得成功，推动人工智能走入应用发展的新高潮。
21世纪以来	高速发展阶段	深度学习方法的提出，它利用多层神经网络大幅提升了机器学习的性能。深度学习在图像识别、语音识别、自然语言处理等领域取得了显著成果，推动了人工智能技术的广泛应用。

图 1.1　人工智能发展历程

随着大数据、云计算和高性能计算的迅猛发展，人工智能领域迎来了前所未有的繁荣与普及，技术的成熟程度也得到了显著提升。这一趋势不仅加速了科技创新的步伐，也深刻改变了人们的生活方式和社会运行模式。生成对抗网络、自适应学习和强化学习等新方法不断涌现，推动了人工智能在医疗、金融、交通、教育等领域的创新应用。智能医疗、自动驾驶、智慧教育等成为现实，正深刻改变着人们的生活方式和社会结构。

尽管取得了诸多成就，人工智能仍面临许多挑战。在当前的发展阶段，伦理考量、数据保护、系统安全性及公正性等核心议题亟待得到妥善解决。此外，探索实现通用人工智能(Artificial General Intelligence，AGI)的路径，即赋予机器与人类相近的综合智能，仍将是科研领域未来攻坚的重要方向。

总的来说，人工智能的发展历程是一部充满创新与挑战的历史。从早期的理论探讨到今天的广泛应用，人工智能在不断突破技术瓶颈的同时，也在重新定义着人类社会的未来。随着科技的不断进步，人工智能必将在更多领域展现其巨大的潜力和价值。

1.2   信息技术在教育教学中的应用进展

信息技术的飞速发展为教育教学领域带来了前所未有的变革和机遇。从最早的计算机辅助教学到如今的智能化教育，信息技术在教育教学中的应用经历了多次迭代，每一次技术的进步都推动了教学模式和教育理念的更新与发展。

自 20 世纪 70 年代起，计算机技术逐步延伸至教育教学领域，为教学与管理注入了新的活力。起初，计算机辅助教学侧重于基础性的练习和测试，涵盖数学运算、语言学习等方面。国际商业机器公司(IBM)推出的"教育计算机"系列，特别是 IBM PC 进入学校，标志着计算机开始在教学中应用。苹果公司(Apple Inc.)的 Apple Ⅱ 也是这一时期的重要产品，其在学校中的广泛使用推动了计算机在教育中的普及。然而，随着计算机技术的日新月异，计算机辅助教学(Computer Aided Instruction，CAI)的应用范围逐渐拓宽，发展至多媒体教学的形式。这一转变整合了图形、音频、视频等多种媒体元素，不仅使得教学内容更加生动、有趣，更极大地丰富了课堂教学的手段与方法，提升了教学效果。Blackboard 公司推出的在线课程管理系统成为全球许多高校的标准平台，该系统提供了课程管理、在线讨论、作业提交和考试评估等多种功能，极大地促进了在线教育的发展。

迈入 21 世纪，互联网的广泛普及与高速网络基础设施的建设极大地推动了远程教育的崛起。在这一背景下，在线课程和虚拟学习平台为学生呈现了一个充满丰富学习资源和灵活学习途径的全新世界。2002 年，由 Martin Dougiamas 开发的开源学习管理系统 Moodle 允许教师创建动态课程网站，支持各种互动活动，成为许多教育机构和企业培训的首选平台。2006 年，由萨尔曼·可汗创立的 Khan Academy 平台提供免费、高质量的教育资源，涵盖数学、科学、经济学等多个学科。Khan Academy 平台通过视频、练习和即时反馈，帮助学生自主学习，受到了全球教育界的广泛认可。2012 年，由斯坦福大学教授安德鲁·吴和达芙妮·科勒创立的 Coursera 是大规模开放在线课程(Massive Open Online Courses，MOOC)的先驱。Coursera 与全球多所顶尖大学合作，提供大量免费的在线课程，学生可以通过该平台学习各种学科的课程，获得证书，甚至参与学位项目。诸多类似 Coursera、edX 和 Udacity 的平台吸引了大量学习者，推动了教育资源的全球化流动。尤其是慕课(MOOC)和开放教育资源(Open Educational Resources，OER)的出现，不仅实现了全球范围内优质教育资源的共享，还打破了地理与时间的界限，为教育的公平性和终身学习的理念提供了强有力的支撑。

近年来，新一代信息技术如大数据、人工智能以及云计算的快速发展，极大地促进了智慧教育的改革，并将其推向了教育教学领域的前沿。其中，大数据技术提升了教育数据的收集、存储与分析效率，使之更为精准。教育者通过对学生学习行为及数据的深入分析，能够更全面地洞察学生的学习状态和需求，从而实施更具针对性的教学设计，提供个性化的学习路径和辅导建议，进而优化教学效果。这一变革使得个性化学习成为可能，每个学生都能依据自己的学习进度和兴趣，获得量身定制的学习内容和建议，以及更高效的学习体验。例如，基于 AI 的教育机器人可以模拟人类教师的部分功能，进行答疑解惑和学习指导，极大地增强了教学的互动性和即时性。自然语言处理技术的发展诞生了智能评阅系统，可以自动批改作文和试卷，提高了评阅效率和准确性。

随着增强现实(Augmented Reality，AR)和虚拟现实(Virtual Reality，VR)这两种创新技术的引入，教育教学领域迎来了翻天覆地的变化，它们为学习者提供了全新的互动体验。通过沉浸式和交互式的学习环境，学生可以更直观地理解抽象概念和复杂原理。例如，在科学教育中，学生可以通过 VR 技术进行虚拟实验，观察微观世界的变化和现象；在历史教育的演进中，增强现实技术凭借其独特优势，得以模拟并重现历史场景，使学生仿佛身临其境，深入体验历史事件。这种沉浸式的教学方式不仅能极大地激发学生对历史的浓厚兴趣，还能在潜移默化中培养他们的探究精神，激发他们的创新思维。2015 年，由谷歌开发的教育工具 Google Expeditions 能通过上述两种技术为学生提供沉浸式的学习体验。通过 VR 眼镜学生可以进行虚拟的实地考察，探索世界各地的名胜古迹、自然景观和历史事件。这些虚拟旅行让学生有身临其境的感觉，大大增强了学习的趣味性和效果。在 AR 模式下，利用平板电脑或手机，学生可以将 3D 模型和信息叠加在现实环境中，进行互动和探究。

在教育教学领域中，区块链技术的运用也已逐渐崭露头角。鉴于其独特的去中心化、无法篡改及可追溯性的特点，区块链为教育数据的安全存储与权威认证提供了可靠保障。通过区块链技术，学生的学习记录、学术成果和证书可以实现防伪和永久保存，解决了传统教育管理中的信任和安全问题。同时，区块链技术还可以促进教育资源的共享和交易，推动教育生态系统的开放和协同发展。索尼全球教育公司开发的基于区块链的教育平台，能够利用区块链技术提升教育的透明度和效率。平台使用区块链技术记录学生的学习成果，确保数据的安全性和不可篡改性。不同教育机构之间可以通过区块链安全地共享学生的数据，提升合作和数据交换的效率。同时平台提供了数字证书的颁发和验证功能，简化了教育机构的管理流程。索尼全球教育的区块链平台已经在日本的一些教育机构中试点应用，提升了学生成绩和证书管理的透明度和效率。

在教育教学领域，信息技术的融合不仅颠覆了传统的教学范式，更引领了教育理念的深度革新。这一变革从传统的以教师为核心的教学模式，逐渐转变为以学生为主导的学习模式，使得个性化学习、自我驱动式学习和团队协作学习成为了现代教育的新潮流。教育信息化的发展，使得教学更加灵活多样，学习更加高效便捷，为教育的普及和质量提升提供了强有力的技术支撑。

我国对"人工智能+教育"的发展给予高度重视，并制定了一系列战略规划以推动其融合发展，其推进历程如图 1.2 所示。这些计划旨在利用人工智能的力量，为教育教学带来深刻的变革。早在 2017 年，我国就通过《新一代人工智能发展规划》对"人工智能+教育"的未来发展进行了前瞻性部署。随后，2018 年相继通过了《高等学校人工智能创新行动计划》《教育信息化 2.0 行动计划》并开展人工智能助推教师队伍建设行动试点工作，旨在提升人工智能领域的科研创新水平，加强人才培养力度，并深化国际交流合作，共同推动"人工智能+教育"的深入发展。2019 年《中国教育现代化 2035》印发，这是中国第一个以教育现代化为主题的中长期战略规划，是新时代推进教育现代化、建设教育强国的纲领性文件。2021 年《教育部等六部门关于推进教育新型基础设施建设构建高质量教育支撑体系提出指导意见》，强调教育新型基础设施是以新发展理念为引领，以信息化为主导，面向教育高质量发展需要，聚焦信息网络、平台体系、数字资源、智慧校园、创新应用、可信安全等方面的新型基础设施体系。2022 年科技部发布《关于支持建设新一代人工智能示范应用场景的通知》，启动支持建设新一代人工智能示范应用场景工作。

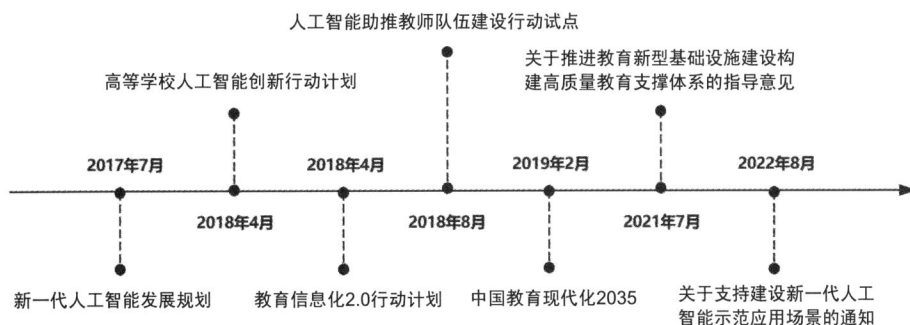

图 1.2　我国"人工智能+教育"推进历程

在我国，也有很多企业推出了将人工智能技术应用在教育领域的产品，为教育行业的变革注入了新的活力。国内知名的在线教育平台学而思网校推出的 AI 老师主要针对基础教育阶段的学生，提供智能辅导和个性化学习方案。通过大数据和人工智能技术，学而思网校的 AI 老师能够分析学生的学习情况，提供个性化的学习建议和实时互动教学，显著提高了学生的学习效果和兴趣。此外，国内领先的人工智能教育公司松鼠 AI 专注于 K-12 阶段的智能教育解决方案。松鼠 AI 的自适应学习系统通过运用先进的数据分析技术，精确地评估学生对知识点的掌握程度，为每个学生提供针对性的智能题库，帮助学生在当前学习阶段有效地查漏补缺，提升学习成绩。国内知名的互联网教育公司网易有道的 AI 学习机专注于高中阶段的智能学习辅助。通过 AI 技术，网易有道的 AI 学习机能够自动生成智能笔记，提供详细的题目解析和视频讲解，并进行学习数据分析，帮助学生梳理知识点、理解难点、制定个性化的学习计划。尤其在高考备考中，AI 学习机对学生的知识点梳理和重点难点突破起到了重要作用，极大地提高了备考效率和成绩。科大讯飞 AI 学习机面向小学、初高中学生和家长，利用多种 AI 技术，为学生的自主学习提供 AI 辅导，覆盖预习、复习、备考、作业辅导等多种场景。科大讯飞发布的星火大模型也已尝试部署在中小学相关教育工作中，例如课程教学助手、英语口语学习、批改作业等。国内领先的 IT 职业教育平台 51CTO 学院推出的 AI 智能助手能够提供即时的技术问答服务，解答学员的技术问题，并根据学员的学习目标和职业发展需求，推荐个性化的学习路径。通过在线测试和学习数据分析，AI 智能助手还可以评估学员的技能水平，提供有针对性的培训建议，在 IT 技能培训中帮助学员快速解决技术难题，提升学习效率和职业竞争力。

综上所述，人工智能技术在我国教育教学领域的各个阶段均有广泛应用，且取得了显著的成效。从基础教育到职业教育，各类人工智能教育产品通过智能辅导、自适应学习、智能笔记、智能推荐和智能问答等功能，大大提升了教学效果，改善了学生的学习体验。这些产品的应用不仅推动了教育模式的创新和变革，也为未来教育的发展提供了新的动力和可能性。

尽管信息技术在教育教学领域的运用取得了显著的成效，但与此同时，也面临着一些挑战。随着技术的日新月异，教育者需要持续学习，紧跟技术发展的步伐；而技术与教学的深度融合，则需要在实践中不断试验、调整和完善，以确保其真正发挥效用；技术的公平使用和普及，仍需政策和制度的保障。未来，随着信息技术的进一步发展和应用的深入，其必将在教育教学中发挥更加重要的作用，为实现优质教育的目标提供更加坚实的基础。

1.3　智能教育发展路径

智能教育的发展是信息技术和教育深度融合的过程，涵盖了从技术引入到应用实践，再到持续创新等多个阶段。智能教育的发展不仅仅是对传统教育方式的补充和优化，更是对教育理念、教育模式和教育生态系统的全面重构，需要政策、技术、市场、人才等多方面的支持。

首先，智能教育的发展离不开政策的引领和支持。近年来，国家层面出台了一系列政策，如2017年实施的《新一代人工智能发展规划》、2019年印发的《中国教育现代化2035》等，明确提出了关于智能教育的发展战略和目标。这些政策为智能教育的发展提供了有力保障，推动了智能教育技术的研究和应用。

其次，技术、市场、人才是智能教育发展的关键。云计算、大数据、物联网、人工智能等新一代智能技术正逐步应用于教育领域，为智能教育的发展提供了强大支撑。这些技术的应用不仅改变了传统的教学方式和方法，也促进了教育资源的优化配置和个性化学习的实现。同时，技术的融合创新也为智能教育的发展带来了新的机遇和挑战。市场需求是智能教育发展的重要动力。随着社会的进步和人们对高质量教育的更高追求，智能教育市场需求不断增长。一方面，这为智能教育产业的发展提供了广阔的空间。同时，智能教育产业的发展也推动了技术的不断创新和应用，形成了良性循环。另一方面，构建高素质、专业化的教师队伍对智能教育的发展也尤为重要。为此，教育机构应当深化对教师的培养与训练，以强化其专业素养与实践能力。除此之外，跨学科、跨领域的合作与交流也将有助于培养拥有多元知识背景和创新能力的新时代教育人才。

最后，国际合作与交流也是智能教育发展的重要途径。通过在智能教育领域与国际先进国家的合作交流可以引进国外先进的教育理念和技术成果，提高我国智能教育的水平。同时，也应致力于将我国智能教育的显著成果推向国际舞台，借此契机，进一步巩固并提升我国在国际教育领域的领先地位与影响力。

总而言之，人工智能赋能教育的发展是一个长期而复杂的过程，需要政策、技术、市场、人才等多方面的支持和推动。展望未来，随着技术的持续进步和应用场景的不断拓展，智能教育将迎来更为广阔的发展空间和无限的可能性，展现出更加蓬勃的生机与活力。

第 2 章　教室中的师生行为分析

2.1　基于视频的人体行为分析

2.1.1　行为识别技术

行为识别研究的是视频中目标的动作，比如识别目标是在读书、写字还是睡觉。在早期的行为识别任务中，基于手工设计特征的行为识别算法表现出色，具有代表性的是 IDT[1](Improved Dense Trajectories)。IDT 算法通过提取视频中的稠密轨迹来描述行为的动态演变，并使用这些轨迹进行特征提取和分类，IDT 算法是深度学习应用于该领域之前效果较好的算法。但手工设计的特征存在相对较高的计算成本以及难以扩展的问题。随着深度学习的快速发展，基于深度学习的行为识别技术的发展势如破竹。DeepVideo 是由李飞飞团队提出的一种基于卷积神经网络的算法，它在视频理解方面取得了显著的成果，这在很大程度上促进了深度学习在视频领域的应用和发展。基于视频数据的人体行为识别算法主要包括三个方向[2]：基于双流网络结构的人体行为识别算法、基于 3D 卷积神经网络的人体行为识别算法以及基于 Transformer 的人体行为识别算法。

1. 基于双流网络的人体行为识别算法

随着深度神经网络在目标检测方面的广泛应用和取得的良好效果，研究者们探索使用神经网络进行行为识别的方法，对于视频数据很自然地被分解为空间和时间两部分。空间以单幅图像的形式表现出来，其携带着目标的形状，颜色等静态信息。而时间则通过多帧连续图像表现出来，反映了目标体的移动信息。基于此特性进一步催生了双流网络结构的发展。Simonyan 等人[3]提出一种包含时间流和空间流的双流网络结构，如图 2.1 所示。该结构使用以单帧 RGB 作为输入的 CNN(Convolutional Neural Network)来处理空间维度的信息；使用以多帧密度光流场作为输入的 CNN 来处理时间维度的信息；并通过多任务训练的方法将两个行为分类的数据集联合起来(UCF101[4]与 HMDB51[5])，进而获得更好效果。该方法在 UCF101 和 HMDB51 两个数据集上取得了与 IDT 相近的结果，为双流网络在行为识别领域的发展奠定了基础，后续很多的工作都在此基础上开展。

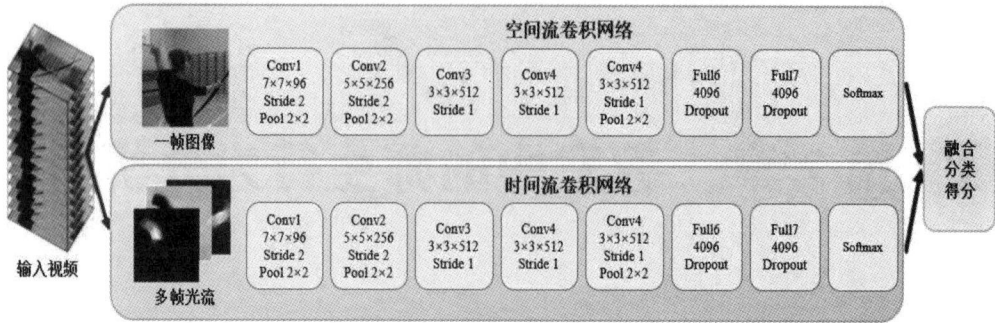

图 2.1　双流网络结构图

双流网络的每一个分支流都采用了卷积神经网络结构，它最初使用的是网络层数相对较少的 AlexNet 网络结构，之后进一步探索了更深层次的网络结构。不同研究者们使用了 VGG16、ResNet 以及 Inception 等网络结构，证明了更深层次的神经网络结构通常能够获得更好的结果。此外，双流网络结构在进行结果预测时，会利用两个分支流学习到的信息，因此如何合并两个分支流学习到的信息也是至关重要的，这一操作称为时空融合。简单来说，时空融合主要分为前期融合和后期融合。前期融合是在模型训练的早期就对两个分支学习的信息进行融合。后期融合最初的思路就是对两个分支流的预测结果进行加权平均。研究者们认为前期融合更有利于模型的训练，之后大部分都采用这种策略。

2. 基于 3D 卷积神经网络的人体行为识别算法

在传统的二维卷积神经网络模型中，卷积运算主要针对二维特征图进行，此过程仅涉及空间维度的特征提取。然而，当分析视频数据以解决特定问题时，存在对连续帧中编码的运动信息进行捕捉的需求。为了满足这一需求，引入了三维卷积神经网络(3D CNN)，该网络能同时处理空间和时间维度的特征信息。具体而言，3D CNN 叠加多个连续帧，利用三维卷积核对其执行卷积运算，从而实现特征的提取。这种结构使得各卷积层内的特征图可以与上一层的多个相邻帧产生联系，有效地捕集与解析运动信息。C3D(3D Convolutional Neural Networks)[6]是使用 3D CNN 进行行为识别的开创性工作。尽管其性能并不占据领先地位，但它具备出色的泛化能力，可以作为一个通用特征提取器，辅助其他模型的训练。随后，I3D(Two-Stream Inflated 3D ConvNets)[7]在 C3D 的基础上进行了优化，并取得了显著的效果提升。

为了降低 3D CNN 的计算复杂度，研究者通过拆分 3D 卷积核为 2D 和 1D 以及采用混合 2D 卷积和 3D 卷积的方式来减少参数，进一步降低复杂度。同时有研究者受生物学的启发，提出了一种具有快慢路径的网络结构 SlowFast。对于长时间序列的行为识别任务，虽然可以通过叠加多层卷积实现信息捕集，但是随着层数的加深，浅层的信息在网络学习的后期会逐步丢失。为了解决这个问题，研究者们提出了一种 non-local 网络结构，在残差网络模块之后加入非局部的时空模块，成功捕获了空间和时间域的长依赖关系。

3. 基于 Transformer 的人体行为识别算法

Transformer 在自然语言处理(Natural Language Processing，NLP)领域有良好的性能。文

字与视频有着高度的逻辑相似性，视频可视为由一系列视频帧序列构成的，帧与序列是两个重要的因素，都不应该忽略。帧上的内容包含了某一时刻的空间信息，而序列上的内容包含了这些空间信息的时间变化。语言是由一系列文字序列组成的，文字与序列也同等重要。文字的内容包含了某一时刻的文字语义信息，而序列上的内容包含了这些文字所表示的语义上下文信息的时间变化，因此将 Transformer 引入视频理解、动作识别是一个很自然的想法。ViT(Vision Transformer)[8]的出现将 Transformer 带入了视觉领域，完成了一系列视觉相关的任务。

Facebook AI 研究院尝试将 CNN 中成熟的理论应用到 Transformer 模型，提出了 MviT(Multiscale vision Transformers)[9]，通过分层对输入数据的通道维度进行扩展，同时降低空间分辨率，从而构建了不同尺度的 Transformer 结构来提升各种下游任务的性能。在视频数据上，VideoMAE[10]提出了一种基于 ViT 的掩码和重建的视频自监督预训练框架，即使在较小规模的视频数据集上进行自监督预训练，VideoMAE 仍能取得非常优异的表现。VideoMAE V2 展示了 VideoMAE 作为可扩展且通用的自监督训练器，可以用来构建视频基础模型，而后在模型和数据方面扩展了 VideoMAE，提出了一种双遮掩策略来降低计算成本，通过采用不同训练策略得到拥有十亿参数的视频 ViT 模型，该模型在若干个视频动作识别数据集上取得了新的最佳性能。

2.1.2　教室场景下行为识别的难点及解决方法

以 SlowFast 网络模型为例采用行为识别算法，该模型在实际教室场景中的识别效果如图 2.2 所示。图(a)为采用 SlowFast 模型默认使用的 Detectron2 检测框架进行识别的效果，可以看出在教室中，该检测框架能够检测到的学生目标很少，图(b)为将模型中的检测框架替换为 MMDetection 框架后的效果，虽然能够检测到大部分的学生，但是模型的行为识别精度不高。

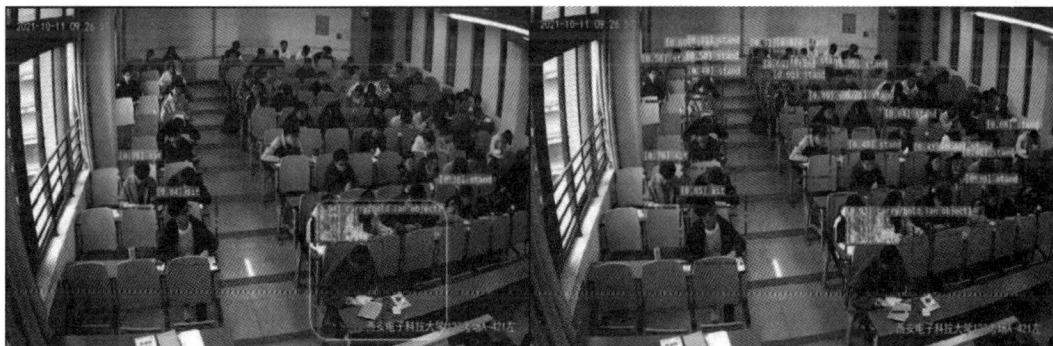

(a) 基于 Detectron2 检测框架的课堂行为识别效果　　　　(b) 基于 MMDetection 检测框架的课堂行为识别效果

图 2.2　教室场景中 SlowFast 网络模型的学生行为识别效果对比

从教室场景中的行为识别效果来看，SlowFast 网络模型应用于教室场景下的行为识别仍然存在许多问题和挑战：首先，在教室场景中，摄像头位置固定，俯视拍摄。在教室的不同区域，摄像头拍摄的角度和距离各不相同，由此产生的大小和姿态差异要求算法模型具有更高的适应性，以便能够有效应对这些尺度变化带来的挑战。其次，在教室中存在课桌以及周围同学的遮挡，导致部分目标细节信息丢失。因此，算法主要依赖目标上半身信息来完成行为识别，这要求算法能够尽可能准确地识别被部分遮挡的目标的行为。由此可见，实现对课堂师生行为的精准分析是一项具有挑战性的工作。对此，本节设计了两种解决方法：

(1) 针对教室中课桌对腿部遮挡以及前后排学生在视频中成像大小不一的问题，在金字塔池化模块的基础上提出了一种基于 3D 卷积的多尺度时空特征融合模块。首先通过四种不同大小的池化窗口提取多尺度时空特征，然后利用三线性插值算法统一各尺度时空特征的大小并进行特征融合，从而聚合多尺度时空上下文，利用多尺度时空上下文强化了原始特征表示。整体行为识别网络结构如图 2.3 所示。

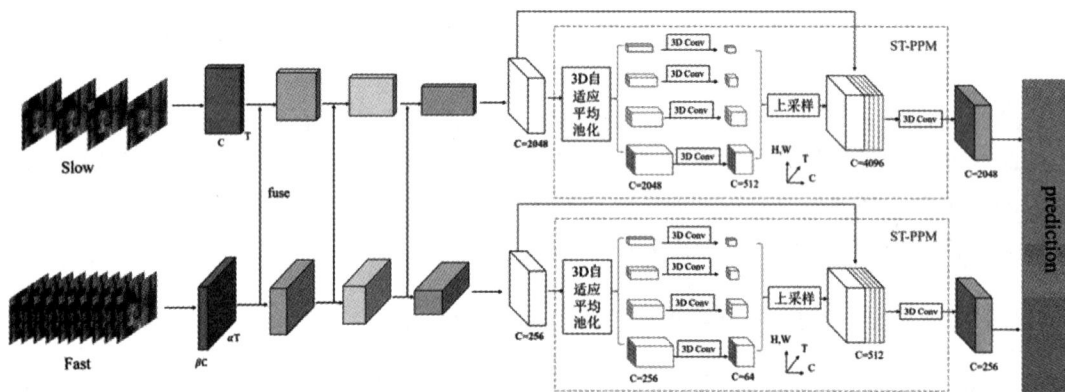

图 2.3　基于 3D 卷积多尺度时空特征融合的行为识别网络结构

该网络的具体实现步骤如下，首先设计了 4 个不同大小的 3D 池化窗口，在网络学习到的特征图上执行 3D 自适应平均池化操作，提取到的时空特征尺度分别是 $1\times1\times1$、$2\times2\times2$、$3\times3\times3$、$6\times6\times6$。对于不同尺度的时空特征分别通过 3D 卷积将通道数减少到原来的 1/4，再对每个特征图利用线性插值进行空间升维，以确保所得特征信息与原始特征图达到一致的尺度。然后将原特征图和升维得到的特征图按通道维度进行拼接，得到包含了多尺度时空上下文信息的特征图。此时特征通道数相比于原始特征扩大了一倍，所以通过一次卷积操作，使得特征图通道维度数与原始输入特征图的通道数保持一致，从而完成了时空金字塔池化模块的全部工作。该特征图与原始特征图维度保持一致，但融合了多尺度时空上下文信息。

整个模块的输出特征维度与输入特征维度一致，可以直接应用在原始网络中的任何一个阶段，从而实现了模块化的设计，方便了网络的构建和调整。由于 SlowFast 网络有两个分支，各分支特征图中的通道数会有所差异，只需单独设计不同的通道数，即可完成在其不同分支上应用。

(2) 针对教室监控视频中背景单一和学生动作幅度小的特点，结合自监督学习中的时序约束和对比学习方法，提出了时序特征一致性模块(Consistency of Temporal Feature，CTF)，该模块通过计算时间维度上相邻特征间的一致性对比损失强化网络对视频中静态特征的提取能力。整体行为识别网络结构如图 2.4 所示。

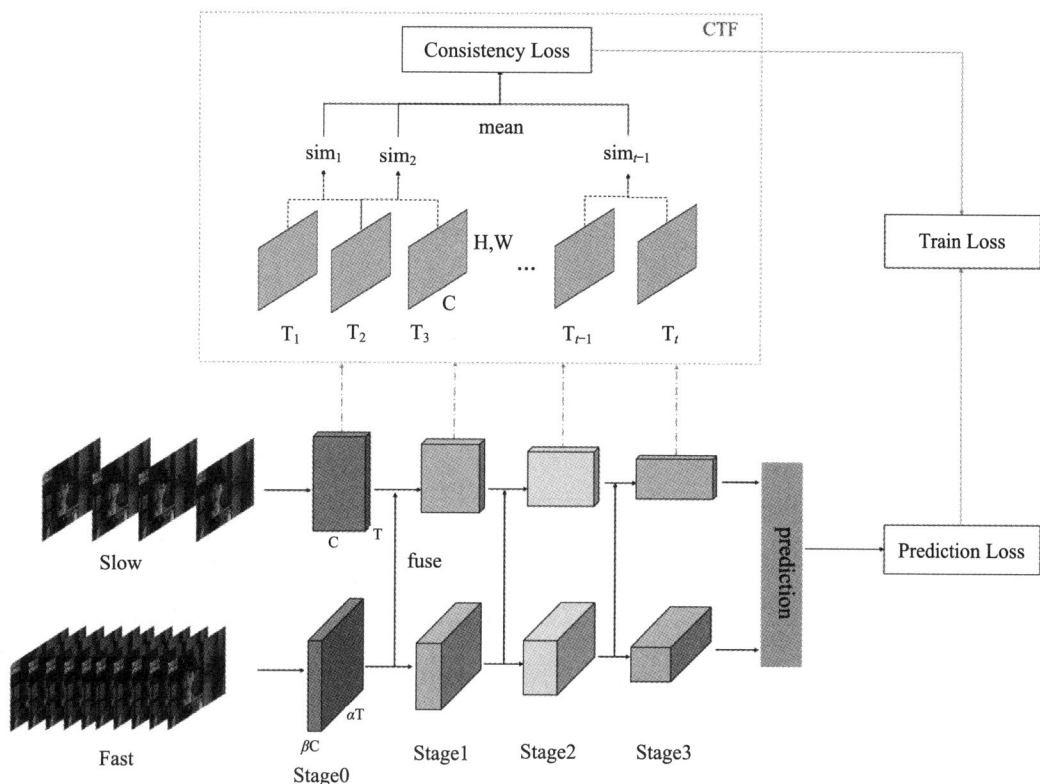

图 2.4　基于时序特征一致性的行为识别网络结构

SlowFast 网络中 Slow 分支以较少帧数的视频帧作为输入，按照时间顺序，每一帧选择输入中相邻的下一帧作为正样本，采用余弦相似度计算相邻输入的两帧图像特征的相似性值，再将所有计算结果求和取均值，计算得到一致性损失值。对于通过卷积网络得到的特征图，尺寸大小为 C×T×H×W，首先通过 premute 函数将特征图维度进行变换，得到 T×C×H×W，然后将特征图按时间通道数展开，sim_i 代表输入中相邻两帧图像在时间维度上的相似性值，具体计算过程如公式(2-1)所示：

$$\text{sim}_i = 1 - \text{CosineSimilarity}\left(F_{\text{T}_i}, F_{\text{T}_{i+1}}\right) \tag{2-1}$$

$$L_{cl} = \frac{\sum_{i=1}^{t-1}\left(1 - \text{CosineSimilarity}\left(F_{\text{T}_i}, F_{\text{T}_{i+1}}\right)\right)}{t-1} \tag{2-2}$$

其中，L_{cl} 表示一致性对比损失，F_{T_i} 表示 T_i 帧图像对应的特征，Slow 分支的输入帧数共 t 帧，CosineSimiarity 是计算两个特征向量在时间维度上的相似性值，两个向量方向相同时，夹角最小，余弦值最大，在公式中用 1 减去余弦值作为相似度，然后遍历时间维度，将 $t-1$ 个值求和取平均值作为训练中的辅助损失函数，引导网络有效提取静态空间语义特征。

2.1.3　师生行为数据集构建

著者跟踪并采集 10 位某双一流高校教师的授课视频数据，并对在教室场景中 15 种行为进行了标注。这些数据主要由教室中两组摄像头拍摄而成，其中一组摄像头位于教室中央，记录了教师在讲台授课的画面，而另一组摄像头则位于教室正前方或左右前方，记录了学生在课堂上的行为表现。整个视频数据共包含教师视频 251 个，学生视频 241 个，每个视频时长约 1 h。

15 种课堂行为定义如表 2.1 所示。

表 2.1　15 种课堂行为定义

标签类别	标签定义	标签描述
姿态类	sit	坐
	stand	站
	walk	走
	sleep	睡
人-人交互类	watch(a person)	看向老师或学生
	listen to sb.	听某人讲话
	talk to sb.	闲谈或者谈论问题
人-物交互类	read	读书
	write	写字
	point to (an object)	指向 PPT、多媒体
	work on a computer	使用电脑
	text on/look at a cellphone	看手机
	answer phone	打电话
	carry an objecct	拿物品
	touch an object	触摸物品

参考 AVA 数据集的数据标注规范以及 Yang 提出[11]的多人视频数据标注方法，借助图像标注工具对教室场景中的师生行为进行标注，构建了适用于深度学习模型训练的师生行为数据集(XD-TSBC)。

图 2.5 展示了师生行为数据的标注流程，主要分为以下步骤：

(1) 视频截取：考虑到在教室场景中，部分行为出现次数频繁且持续性较长，从教师授课视频和学生上课视频中人工截取了多个具有代表性的行为视频片段，每个片段的时长设定为 10 s，并对各行为的样本数量进行了平衡。

(2) 视频抽帧：对每一个视频片段，按每秒 30 帧的帧率提取帧图像，并按照视频名和图像标号对文件进行重命名。

(3) 目标检测：每秒选取一帧作为关键帧，并采用 YOLOv5 算法进行目标检测，标注人体目标框位置，将各目标框位置信息按 VIA 标注文件需要的格式保存。

(4) 行为标注：将关键帧图像和其对应的目标检测结果数据导入 VIA 中，使用 VIA 人工标注各关键帧中目标的行为，标注完成后，导出标签信息，在第(6)步数据整合时使用。

(5) 目标跟踪：由于在 AVA 数据集中，对视频中不同目标分配了不同的编号，所以借助 DeepSORT[12]目标跟踪算法来完成视频中目标编号信息的生成。

(6) 数据整合：结合目标检测结果、VIA 标注结果以及目标跟踪结果生成数据集对应的标签信息。

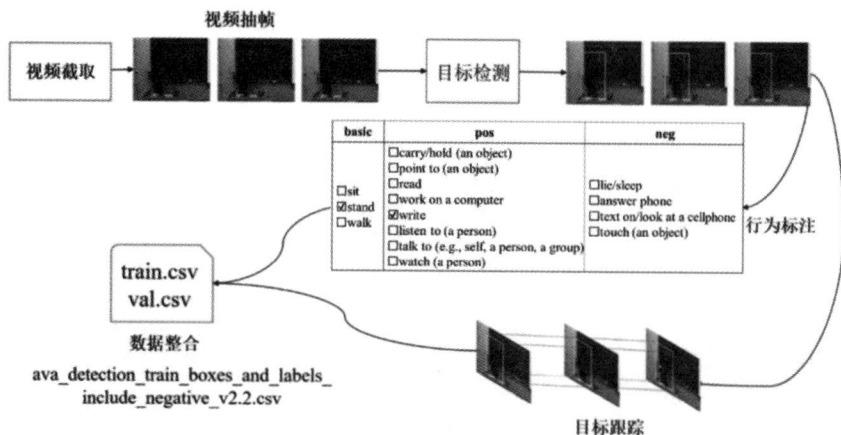

图 2.5　师生行为数据的标注流程

XD-TSBC 数据集共 6.62 GB，含有 120 个视频片段。图 2.6 分别展示了 XD-TSBC 数据集中部分教师和学生在课堂中的行为，一系列帧图像体现出行为随时间变化的过程。在学生样例中，方框标注的是作为示例的目标，最后一行呈现了该目标的行为随时间的变化。

图 2.6　XD-TSBC 数据集样例展示

2.1.4　学生及教师行为分析应用

当前大部分高校教室中都安装有多个摄像头，但是对监控数据分析力度较为欠缺。借助计算机视觉相关技术，利用深度学习模型对视频数据进行处理，可以自动识别学生课堂行为，统计不同行为的次数，帮助教师了解学生课堂上的学习表现，有效掌握学生课堂注意力集中程度。

优化前的模型是包含 Slow 和 Fast 两个分支的 SlowFast 网络模型，其网络结构如图 2.7 所示。其中 Slow 分支采用低帧率来捕获视频帧，用了一个较大的时间跨度，所以输入的视频帧数少。该分支的目的是学习空间维度的信息。Fast 分支采用高帧率捕获视频，通过密集帧输入学习动作变化信息，但减少了特征通道数，在增强时间建模能力的同时又保持了轻量级设计。

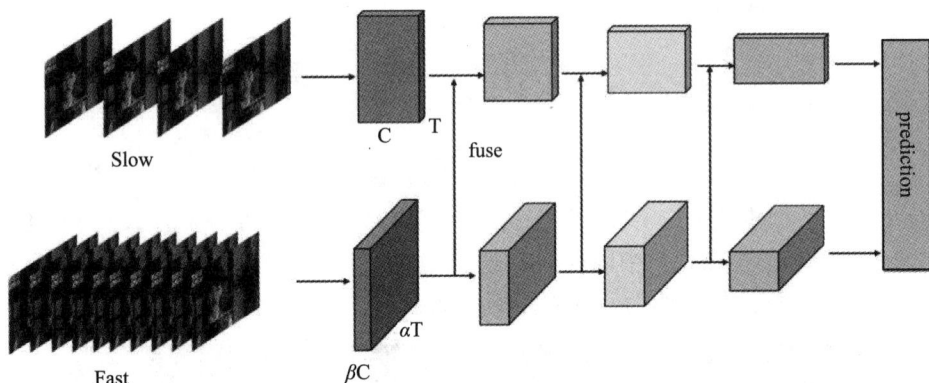

图 2.7　SlowFast 网络模型的网络结构

教室监控视频中，不同位置的学生在视频中的成像大小不一，这种尺度差异导致算法在进行识别时，对中间、后排学生的行为识别准确率较差。为了聚合不同尺度的上下文信息，设计了基于 3D 卷积的时空金字塔池化模块 ST-PPM，其网络结构如图 2.8 所示。对视频数据设计四种不同大小的 3D 池化窗口，在原始特征提取网络之后进一步提取多尺度时空特征，在特征融合阶段，采用三线性插值算法聚合多尺度时空上下文信息，将学习到的特征与原始特征融合，提高算法在目标区域大小不一的情况下行为识别的准确性。

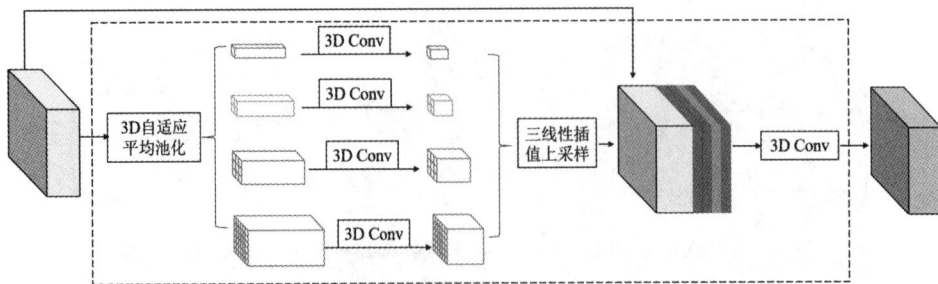

图 2.8　ST-PPM 网络结构

教室监控视频具有背景单一、学生动作幅度小等特点，对于视频数据，相邻帧之间的信息具有一定的冗余。基于视频中的相邻帧之间的相似性，相邻帧可以作为当前帧数据的正样本，设计了时序特征一致性模块 CTF，其网络结构如图 2.9 所示。该模块采用余弦相似度计算相邻输入的两帧图像特征的相似性值，再将所有计算结果求和取均值，计算得到一致性损失值作为训练中的辅助损失函数，引导网络有效提取静态空间语义特征。

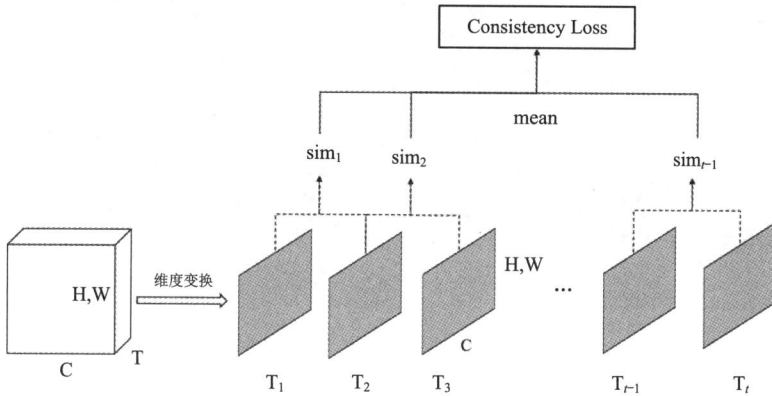

图 2.9 　CTF 网络结构

因此，在 SlowFast 模型的 Slow 分支引入多尺度时空特征融合模块(ST-PPM)，在以 ResNet101 为骨干网络的 Stage1 之后引入时序特征一致性(CTF)模块构成了最终的优化模型。

针对学生的行为识别与分析相比于教师的识别与分析更具难度，一方面摄像头拍摄的角度是斜视或俯视，另一方面学生目标多，存在拥挤、遮挡等问题。用上述方法对不同教室场景的学生课堂行为进行了实验，进行可视化展示并记录行为识别结果。在实验中，采用优化前和优化后的两个模型分别对相同的视频数据进行处理，然后比对同一时刻不同模型的识别效果，图 2.10 展示了优化前的模型应用在教室场景中的行为识别效果，图 2.11 为优化后的模型在教室场景中的行为识别效果。可以看出，一方面，优化前的模型对教室后排检测到的目标给出较多错误的行为识别结果，而优化后的模型对于后方检测出的较小目标区域能够给出正确的行为识别结果。另一方面，在自建数据集 XD-TSBC 上进行微调后，模型能够对前排同学给出比较丰富的行为预测结果，比如看黑板或者老师(watch)、听课(listen)、看手机(look at a cellphone)和读书(read)等。

图 2.10 　模型优化前行为识别效果

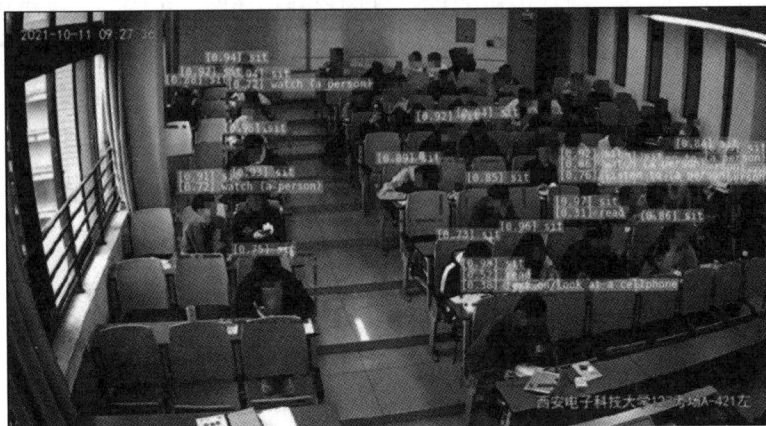

图 2.11 模型优化后行为识别效果

图 2.12 是在模型检测过程中对每一次行为识别结果的记录样例，图中展示的是第 42 分钟 14 秒这一时刻的课堂行为检测结果，从图中方框标注的内容可以看出当前时刻检测到课堂中有两位同学在看手机。基于以上数据信息，进一步观看对应的课堂行为分析结果视频，如图 2.13 所示，通过视频中不同学生的行为标注信息，可以看到方框标注的两位同学此刻正在看手机，这进一步表明了训练的模型在实际教室场景中的有效性。

time: 42分14秒 目标1课堂行为有: [1.00] sit , [0.97] listen to (a person) , [0.89] watch (a person)
time: 42分14秒 目标2课堂行为有: [1.00] sit , [0.99] listen to (a person) , [0.99] watch (a person)
time: 42分14秒 目标3课堂行为有: [0.99] sit
time: 42分14秒 目标4课堂行为有: [0.92] sit
time: 42分14秒 目标5课堂行为有: [0.96] sit
time: 42分14秒 目标6课堂行为有: [1.00] sit , [0.82] watch (a person)
time: 42分14秒 目标7课堂行为有: [1.00] sit , [0.96] listen to (a person) , [0.95] watch (a person)
time: 42分14秒 目标8课堂行为有: [0.99] sit , [0.85] listen to (a person) , [0.91] watch (a person)
time: 42分14秒 目标9课堂行为有: [0.96] sit
time: 42分14秒 目标10课堂行为有: [0.99] sit , [0.75] listen to (a person) , [0.90] watch (a person)
time: 42分14秒 目标11课堂行为有: [0.99] sit , [0.84] watch (a person)
time: 42分14秒 目标12课堂行为有: [1.00] sit
time: 42分14秒 目标13课堂行为有: [0.96] sit , [0.74] listen to (a person)
time: 42分14秒 目标14课堂行为有: [0.88] sit , [0.33] text on/look at a cellphone
time: 42分14秒 目标15课堂行为有: [0.97] sit , [0.77] watch (a person)
time: 42分14秒 目标16课堂行为有: [0.93] sit , [0.72] listen to (a person)
time: 42分14秒 目标17课堂行为有: [1.00] sit
time: 42分14秒 目标18课堂行为有: [0.99] sit , [0.88] listen to (a person) , [0.87] watch (a person)
time: 42分14秒 目标19课堂行为有: [1.00] sit [0.31] text on/look at a cellphone
time: 42分14秒 目标20课堂行为有: [1.00] sit , [0.86] listen to (a person) , [0.96] watch (a person)
time: 42分14秒 目标21课堂行为有: [0.98] sit , [0.90] watch (a person)
time: 42分14秒 目标22课堂行为有: [0.90] sit
time: 42分14秒 目标23课堂行为有: [0.99] sit , [0.71] listen to (a person) , [0.77] watch (a person)
time: 42分14秒 目标24课堂行为有: [0.98] sit
time: 42分14秒 目标25课堂行为有: [0.99] sit , [0.73] listen to (a person) , [0.96] watch (a person)
time: 42分14秒 目标26课堂行为有: [0.98] sit , [0.83] watch (a person)
time: 42分14秒 目标27课堂行为有: [1.00] sit , [0.98] listen to (a person) , [1.00] watch (a person)
time: 42分14秒 目标28课堂行为有: [1.00] sit , [0.81] listen to (a person) , [0.75] watch (a person)
time: 42分14秒 目标29课堂行为有: [0.97] sit , [0.75] listen to (a person)

图 2.12 课堂中行为识别结果记录样例

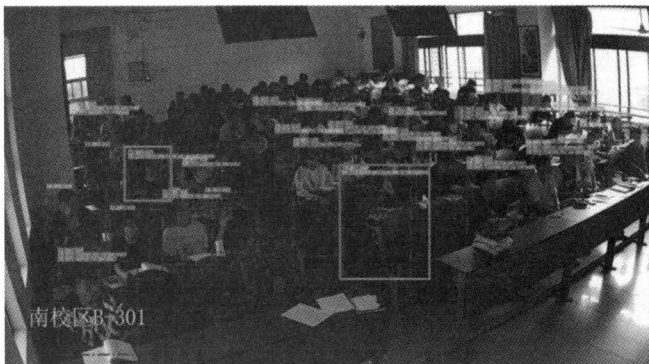

图 2.13　对应的课堂行为分析视频

教室中教师行为分析相较于学生行为分析来说，目标少，清晰度较好，实际行为识别效果更准确。对教师 A 的课堂行为进行了识别，选取其中一帧带有标注信息的图像作为效果展示，如图 2.14 所示。图中检测的行为包括了基本行为，即站立(stand)；积极行为，即讲课(talk)、眼神交互(watch)；其他行为，即触摸(touch)。

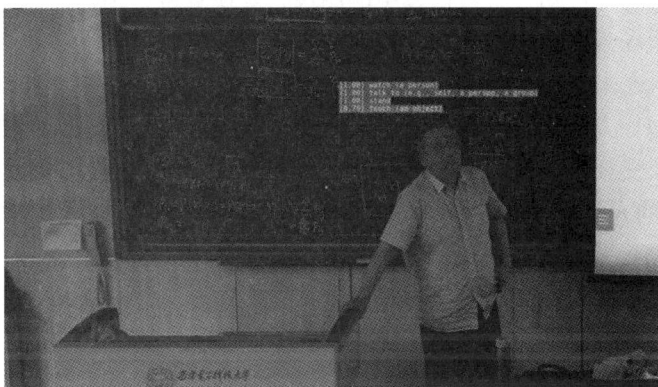

图 2.14　教师课堂行为识别效果展示(一)

图 2.15 展示的是教师 B 正站在电子屏幕旁边，手里拿着类似激光翻页笔的工具，同时指着屏幕上的某一个知识点，面向学生在讲课，这一系列完整的授课行为被模型精准地捕获并识别出来。

图 2.15　教师课堂行为识别效果展示(二)

众所周知，课堂教学的质量对学生的学习成效具有直接影响，而对教学行为的分析则能够提供关于教学质量的重要反馈。传统方式中，教学质量的分析与评估主要依赖于人工监督和问卷调查等方法，这些方法在一定程度上受到主观偏见的影响。现在借助于智能分析算法，可以帮助教师了解自己的课堂教学数据，从而客观地评价教学效果，反思并调整自己的课堂教学行为，完善课堂教学中的不足，实现对教师及学生的精细化管理。

2.2　基于视频的无感考勤

2.2.1　人脸识别技术

人脸识别技术是利用人体固有的生理特性来进行个人身份鉴定的计算机视觉技术，由于用到了人类的生理特征，它也属于生物特征识别技术。简单来讲，人脸识别技术通过匹配输入图像中的人脸与已知人脸数据库中的图像来实现身份识别。

根据实际应用场景的不同，人脸识别算法的运行方式可分为两大类。第一类是待识别的人员数据已知且在未来固定不变，此时可以将提供的人脸数据作为训练集，训练完成后，对于任意输入图像，人脸识别算法都会给出识别的结果(类别与对应的概率)。但是，这种方式不仅应用效果受训练集的大小和质量的限制，也无法向后兼容，不适用于任何新增的人员(除非加入新的人员后重新训练一遍)，因而应用较少。第二类方式是将人脸特征提取与识别分离，首先在大规模数据集上训练人脸识别算法的特征提取能力，然后对于待识别的人员数据，将提供的人脸图像进行特征提取操作，构建人脸特征库。应用时，对于给定的人脸图像，先生成对应的人脸特征，然后在人脸特征库中查询与之最相似的特征，该相似性一般使用余弦相似度来衡量，查询到的特征对应的身份即为最终的识别结果。这种方式能有效利用初期大规模数据集的优势，更重要的是在应用阶段能向后兼容，对于任意新增人员，只需要将其对应的人脸数据进行特征提取，然后加入到人脸特征库即可。另外，在识别过程中，该方式会设定一个相似度阈值，如果查询到的最相似特征与输入图像特征的相似度小于设定的阈值，则可以认为该输入图像的宿主不属于人脸特征库中的任何一个人，即外来未知人员。

为了提高人脸识别的精度，在进行人脸识别之前，往往还会进行一些前置任务，例如人脸检测、人脸剪裁、人脸关键点检测和人脸对齐等。其目的一方面是去除图像中的背景信息并将那些不含人脸的区域提前排除掉，另一方面则是通过人脸对齐来对人脸进行统一调整，减少姿态变化对人脸识别的影响。

常见的人脸识别算法都是使用摄像头捕获一张图像进行识别，这属于二维人脸识别的范畴，它的优势在于成本较低，使用便捷。而在一些涉及金融、重要信息的场所，对人脸识别的准确性要求就更高，为了适应这些场景的应用，人脸识别发展到了三维，通过特定的仪器采集人脸的三维数据，并设计三维人脸识别算法。该方式能有效提升人脸识别的精度，不过受限于初期的数据采集和后期的设备部署，在民用场景中没有大规模应用。

　　除了识别方式的不同，人脸识别技术在细分领域也有越来越多的发展和应用。例如研究适应各种姿态情况下的多姿态人脸识别算法，跨年龄的识别算法(人脸特征库中存储的是二十年前甚至更早的特征，但对现在的宿主仍要能准确的识别)，或者研究在弱光、图像模糊、背景复杂等不良条件下的人脸识别。还有利用多模态数据的人脸识别，通过利用红外成像技术，克服光照影响从而提高识别精度。实际应用过程中，对人脸识别的速度也有很高的要求，因此在保证识别精度的情况下，保持算法的轻量化也是当前的研究重点。

　　人脸识别技术在许多场景中都有广泛的应用，比如公共场所的视频监控、人员通行识别等安防领域，微信支付、支付宝等在线支付平台的支付验证领域以及企事业单位的员工考勤管理，还有社交媒体平台如 Facebook、微信等社交工具使用人脸识别技术为用户提供自动标签、照片分组等功能。

2.2.2　无感考勤的意义及难点

　　考勤是企事业单位和高校对员工和学生进行管理的一项重要措施，对于高校来讲，开展课堂考勤对培养学生纪律意识、学习风气、意志品质和学习习惯，维护教学秩序，了解课堂教学效果，完善教学管理制度具有重要意义。

　　经过多年的发展，课堂考勤方式从点名、签字、打卡，发展到软件签到、指纹识别、人脸识别签到。这在一定程度上缓解了课堂考勤耗时的问题，然而这些方式始终没有在"耗时"与"准确"之间取得良好平衡，教师或学生的主动参与都会耗费一方的时间。

　　无感考勤是近年来新兴的一种技术，无需人员的主动介入，就能统计出勤情况，给员工或者学生提供了更自由的工作、学习方式，使得他们不再受打卡系统的限制，能拥有更舒适的工作、学习环境。此外，无感考勤系统能对考勤信息进行实时反馈和统计分析，为后期的管理提供更可靠的数据支持，实现管理的数字化转型。

　　从实现方式来看，无感考勤系统有基于 Wi-Fi、RFID 标签和人脸识别等不同类型。基于 Wi-Fi 的无感考勤系统主要利用了 Wi-Fi 考勤机，基于 Wi-Fi 嗅探技术，当智能手机接入网络或断开连接时，获取手机的 MAC 地址并反馈数据，自动记录与 MAC 地址匹配的员工信息并生成时间信息，形成考勤记录，这种方式打卡简单，集成度高。

　　基于 RFID 标签的无感考勤系统则利用了有源 RFID 无线识别技术，通过安装识别终端，并提前录入标签信息，能够实现最远 30 m 的远距离感应识别。其优势在于能够同时识别大量(100 人以上)人员，RFID 卡还能用于食堂消费、图书馆借还书、校车乘车等场景，也能对访问权限进行灵活设置以及收回重复使用等。

　　基于视频的无感考勤系统则利用了人脸识别技术，通过提前录入人员的人脸图像，能在考勤区域实时捕获人脸图像并进行识别以完成考勤。其优势在于安装的摄像头除了用于考勤，还能用于安防监控；缺点在于摄像头不能距离考勤区域太远，否则无法检测到人脸进而进行识别。而且这种摄像头拍摄到的图像往往是人员无意经过的情况，其不具有正常的人脸姿态，对人脸识别算法构成一定的挑战。

2.2.3　基于视频的无感考勤实现方案及案例

在不需要学生和教师的主动参与下合理统计课堂出勤情况，并杜绝代打卡等现象的发生是未来考勤的主要发展方向。得益于人脸识别技术的发展，当前业界涌现出许多性能优秀的算法，在弱光图像识别、低分辨率图像识别、多姿态人脸识别等方面取得了进展，一定程度上突破了当前人脸识别设备的限制。这意味着运用新识别技术的设备对图像质量的敏感程度降低，不再需要用户主动提供清晰、姿态变化小的人脸图像，当用户进入摄像头拍摄范围内后，摄像头即自动抓拍、识别人脸，基于人脸识别的考勤技术逐渐从用户主动配合型转向了无感参与型。

本节将介绍一种教室场景下基于多姿态人脸识别的课堂无感考勤软件，软件系统结构图如图 2.16 所示。每个教室里都安装了多个摄像头，用于学生签到、签离和课程录制等，这些摄像头都通过路由器连接，在学校局域网内可以被直接访问，摄像头视频数据存储在网络中心机房的硬盘录像机组中。实时的摄像头数据被传输到人脸识别系统中，经过人脸检测、人脸识别等预处理操作后完成人脸识别，然后对人脸识别的结果进行汇总和统计分析，得到不同课堂上全班同学的出勤情况，系统汇总的数据还能用于更进一步的记录和可视化展示。

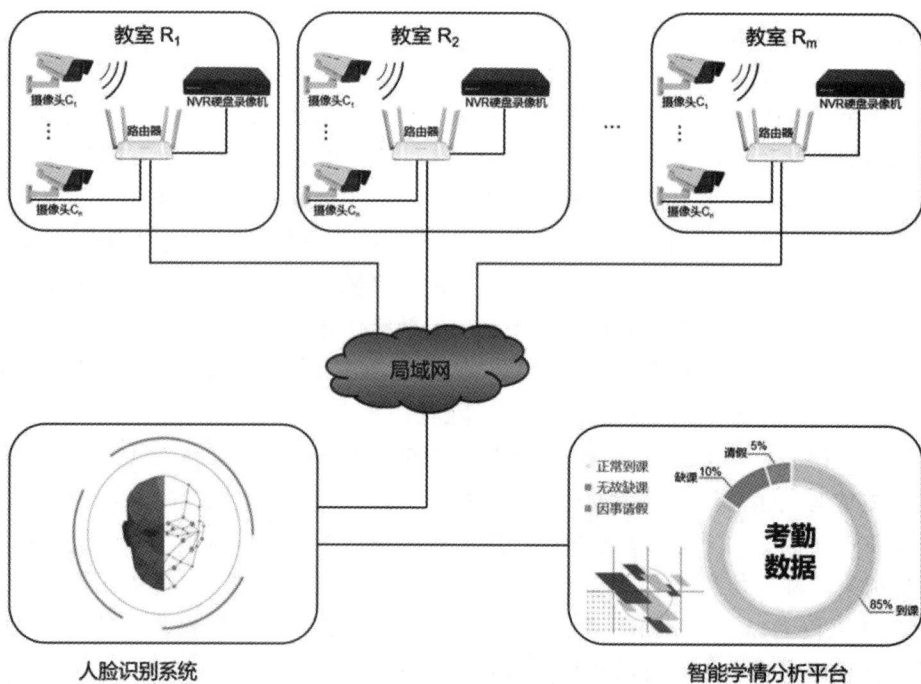

图 2.16　课堂无感考勤软件系统结构图

通过布控人脸识别摄像头，能在不需要学生主动参与的情况下完成考勤，既减轻学生考勤负担，节约课堂点名时间，又为教师提供了准确的出勤数据，使其更方便地改进教学措施。系统统计的学生出勤数据也便于从学校层面分析全校学生的学习情况，推动智慧教育的发展。

图 2.17 是部分区域教室的课堂实时考勤数据，在系统前台进行展示。

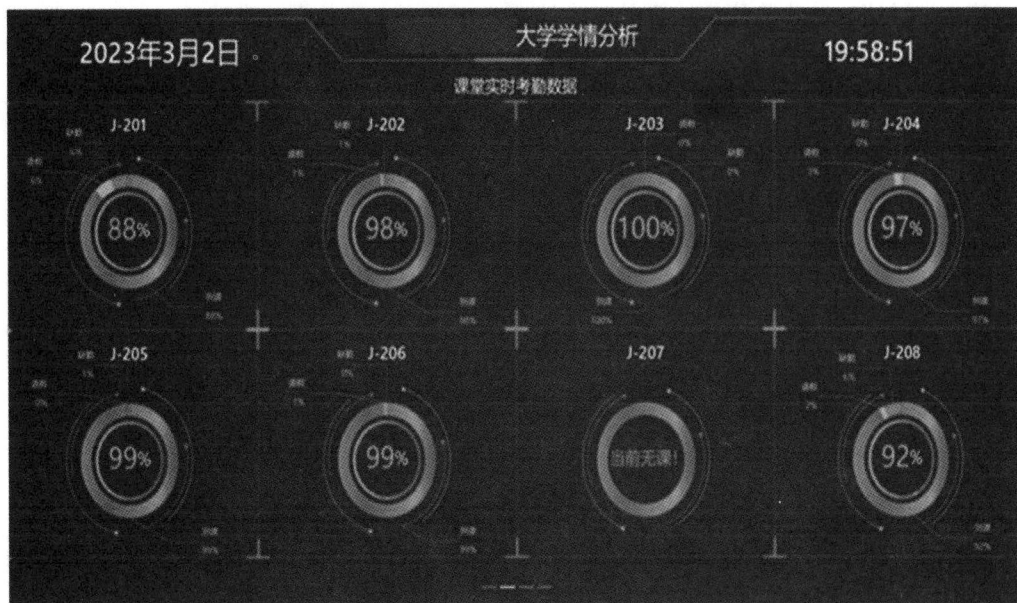

图 2.17　课堂实时考勤数据

图 2.18 展示了单间教室的行为识别与考勤情况统计效果。每节课结束后，后台会将该课程的考勤数据存档，以便进行更进一步的统计与分析。

图 2.18　单间教室的行为识别与考勤情况统计

图 2.19 是学生进入教室时的识别效果，其中学生的真实姓名已由标号代替，并在检测识别完成后进行了马赛克处理。由于穿格子衫的同学没有在系统中进行照片留底，因而他仅仅被检测出来，但无法获知该生身份。

无感考勤软件在实际运行时，对进入教室的学生会捕获、识别多次，并对识别的结果进行整合、过滤，防止将正常出勤的学生遗漏，保证了考勤数据的准确性。

图 2.19　学生进入教室时的识别效果

2.3　教室场景下的微表情识别与分析

2.3.1　微表情识别算法框架

微表情是一种特殊形式的面部表情，它通常在人们试图隐藏自己内心真实情绪时不经意间流露出来，其产生机理源于内心真实情感的流露。与宏表情不同的是，微表情是对情绪刺激做出反应的自发、肌肉运动细微且持续时间短暂(通常在 1/25 至 1/3 s 的范围内)的一种面部运动。微表情的概念源自心理学的研究，它在智慧教育、刑事调查、心理访谈等诸多领域都有着非常广阔的应用前景与价值。

然而，目前能够为微表情识别任务提供有效信息的数据集以及图像序列的帧数都是非常有限的。此外，微表情视频的持续时间因不同情景和受试者而异，即使属于相同类型的情绪也是如此。由于这种局部性、时序性以及差异性，在实际操作时，首先要筛选出信息量较大的帧序列，然后将其作为关键帧进行微表情的识别。在完整的微表情视频帧序列中，与其他冗余帧相比，这些关键帧存储了更丰富的信息，能够提取到比较有区分度的特征。但是，关键帧的分布可能是稀疏的，每两个关键帧之间可能由若干冗余帧组成。

本小节介绍提出了一种端到端的微表情识别方法，能够自适应地提取完整视频帧序列中的关键帧，提取并融合时空特征以进行微表情识别。该方法不依赖于人工标注的特殊帧(如起始帧、峰值帧)的选取以及图像的手工特征提取，端到端的网络模型能够直接通过从帧序列中学习并筛选特征来进行分类。

算法框架如图 2.20 所示，主要分为数据预处理，微表情特征提取以及微表情识别三个步骤。

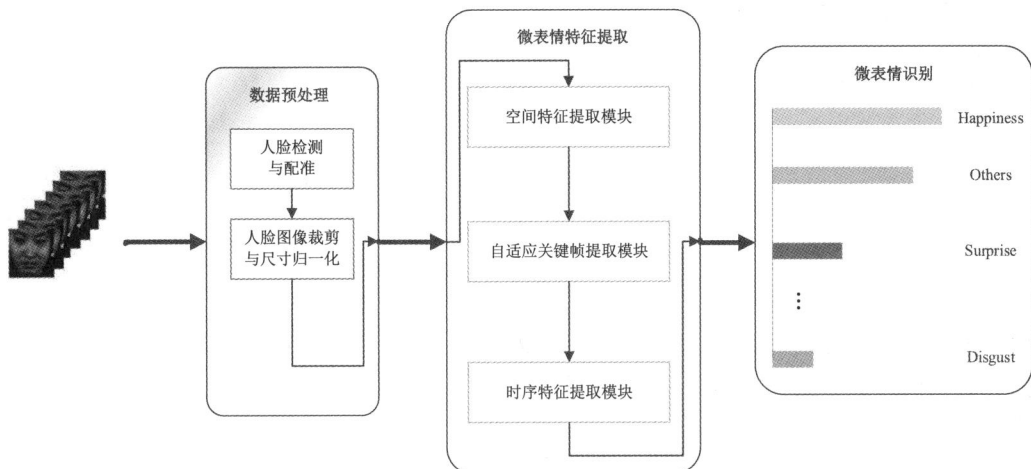

图 2.20　基于自适应关键帧提取的微表情识别算法框架

　　在数据预处理环节，围绕初始输入的完整视频帧序列，主要进行了人脸检测与配准、人脸图像裁剪与尺寸归一化的操作。在微表情特征提取环节，将基于自适应关键帧提取 (Adaptive Keyframe Extraction Network，AKENet)算法模型用于微表情特征提取。针对不同输入的完整视频帧序列，首先进行视频逐帧遍历以提取帧的空间特征，然后进行自适应的关键帧提取，最后对关键帧序列进行时序特征提取并进行时空特征融合。在微表情识别环节，通过得到的时空特征，完成微表情识别任务。

2.3.2　微表情数据预处理

　　微表情预处理主要涉及以下几个部分。

1. 人脸检测

　　采用由 Kazemi 等人提出的基于面部关键点检测的开源人脸检测算法模型。输入微表情的帧序列，通过模型来进行人脸检测，可以实现人脸 68 个关键点的检测并标注，效果示意如图 2.21 所示。

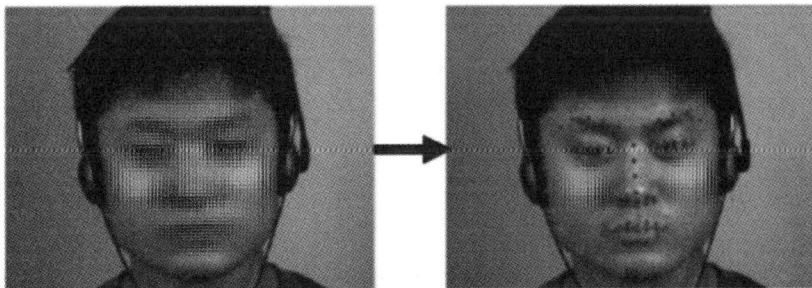

图 2.21　人脸关键点检测效果示意

2. 人脸配准

　　人脸配准的原理是首先找出面部的中心轴，同时确定能够左右均等分割图像的绝对垂直线，然后通过旋转一定角度使两条轴线重合，以达到面部配准的效果。具体可通过面部的鼻尖点和鼻根点来确定中心轴，此两点分别对应于人脸检测图像中 68 个关键点中的第 31 点和第 28 点。对于帧序列中的每一张图片，以鼻尖点为圆心，以图像的垂直线为旋转轴，使面部的中心轴与图像的绝对垂直线相重合。旋转角度的具体计算公式如式(2-3)所示：

$$\theta = \arctan\left(\frac{x_{31} - x_{28}}{y_{28} - y_{31}}\right) \tag{2-3}$$

其中，(x_{31}, y_{31})，(x_{28}, y_{28}) 分别表示第 31 个和第 28 个关键点相对于面部的坐标，θ 表示以上两点的连线与垂直线之间的夹角。配准的具体规则为：当 θ 为正值时，将图像以该值进行顺时针旋转；当 θ 为负值时，将图像逆时针旋转该角度值。人脸配准操作的效果示意图如图 2.22 所示。

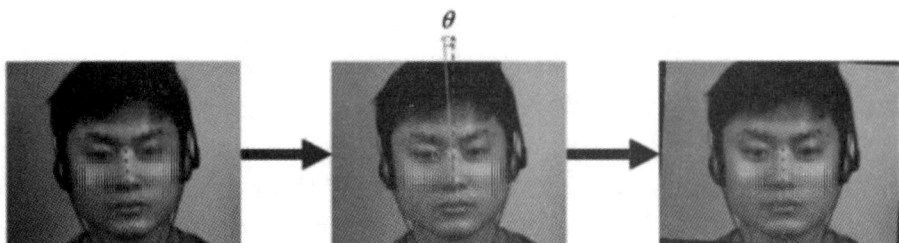

图 2.22 人脸配准操作效果示意图

3. 人脸图像裁剪与尺寸归一化

在对图像进行人脸关键点检测和配准的操作之后，为了减少背景环境信息带来的噪声干扰，需要再进行人脸裁剪的工作，目的是获取仅包含人脸所在区域的部分。人脸裁剪操作是根据已检测的 68 个面部关键点，具体采用人脸的两个内眼角所在点坐标和鼻尖所在点坐标，将两个内眼角所在点坐标分别标为 $e_1(x_2, y_2)$，$e_2(x_3, y_3)$，鼻尖所在点坐标标记为 $n(x_1, y_1)$，然后把这三个点作为裁剪人脸所在区域的标志点，具体通过宽为 $W = 3|x_2 - x_3|$，高为 $H = 3\left|y_1 - (y_2 + y_3)/2\right|$ 的矩形框来裁剪出人脸图像。

鉴于每个人的脸型和大小都不完全一致这一事实，裁剪后得到的图像尺寸也是参差不齐的。考虑到作为后续神经网络模型的输入需要保持相同的尺寸，因此对裁剪得到的每张人脸图像均进行尺寸归一化，本节具体采用 256×256 作为归一化的输出尺寸标准。

人脸图像裁剪与尺寸归一化操作的效果示意图如图 2.23 所示。

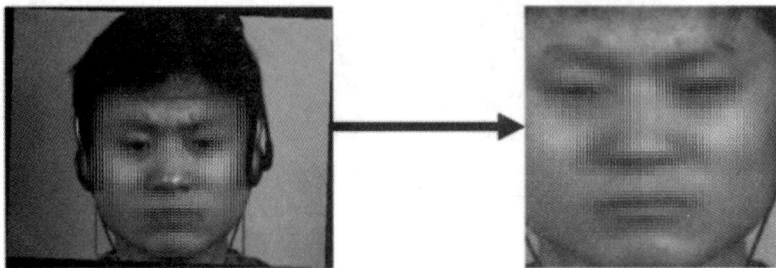

图 2.23 人脸图像裁剪与尺寸归一化操作效果示意图

2.3.3　AKENet 的具体设计

AKENet 的设计主要涉及以下几个部分。

1. AKENet 的网络结构

针对经过全部预处理操作后的完整微表情视频帧序列，可利用基于自适应关键帧提取 (AKENet) 的微表情识别算法模型，实现微表情的特征提取与分类。该网络结构共分为三个模块：空间特征提取模块、自适应关键帧提取模块和时序特征提取模块。AKENet 的网络结构示意图如图 2.24 所示。完整的视频帧序列 $V = \{I_1, I_2, \cdots, I_T\}$ 作为网络的初始输入，I_T 表示第 T 帧。经过空间特征提取模块处理后得到空间特征序列 $F = \{P_1, P_2, \cdots, P_T\}$，$F \in R^{T \times C \times W \times H}$，$R$ 表示任意维度的向量空间，C、W、H 分别表示每张图像的通道数、宽度、高度的基本属性。该序列经自适应关键帧提取模块的处理后，输出长度不等的关键帧序列 $F^{Key} = \{P_{k1}, P_{k2}, \cdots, P_{k_N}\}$，$F^{Key} \in R^{N \times C \times W \times H}$，N 代表关键帧的索引。这些关键帧按照它们在空间特征序列中的原始时间顺序依次列出，可通过该模块得到的关键帧的个数满足 $1 \leqslant k_1 < k_N \leqslant T$。给定不同的视频帧序列作为输入，关键帧的个数 N 也会自适应地改变。最终，F^{Key} 序列被送入时序特征提取模块，并完成时空特征的融合以及微表情的分类任务。

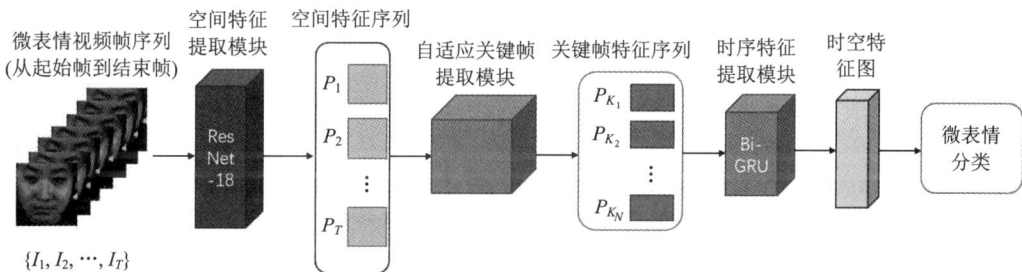

图 2.24　AKENet 的网络结构示意图

2. 空间特征提取模块

采用残差网络中参数量较少且模型较简化的 ResNet-18 网络作为 AKENet 的空间特征提取模块主干网络，对输入的完整帧序列 $V = \{I_1, I_2, \cdots, I_T\}$ 进行逐帧遍历，以提取每一帧微表情图像的空间特征。该模块在跨帧的空间特征提取过程中始终采用同一个 ResNet-18 网络，以确保从每个帧中提取的空间特征被赋予相同级别的权重。此外，基于微表情数据集样本量少的事实，采用 ResNet-18 网络的目的是尽可能降低当模型相对于训练数据的数量过于复杂时，会发生过拟合的风险，同时也在一定程度上降低了计算量和模型所占用资源。具体可将 ResNet-18 网络先在大样本量数据集 ImageNet 上做网络预训练和参数初始化，后续在微表情识别过程中再对参数进行微调，这样做的目的是将 ResNet-18 网络的特征提取能力从通用图像分类任务转移到面部微表情识别任务，在目标任务数据不足的时候对模型的识别效果产生有利影响。

3. 自适应关键帧提取模块

为了自适应地获取不同组数据所对应的关键帧序列，设计了一个包含三个步骤的自适应关键帧提取模块，其示意图如图 2.25 所示。

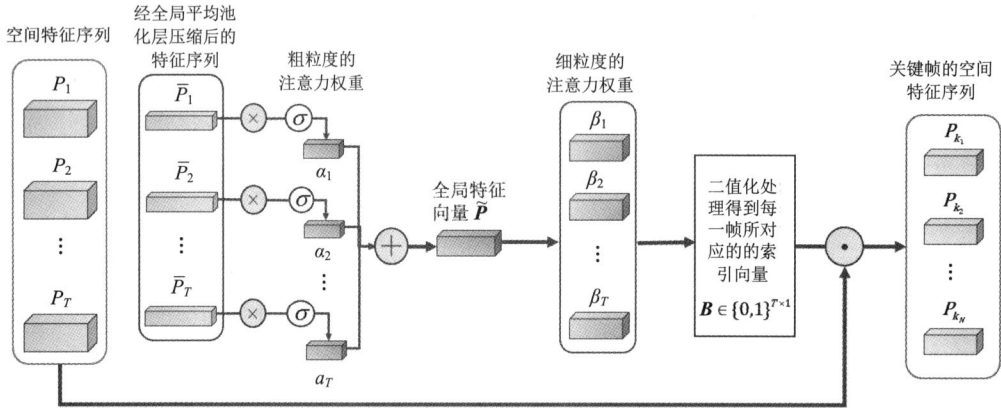

图 2.25　自适应关键帧提取模块示意图

自适应关键帧提取模块的目的是学习一个函数映射关系：$f_{AKENet}: F \to F^{Key}$。该模块的输入是空间特征序列 $F \in \boldsymbol{R}^{T \times C \times W \times H}$，并在该模块内部首先通过一个全局平均池化层的处理，生成一个池化特征序列 $\bar{F} \in \boldsymbol{R}^{T \times C}$。旨在减少图像维度和压缩数据的同时，保留关键特征，从而有效降低模型的参数数量和计算复杂度，同时防止模型过拟合现象的发生。具体来说，将空间特征序列 F 中的每一个特征图 $P_t \in \boldsymbol{R}^{C \times W \times H}$ 压缩为一个特征向量 $\bar{P}_t$，$t \in \{1, 2, \cdots, T\}$，包含了其对应的每一帧中更为紧凑的空间特征信息。

该模块的三个步骤具体如下。

第一步为局部自注意力学习步骤。通过引入一个局部自注意力机制，给每一个特征向量 $\bar{P}_t$ 分配一个粗粒度的注意力权重 α_t。在本步骤中，通过具有 Sigmoid 激活函数的全连接层计算每个帧压缩后的特征向量 $\bar{P}_t$ 的局部粗粒度注意力权重。

第二步为全局相关度学习步骤。基于第一步中计算得到的这些粗粒度的注意力权重，通过聚合所有输入的特征向量和各自的局部注意力权重以获取全局特征向量 $\tilde{P}$，如式(2-4)所示：

$$\tilde{P} = \sum_{t=1}^{T} \alpha_t \bar{P}_t \tag{2-4}$$

然后，通过计算每个特征向量与全局特征向量之间的余弦相关度，以得到每个特征向量的细粒度权重。

第三步为二值化稀疏选择步骤。基于得到的细粒度权重的值，通过全局稀疏性筛选和模型采用的损失函数来确定二值化稀疏向量 $\boldsymbol{B}$ 的最优值。

为了尽可能地减小模型所判定的大量冗余帧对后续分类任务的影响，同时提高后续针对关键帧序列的特征提取与分类的运算效率，本研究基于每帧的细粒度权重和求平均值来计算了一个二值化索引向量 $\boldsymbol{B} \in \{0, 1\}^{T \times 1}$。经过二值化索引向量 $\boldsymbol{B}$ 的计算后，每个关键帧的索引被标记为 1，其余帧的索引标记为 0。由关键帧组成的空间特征序列 F^{Key} 可通过式(2-5)

获得：

$$F^{\text{Key}} = F \odot B \tag{2-5}$$

其中，$\odot$ 表示张量乘积，表示沿着原始的视频帧序列时间维度进行运算操作。

4. 时序特征提取模块

目前，很多领域都要用到对序列信息的处理，比如视频处理、机器翻译等，循环神经网络(Recurrent Neural Network，RNN)可用来解决这类问题。RNN 属于在时间维度展开的一种递归神经网络。而作为 RNN 输入的序列形式的信息可以看作是不同时间点输入相同格式的数据，RNN 作为一个深度网络模型，来循环处理不同时间点的数据，并生成对应的状态向量，作为当前时刻的输出和下一时刻的输入状态。

可采用多层结构的门控循环单元(Gated Recurrent Unit，GRU)作为微表情关键帧序列的时序特征提取模块的主干网络。GRU 是(Long Short-Term Memory，LSTM)的一种变体，具体优化点为：将 LSTM 单元结构中的遗忘门和输入门合并为更新门，同时将记忆单元与隐藏层合并成了重置门，进而让整个结构运算变得更加简化。因为微表情数据样本量较少，采用 GRU 可以比 LSTM 更为直观地提升运算效率，且减少模型的容量可以降低过拟合风险。此外，采用双向结构的 GRU(Bi-GRU)，可以相对更好地捕捉双向的时间维度信息。

由自适应关键帧提取模块输出的仅包含关键帧的空间特征序列 $F^{\text{Key}} = \{P_{k_1}, P_{k_2}, \cdots, P_{k_N}\}$，作为 Bi-GRU 网络的输入以提取时序特征并进行时空特征的融合。具体来说，多层结构的 Bi-GRU 网络用于对每一帧图像进行像素级的递归处理。由 Bi-GRU 网络组成的时序特征提取模块示意图如图 2.26 所示。

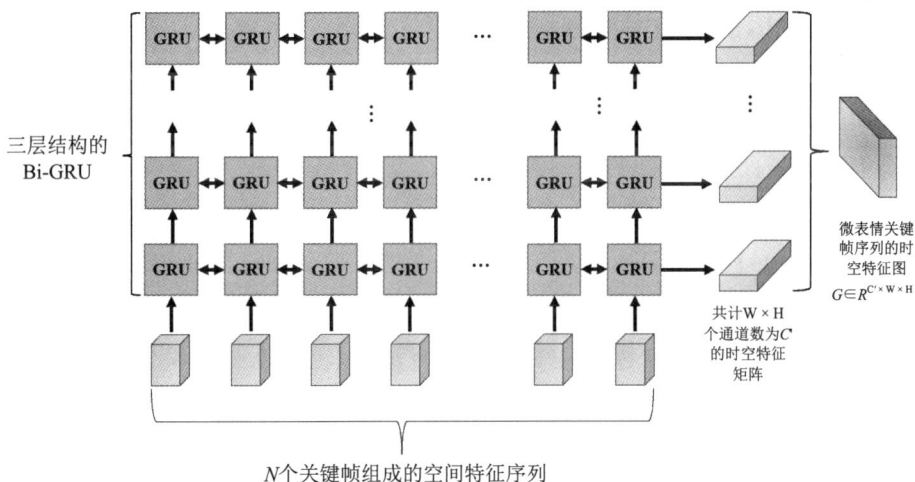

图 2.26　由 Bi-GRU 网络组成的时序特征提取模块示意图

Bi-GRU 网络的单层结构在尺寸为 $N \times C$ 的特征像素点序列上运行，并从所有的关键帧的同一像素点处提取时间维度的特征。根据空间特征图 P_{k_N}(也可写作 P_{kn})的尺寸大小 $C \times W \times H$，可采用三层结构的 Bi-GRU 网络，目的是在便于递归处理所有帧中的所有特征像素点的同时，尽可能避免因网络深度增加而导致的特征信息遗失和训练过程的梯度消失问题。通过上述操作，无须进行额外的池化操作即可提取帧序列的时间维度特征，同时也能够保持已提取的空间特征信息不被扰乱。此外，Bi-GRU 网络的每一层结构共享同一组可学习参数，以便于在接受不同长度的帧序列作为输入的同时尽可能地减少模型的计算量。对于 Bi-GRU 网络的每一层结构，在所有关键帧的特征像素点的空间位置处 (i, j) 处给定一个沿时间维度的顺序输入序列如式(2-6)所示：

$$F_{(i,j)}^{\text{Key}} = \left\{ P_{k_1}^{(i,j)}, P_{k_2}^{(i,j)}, \cdots, P_{k_N}^{(i,j)} \right\} \tag{2-6}$$

第 n 个关键帧的特征像素点处的输出 h_n 以及中间层特征矩阵 z_n 和 $\tilde{h}_n$ 计算如式(2-7)、式(2-8)、式(2-9)所示：

$$h_n = \left(1 - z_n\right) * h_{n-1} + z_n * \tilde{h}_n \tag{2-7}$$

$$z_n = \sigma\left(W_z \cdot \left[h_{n-1}, P_{k_n}^{(i,j)} \right]\right) \tag{2-8}$$

$$\tilde{h}_n = \tanh\left(W_{\tilde{h}} \cdot \left[\sigma\left(W_r \cdot \left[h_{n-1}, P_{k_n}^{(i,j)} \right]\right) * h_{n-1}, P_{k_n}^{(i,j)} \right] \right) \tag{2-9}$$

其中，[ ]表示不同特征向量的堆叠操作，$*$ 表示矩阵的广播类逐元素相乘操作，σ 代表 Sigmoid 激活函数，tanh 代表 tanh 激活函数，h_{n-1} 表示上一个关键帧的输出特征，W_z、$W_{\tilde{h}}$ 和 W_r 均为 Bi-GRU 网络的可训练权重矩阵。Bi-GRU 网络的每一层结构的输出是所有关键帧输出特征 h_n 的平均值。最后，前向 GRU 和后向 GRU 的每一层结构的输出被拼接起来，以产生微表情关键帧序列的时空特征图 $G \in \boldsymbol{R}^{C' \times W \times H}$，其中 C' 代表 Bi-GRU 网络每一层结构输出的时空特征矩阵的通道数。

2.3.4 基于微表情识别的虚拟环境交互系统

1. 系统框架及功能结构

系统主要包含虚拟场景模块、面部检测模块和微表情识别模块，旨在对用户微妙的面部表情进行精准的检测与识别。虚拟场景的构建基于 Unity3D 平台，而面部检测与微表情识别的功能实现则是通过整合 Tensorflow 和 OpenCV 等先进的框架进行模型的加载与实时分析，以确保系统的高效和准确。

1) 虚拟场景模块

该虚拟场景模拟了课堂的教学环境，如图 2.27 所示。

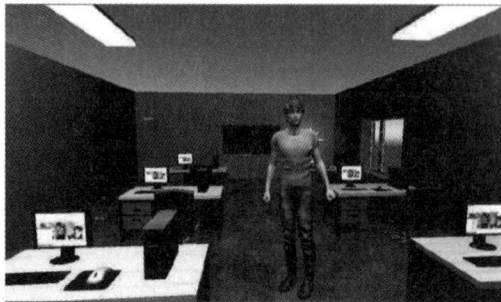

图 2.27　基于 Unity3D 模拟的课堂教学环境

2) 面部检测模块

本研究模块中,采用了 OpenCV 库中的 Haar 级联分类器,以实现人脸区域的精准定位。此结构不仅能够有效识别图像中的人脸部分,还巧妙地滤除了非人脸背景噪声,从而确保了检测结果的纯净性。随后,为了统一处理标准并优化后续分析效率,将检测到的面部图像尺寸统一缩放至 64×64。图 2.28 直观地展示了该面部检测模块的处理效果。

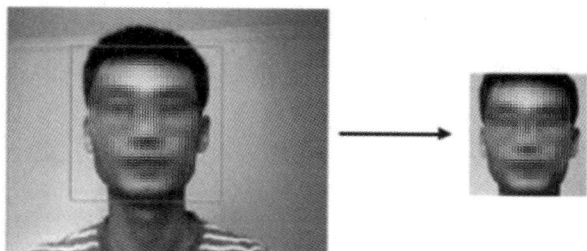

图 2.28　面部检测及裁剪后的面部图像

3) 微表情识别模块

该模块基于上一小节阐述的深度学习的微表情识别方法,即在 CASME Ⅱ 和 SAMM 数据集上训练三维 SE-DenseNet-T 模型。此模型具有对正性、负性以及惊讶三类面部微表情的高效检测与识别能力。图 2.29 展示了该微表情实时识别与交互系统的工作流程:系统通过摄像机连续捕捉面部图像,每累积至 20 帧时,即自动将这批图像数据输入至识别模型中进行处理;随后,在图像展示区域即时呈现识别结果;最后,系统向 Unity3D 环境发送控制指令,驱动场景中的虚拟化身依据实时微表情的判定结果,执行相应的行为反馈,从而实现了高度沉浸式的交互体验。

2. 实时微表情识别及交互

设计的实时微表情识别系统的识别模块采用三维 SE-DenseNet-T 模型,该模型具备对正性、负性以及惊讶三类微表情进行即时分类识别的能力。在测试执行阶段,为遵循微表情瞬时性与微妙性的特征,要求微表情在 20 帧时间窗口内完成,并尽量控制表情的幅度,同时减少头部非必要的运动,以确保测试数据的真实性与有效性。

图 2.30、图 2.31 和图 2.32 分别展示了微表情检测模块独立运行时的情景,展示了系统将用户微表情准确识别为正性、负性和惊讶的类别,并将实时判断结果反馈至图像展示区域。

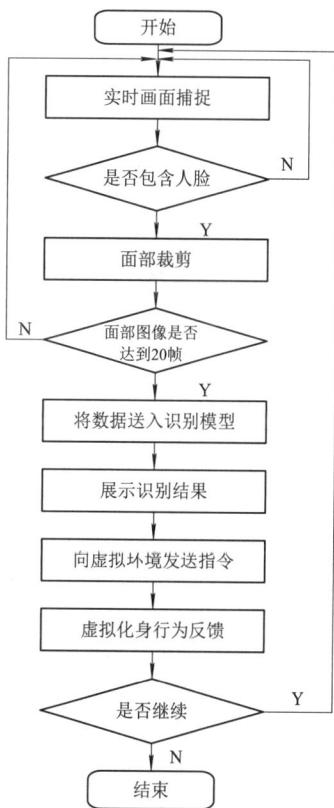

图 2.29　该系统的工作流程图

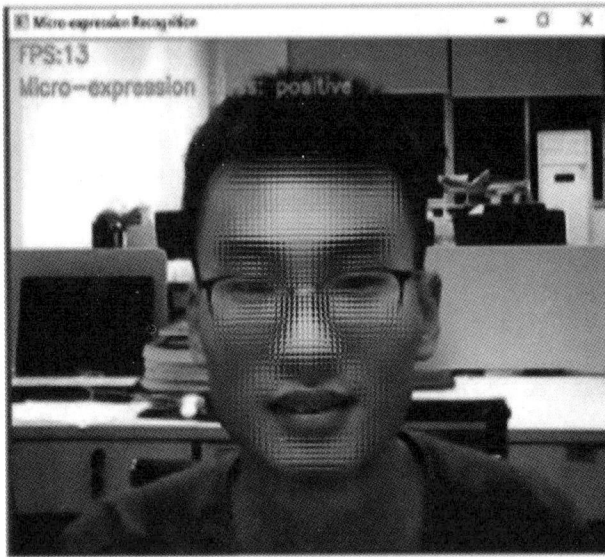

图 2.30　用户微表情被识别为正性的画面

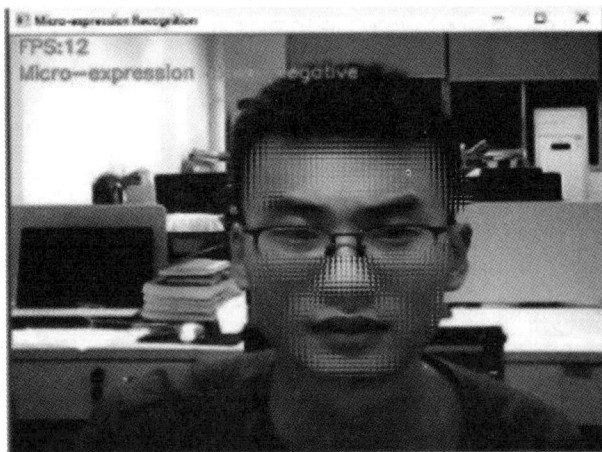

图 2.31　用户微表情被识别为负性的画面

图 2.32　用户微表情被识别为惊讶的画面

图 2.33、图 2.34 和图 2.35 分别展示了微表情检测模块与 Unity3D 场景集成运行环境下，系统针对用户不同微表情所触发的实时反馈场景。具体而言，当用户的微表情被精准识别为正性时，场景中的虚拟化身会即时执行挥手致意的动作，以表达友好与欢迎；相应地，若用户表情被判定为负性，虚拟化身则呈现出低头沮丧的姿态，反映出对负面情绪的共鸣；而当识别结果为惊讶时，虚拟化身则会展现出受惊后的反应动作。

图 2.33 用户微表情被识别为正性的系统实时反馈场景

图 2.34 用户微表情被识别为负性的系统实时反馈场景

图 2.35 用户微表情被识别为惊讶的系统实时反馈场景

第 3 章 基于智能分析的知识图谱构建

3.1 知识图谱构建技术

3.1.1 知识图谱的架构

知识图谱是一种大规模语义网络，涵盖了实体、属性以及它们之间多样的语义关系。该技术既是一种知识组织和表达的模式，同时也是一种规模庞大的开放知识库。知识图谱具备强大的表达力和灵活的建模能力，为人类提供易于识别且对机器友好的知识表示形式。

知识图谱的架构包含自身的逻辑结构和所采用的技术架构。在逻辑上，通常将知识图谱划分为两个层次，即模式层和数据层。模式层是知识图谱构建的核心，它处于数据层之上，可以被看作是知识图谱的骨架，主要存储经提炼的知识点，通常采用本体库来对其进行管理。本体构建辅助知识库的结构化实现和数据组织的规范化。在计算机领域，本体表示关于概念化的明确表述。具体而言，本体定义为共享概念模型的形式化规范性描述。在构建本体的方法上，大体可以分为人工构建与自动构建两大类。人工构建依赖于领域专家的参与，该方法有很高的准确率和可靠性，但缺点在于人工成本和时间成本较高。自动构建的方法依赖于机器学习方法和本体构建工具，实现了本体概念的自动获取，这种方法的缺点在于准确率有限。因此，目前常用的本体构建首先采用自动构建方法，然后通过人工优化以提升构建结果的准确性。这样的通用方法也可称为半自动化构建。目前，半自动化构建的流程一般有以下几步：确定关键术语、建立层级结构、建立类属性、建立类关系和构建本体实例。数据层是知识图谱的血肉，它在模式层的骨架基础上填充大量的实例化数据，一般通过(实体，关系，实体)的形式存储实体间的关系信息，通过(实体，属性类别，属性值)的形式存储实体的各种属性信息。这两种三元组表示构成了数据层的元数据，通过大量元数据的导入，从而构成海量数据的语义化网络，即完整的知识图谱。

知识图谱的技术架构表示构建流程中所涉及的具体技术，一般包含数据获取、知识抽取、知识融合、知识加工等，构建流程如图 3.1 所示。虚线的左侧表示数据源的获取，其中包含三类数据，即结构化数据、半结构化数据和非结构化数据。虚线内表示构建和更新的过程，其中涉及三个主要步骤，分别是知识抽取、知识融合和知识加工。根据数据类型的不同，数据处理的步骤也有所不同，结构化数据可直接进行知识融合。而另外两种数据需要先做知识抽取，然后进行知识融合。知识抽取表示从数据源中提取实体、属性等信息。知识融合指对抽取的知识进行处理整合，以消除潜在的歧义。知识加工是对知识库的质量进行评估和校验，确定其知识库的质量是否符合指标。通过校验后才可存入知识图谱。存储则需要借助图数据库来实现，常用的图数据库有 Neo4j、DGraph、JanusGraph 等。

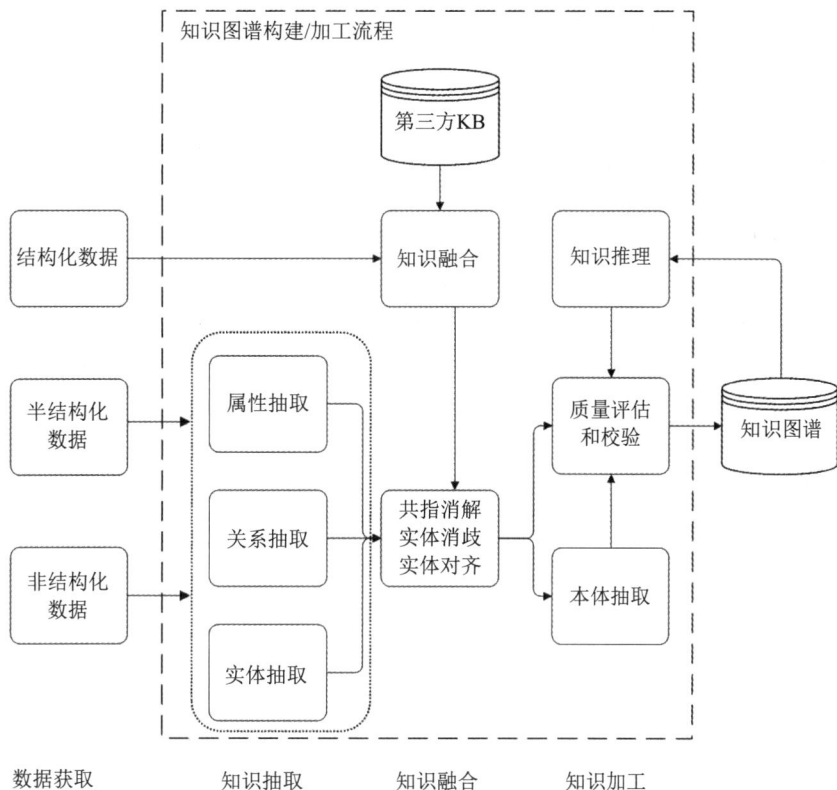

图 3.1　知识图谱构建流程图

3.1.2　知识图谱的构建流程

按照逻辑上的构建策略，知识图谱的构建可以划分为自顶向下和自底向上两种方式。自顶向下的构建方法主要采用结构化数据源，重点从高质量数据提取本体信息以构建模式层，进而形成知识库。而自底向上的构建方法则是利用大量开放数据源收集知识信息，并经过质量审核后构成知识库。

如图 3.1 所示，知识图谱构建流程中，虚线框内的三个步骤需要进行初始构建和迭代，下面将详细介绍三个步骤的具体工作内容。

(1) 知识抽取。知识抽取是更新流程中的第一步，其目的是从多样化的数据源中抽取实体、属性、关系等知识单元。知识抽取过程中涉及的关键技术包括实体抽取、关系抽取和属性抽取。

实体抽取，指从异构的文本数据中识别出命名实体。命名实体识别是知识抽取中的基础任务，对后续处理流程的效果有很大影响。

关系抽取，指对经过命名实体识别的语料，抽取实体间的关系信息，从而构成(实体，关系，实体)的三元组。

属性抽取，目标是获取特定实体的属性信息，从而构成(实体，属性类别，属性值)的三元组。在一些情况下，也可以将属性抽取任务当作关系抽取任务处理，即将属性类别作为关系，属性值作为另一类实体。

(2) 知识融合。通过知识抽取的处理后，可以获得文本中的实体、关系、属性等信息。然而，这些未处理的信息中可能含有冗余和歧义信息，还不足以构成完备的知识。知识融合的目的是对这些信息做适当的清理和融合，从而提升知识库的质量。融合过程中涉及的内容有：共指消解、实体消歧和实体对齐等。共指消解是处理多个实体可能指代同一个真实对象的问题。比如命名实体识别得到的三个实体"西安电子科技大学""西电""西军电"虽然属于不同实体，但实际表示同一对象。实体消歧则是处理某一个实体表示多个实际对象的问题。比如实体"张三"可表示演员张三，也可能表示歌手张三。基本思想是将实际指向不同的实体当作两个实体识别，比如，在其实体属性上标注职业"演员"和"歌手"，以区分两者。实体对齐是指把来自数据源的相同实体做整合，以确定其是否指代同一对象。比如数据源包含从维基百科、百度百科、搜狗百科获取的"曹操"的生平描述，实体对齐就是要对来自不同知识库的相似知识进行融合和聚集，得到对单一实体的最完全的表示的过程。

(3) 知识加工。通过知识抽取和知识融合，能够实现对实体基础事实的获取。但是事实还需经历后续处理，才能转化成知识。知识加工主要涉及：本体抽取、知识推理和质量评估。本体是经过规范化处理的概念，其反映的知识应是明确定义的知识，具有通用性和共享性。知识推理是从多个知识中联合获取新知识的过程。例如，已知(A，属于，B)和(B，属于，C)，通过推理可知(A，属于，C)。因此，知识推理可以理解为从现有知识中推理隐含知识的过程。质量评估是对知识图谱的知识质量的最后把关，根据人为设计的指标和参数，对知识库提出一个整体评价，未达到置信度阈值的知识将被淘汰或更新。

3.1.3　知识图谱的存储

知识图谱以有向图结构来对知识进行建模和表示，有向图结构在表示关系方面具有天生的优势。

常用的关系型数据库在拓扑结构上显然不适用于图结构的存储。随着知识图谱这样的图结构数据的检索、查询需求的日益增长，知识图谱的存储逐渐采用两种基于图数据模型的新兴的数据库管理系统，分别是基于资源描述框架(Resource Description Framework，RDF)的存储和基于图数据库的存储。RDF 的设计理念侧重于数据的广泛发布与共享，其核心在于采用三元组结构来表征实体及其相互间的关系信息，然而，这一机制在直接表达实体属性方面存在局限性。相比之下，图数据库则展现出对图查询与检索效率的高度关注，其架构以属性图为核心构建单元，赋予了实体与关系携带附加属性的能力，从而在数据表达上展现出更高的灵活性与丰富性。在具体应用中，实体和关系包含的属性可以为其预设值，表示知识之外的属性值，使得交互更加自由。

常见的 RDF 数据库有 gStore、Virtuoso、RDF4j 等。RDF 的查询语言为 SPARQL(SPARQL

Protocol And RDF Query Language)，它是由 W3C 制定的 RDF 标准查询语言，其优势在于标准化和数据发布的便利。目前 RDF 的应用场景较少，以学术界应用研究为主。

目前，基于属性图模型的图数据库管理系统拥有更加广泛的应用场景。属性图由节点和边组成，节点和边都可以拥有属性，节点本身可拥有一个或多个标签，且边可以设定方向。属性图提升了海量数据下查询的效率，同时丰富了图结构的表达和交互自由度。Neo4j 是一种基于图模型的 NoSQL 数据库，它是一个嵌入式的、基于磁盘的、具备完全的事务特性的高性能图引擎，支持集群，可用于企业应用场景。Neo4j 拥有专用的 Cypher 查询语言，它和传统 SQL 语言一样，属于声明式语言，但拥有更高效的图查询能力。用户只需要指出查询什么，而不用关心查询的具体实现，其内部拥有自建的查询优化。目前，Neo4j 拥有图数据库领域最活跃、最开放的社区，社区提供了一系列生态，方便其部署到各种平台上，使其具备了扩展能力和可视化能力，为其落地应用提供了大量支持。

3.1.4　知识图谱的应用

知识图谱为海量的异构数据提供了更有效的表达、组织、管理能力，使得基于图结构的知识表示更接近"认知智能"。目前，知识图谱在智能化发展中衍生出了很多的应用场景。

1. 智能搜索

用户的查询请求通常分为两步来处理。第一步，语义分析，通过知识图谱对查询的文本做预处理，然后匹配数据库的知识，分析用户情感，并扩展语义下相关概念。第二步，知识检索，在知识库中做问题的模板匹配，查询实体、关系、属性中拥有最高置信度的内容，经过挖掘、提炼后，给出用户所需的知识。国外的搜索引擎，如 Google、Bing 等，引入了基于知识图谱的查询能力，有效提升了用户查询的质量。国内的互联网公司，如百度、阿里云等，开放了很多面向企业用户的智能查询能力。另外，国内公司 Peak Labs，研发了面向一般消费者的智能搜索引擎 magi，它基于知识图谱知识库，实现了用户与查询知识的交互。Peak Labs 也开发了很多面向开发者的开放领域知识图谱的应用接口，为智能搜索的落地应用打开了广阔前景。

2. 智能问答

智能问答系统作为一种智能化的信息检索方式，同样有很多的应用场景。目前很多问答平台引入了知识图谱以扩展问答能力，例如苹果的智能语音助手 Siri。

3. 社交网络

2013 年，Meta 公司推出了 Graph Search，其将知识图谱应用于社交网络场景，支持自然语言的查询，为用户提供了社交信息的图结构交互能力。Google 等公司在社交网络方面也引入了知识图谱研究，对用户关系和用户画像做出了深度解析。

4. 垂直领域

在垂直领域中，知识图谱能构建更加规范、准确的数据模型，使其能应用于更加复杂的常用场景，提供更加专业的知识表示。金融领域中，通过知识图谱组织税务系统的零散化的数据，分析税务关系中潜在的风险，能实现反欺诈的能力。医疗领域中，耶鲁大学构建了全球最大的神经科学数据库 Senselab[13]。研究人员将多层次的研究数据进行检索、分析、整合，构建神经科学的知识图谱。该图谱实现了对深层次神经科学知识的理解，用以辅助神经科学的研究。电商领域中，阿里巴巴的淘宝网拥有海量的商品信息，其通过整合这些商品信息，构建商品知识图谱，为用户提供基于商品知识的购物推荐能力。教育领域中，课程知识图谱可以为学生提供标准、科学的知识体系，辅助学生构建完整的知识点架构概念。同时，知识库也能在一定程度上为用户提供智能问答。

3.2　　课程知识图谱模式层构建

3.2.1　本体的概念及构建方法

在构建任何领域的知识图谱时，其核心均在于相应知识本体的构建。对于课程知识图谱而言，模式层的构建研究也需要借助本体研究来完成。以下是对本体概念、构建方法及工具的简要阐述。

本体这一概念，其根源可追溯至哲学领域，最初由哲学学者提出，并定义为"对世界上客观事物及其关系的系统性、本质性的描述，即存在论的体现"。在哲学语境下，本体聚焦于客观世界中事物本质的抽象概括。然而，随着科技的演进，本体概念跨越学科界限，延伸至计算机科学领域。

1993 年，本体概念首次在计算机科学领域出现，被界定为"关于概念化的清晰表达"。随后，在 1998 年，德国学者 Studer 对本体在计算机科学中的内涵进行了更为精准的界定，即"本体是共享概念模型的明确、形式化规范说明"。这一定义因其全面性和精确性，在计算机科学领域获得了广泛的认可与采纳，成为指导本体构建工作的基础理论。

一般而言，一个完备的本体框架由五大核心组件构成：类、关系、函数、公理、实例。其中，类作为基石，不仅涵盖了实际存在的具体事物，也囊括了抽象概念的表征；关系则负责描绘类与类之间错综复杂的内在联系；函数作为关系的一种特殊形式，进一步细化了这种联系的表达方式；公理则是对本体内部固有事实的精确阐述，它既能对类施加约束，也能规范关系的行为；而实例则是类在具体情境下的实例化展现。

鉴于课程知识图谱的构建基于领域知识本体的构建之上，以下将简要介绍本体构建的主要方法及其辅助工具。

本体构建方法可归纳为两大类：人工构建与自动化(含半自动化)构建。人工构建法，依赖领域专家的深入洞察与手工操作，虽能确保高度的精确性与专业性，但伴随着显著的时间与人力成本。其典型方法包括 TOVE 法、IDEF5 法、骨架法及 METHONTOLOGY 法等。

相比之下，自动化构建法旨在通过机器学习技术自动提取与构建本体，然而，鉴于其技术难度与领域适应性挑战，往往需要人工干预与指导，故实际应用较为有限。半自动化构建法则巧妙地融合了人工构建与自动化构建的优势，成为当前广泛采用的本体构建范式，具体方法如七步法、五步法及循环获取法等，均在不同程度上提升了构建效率与质量。

五步法作为学科本体构建中的常见方法，其步骤清晰且实用性强，具体步骤包括：(1) 明确界定本体构建中的关键术语；(2) 构建类及其层级结构，以反映概念间的层次关系；(3) 定义类的属性，细化类的特征描述；(4) 确立类间关系，如继承、关联等，以全面刻画概念网络；(5) 创建实例，将抽象概念具体化于实际情境中。

可借助 Protégé 工具实现本体构建，Protégé 是一款知识图谱本体编辑工具，是由斯坦福大学人工智能实验室开发的开源软件。它提供了一个直观而强大的用户界面，用于创建、编辑和管理本体，支持丰富的本体建模功能和语义推理。它被广泛应用于知识图谱构建、语义网研究等方面。Protégé 支持各种本体语言和标准，包括 Web 本体语言(OWL)和 RDF，并提供了丰富的插件和扩展机制，以满足不同应用领域的需求。同时，它支持多种可视化插件，以实现丰富的自定义可视化效果。

3.2.2　模式层本体构建设计

在计算机科学领域中，本体被定义为一种规范的概念建模方法，旨在为客观世界的抽象模型提供清晰的定义，包括概念本身及其相互关系。它作为同一领域不同实体间交流的语义基石，扮演着至关重要的角色。特别是在课程知识图谱的构建中，本体是模式层的核心元素，主要用于描绘层次结构，形成了知识库中概念的模板。下面介绍采用本体构建的方法来形成课程知识图谱模式层的过程。根据前文介绍的基本本体构建五步法，结合知识图谱实例，设计的构建方法及流程如图 3.2 所示。

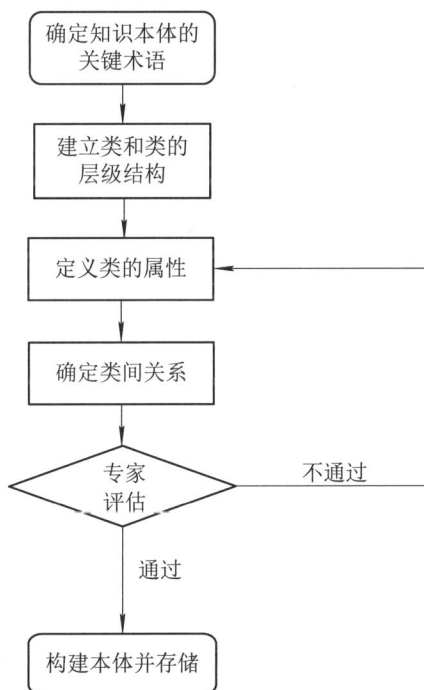

图 3.2　本体构建流程图

首先确定知识库中知识本体的关键术语，之后确定知识库中不同本体的层级关系，建立层级结构，然后定义类的属性，确定类间的具体关系。完成上述步骤后，将本体结构交由领域专家进行评估分析，专家给出指导意见，判断其本体结构是否符合本学科的知识结构，即人工评估本体构建是否准确，经过反复审核修改后，最终得到本体构建模型。

3.2.3　本体构建具体过程

下面具体介绍课程知识图谱构建流程和技术实现。

1. 确定关键术语

在知识图谱构建的知识抽取阶段，通过命名实体识别能从文本数据中获得大量的实体和概念信息，由于非结构化和半结构化的文本数据中常常混杂有非领域相关知识，如何确保关键术语来自领域内知识并符合领域内知识体系是该步骤的重点研究内容。根据对以往的关键术语确立方法的研究与分析，提出基于关键词的术语确定方法。

一般情况下，领域内的关键术语在文本中有高频出现的特征，基于这一现象，采用词频统计方法来辅助确定关键数据。TF-IDF 是一种用于信息检索和数据挖掘的加权方法[14]，用来评估一个词或术语对语料库的重要程度。基于 TF-IDF 的关键词提取流程如图 3.3 所示。

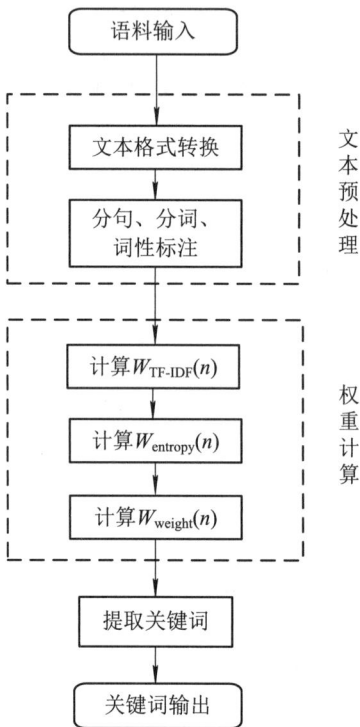

图 3.3　关键词提取流程图

1) 文本预处理

本节的语料数据主要来源于网络，涉及多种格式数据，首先需要将结构化和半结构化的数据转换为适于输入程序的 csv 格式，然后对其进行分句、分词、词性标注等处理，以便进行下一步的词频权值计算。

2) 权重计算

根据 TF-IDF 公式，得到词频信息和逆文档的频率信息，公式如下所示：

$$W_{\text{TF-IDF}}\left(n\right) = \text{TF}_n * \text{IDF}_n \tag{3-1}$$

$$\text{IDF}_n = \lg\left(\frac{N}{\text{DF}_n}\right) \tag{3-2}$$

其中，n 表示该词在库出现频数，N 表示文档总数，TF_n 表示该词在文档中出现的频数，IDF_n 表示每个词能表示整个文档主题的能力，DF_n 表示出现该词的文档总数。

信息熵的计算公式如下：

$$W_{\text{entropy}}\left(n\right) = 1 - \frac{1}{\lg N}\sum_{p=1}^{N}\left(\frac{d_{\text{wp}}}{n_w}\lg\frac{n_w}{d_{\text{wp}}}\right) \tag{3-3}$$

其中，N 表示总文档数，d_{wp} 表示词 w 在该文档中出现的次数，n_w 表示词 w 在总文档中出现的次数。

根据 TF-IDF 和平均信息熵，取平均值得到综合权重，计算公式如下：

$$W_{\text{weight}}\left(n\right) = \frac{1}{2}W_{\text{TF-IDF}}\left(n\right) + \frac{1}{2}W_{\text{entropy}}\left(n\right) \tag{3-4}$$

3) 关键词提取

根据 W_{weight} 从大到小排列，选择其中符合条件的词语，再人工筛选，确定所需的关键术语，为后续建立层级结构打好基础。

2. 建立层级结构

通过上述算法确定关键术语和概念后，应对这些术语划分具体类别，并建立层级结构。这是本体构建的关键步骤，层级结构直接影响知识图谱的整体框架。如图 3.4 所示，构建的本体是多层次的，一般以两到三层为主。

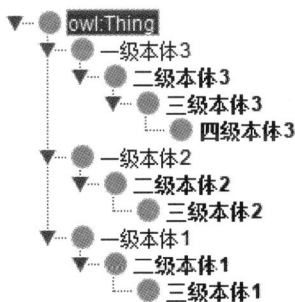

图 3.4　本体层级结构

3. 建立类属性

建立层级结构后，需要建立类属性，通常类属性分为两类，其一为数据属性，其二为对象属性。通过定义好的数据属性，可以更直观地理解目标类的含义和用途。根据本体描述语言 OWL，设定了本体的数据属性，如表 3.1 所示。

表 3.1　数 据 属 性

属性名	英文属性名	类型	含义
名称	Name	String	知识本体名称
关键词	Keyword	String	知识包含关键词
掌握水平	Level	String	要求掌握程度
描述	Description	String	知识相关定义说明

Protégé上的数据属性如图 3.5 所示。

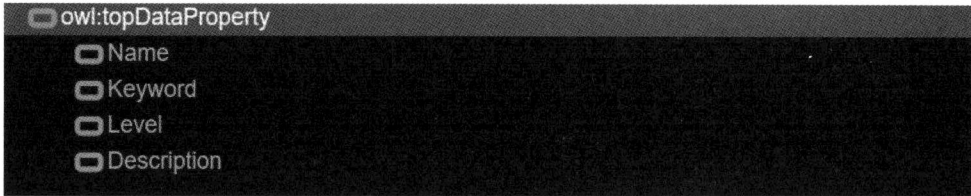

图 3.5　数据属性

4. 建立类关系

层级结构确定后，知识图谱中可以填充很多依赖于本体层级的实体，但还要定义实体之间的关系。在关系抽取过程中，得到的所有关系都应来自这些预定义的关系，这也称作封闭域关系抽取，区别于直接从文本中获取实体关系的开放域关系抽取。所谓建立类关系，即在知识图谱的范畴内预定义关系集合。下面根据数据结构课程中常出现的关系种类，划分了 12 种关系，图谱中的任何实体间，存在且仅存在这 12 种关系，具体关系说明如表 3.2 所示。

表 3.2　关 系 说 明

关系名称	关系英文名称	说　明
依赖	Rely	一实体依赖于另一实体，有前后顺序关系
被依赖	b-rely	一实体被依赖于另一实体，有前后顺序关系，是依赖的反向关系
属于	Belg	一实体属于另一实体范畴
包含	b-belg	一实体包含另一实体
同义	Syno	两个实体名称不同但含义相同
反义	Anto	两实体含义相反
近义	Simi	两实体含义相似
属性	Attr	一实体是另一实体的属性
拥有	b-attr	一实体的属性是另一实体
同位	Appo	两实体在某范畴内有相同父节点
其他	Other	两实体有其他关系
无关	None	两实体没有关系

5. 构建本体实例

完成上述四步后，本体构建基本完成，最后需要在特定的本体层次下填充从文本中获取的实体，即本体实例，然后确定所属关系，定义约束。当实体填充完毕后，知识库的知识本体即构建完毕。实例填充后可通过 Protégé 的 OWLviz 插件和 OntoGraf 插件进行可视化操作。

下面展示以数据结构课程为例，通过 Protégé 实现的上述一系列流程。在建立本体结构部分，通过分析数据结构课程的知识架构与体系，确定数据结构本体包含 5 个二级类，13 个三级类。二级本体包括线性结构、树形结构、非线性结构、排序与检索和其他。其中线性结构包含字符串、栈、队列、矩阵、线性表等。树形结构包含二叉树、树。非线性结构包含无向图、有向图、图遍历。排序与检索包含检索和排序。通过 Protégé工具构建的数据结构课程本体结构如图 3.6 所示，这里的本体为二层结构。

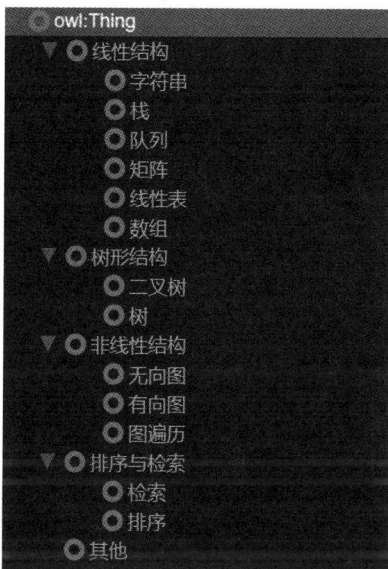

图 3.6　数据结构课程本体结构

通过 Protégé 工具构建的对象属性如图 3.7 所示。其中关系"包含"对应的相关属性如图 3.8 所示，其中 Domains 表示对象属性定义域，即关系三元组的起点，Ranges 表示对象属性的值域，即关系三元组的终点。

图 3.7　对象属性

图 3.8　关系"包含"的相关属性

最终通过 OntoGraf 可视化，数据结构本体填充前的层级结构如图 3.9 所示，填充后的效果如图 3.10 所示。

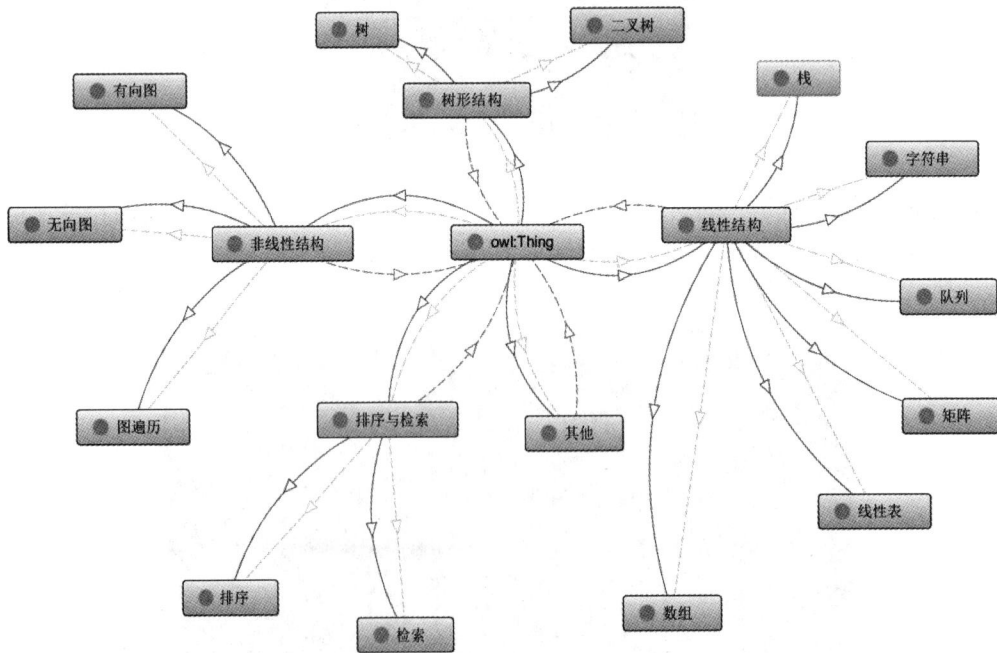

图 3.9　填充前的 OntoGraf 层级结构

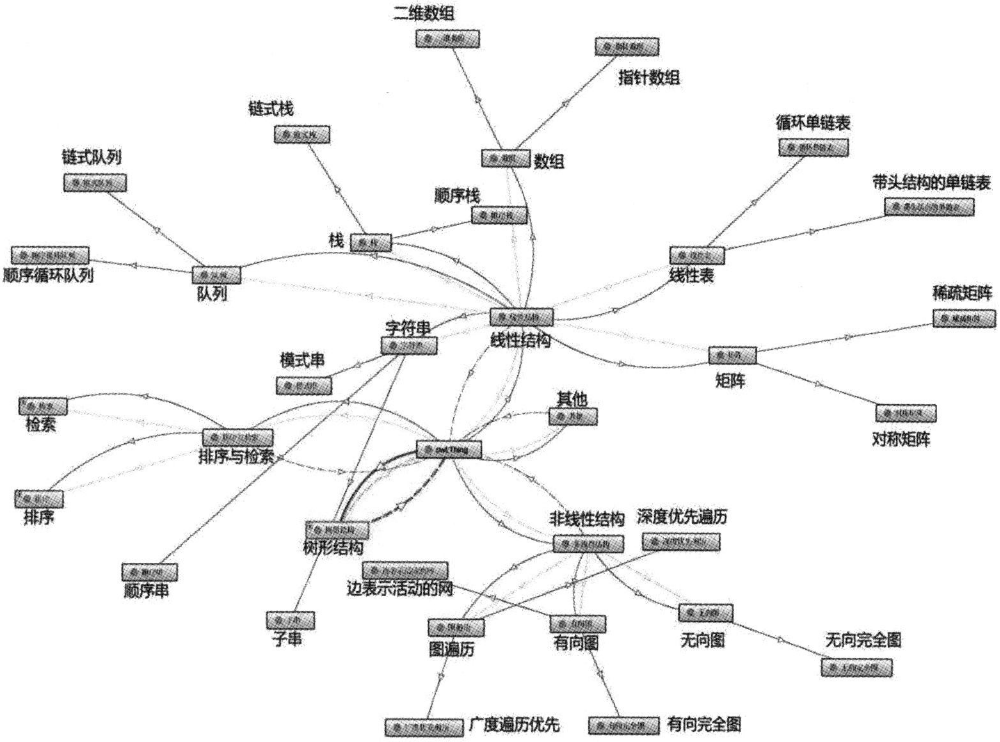

图 3.10　填充后的 OntoGraf 层级结构

　　本节主要按照知识图谱模式层五步法的步骤，依次介绍了各步骤的具体实现，首先通过 TF-IDF 算法和平均信息熵提取关键术语，其次划分本体的层次关系，为知识的层次结构化提供基础。接着根据 OWL 设定类的四个具体属性，然后根据数据结构课程的知识内容关系，设定预定义的 12 种关系，为之后的关系抽取提供基础。最后，通过 Protégé 构建所需的本体实例，采用可视化插件 OWLviz 和 OntoGraf 对其进行可视化推理，实现了完整的本体构建流程，从而构建出课程知识图谱的模式层。

3.3　课程知识图谱数据层构建

3.3.1　基于深度学习的课程命名实体识别方法

　　数据层可以看作是知识图谱的血肉，它是具体展现的内容和知识。在模式层的基础上，数据层表现了知识图谱的实例化的知识和关系。构建数据层，首先要进行数据获取。目前，课程知识图谱的数据源主要有两类：一类是从事教育相关公司构建的内部数据集，这类数据集来源于公司具体业务，一般是结构化的非公开数据。另一类是爬取自网络上的公开数据，这类数据以半结构化数据和非结构化数据为主，需要做适当的预处理操作来提取格式化数据。这里使用的数据结构课程相关数据均爬取自网络，故涉及较为复杂的预处理流程。

下面将首先介绍数据预处理的流程，然后介绍基于 BiLSTM-Attention-CRF 的命名实体识别模型架构，最后进行实验分析，证明本方法用于课程知识图谱的有效性。

1. 数据预处理

根据对智慧教育领域知识图谱的调查研究，目前公开的文本类智慧教育数据集相当有限，其大多不适用于拟完成的课程知识图谱构建的研究，并且数据源的质量和数量极大程度地影响知识抽取、知识融合、知识加工等后续步骤。因此通过网络爬取的形式，构建了计算机专业基础课程数据结构的专用数据集。数据均来源于网络，包括百科、文库、MOOC网站教案、课程教材等文本内容。数据处理主要分为三步，具体的流程如图 3.11 所示。

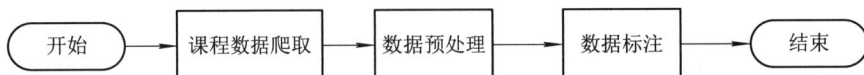

图 3.11　数据处理流程

第一步，使用 BeautifulSoup 和 Selenium 编写爬虫脚本，完成网络请求，页面操作模拟和 HTML 结构的解析。然后确定目标网站的范围，对网址类型做筛选，根据解析得到的DOM 文档结构，对需求 DOM 节点做筛选，过滤符合需求的数据。具体的课程数据爬虫流程如图 3.12 所示。

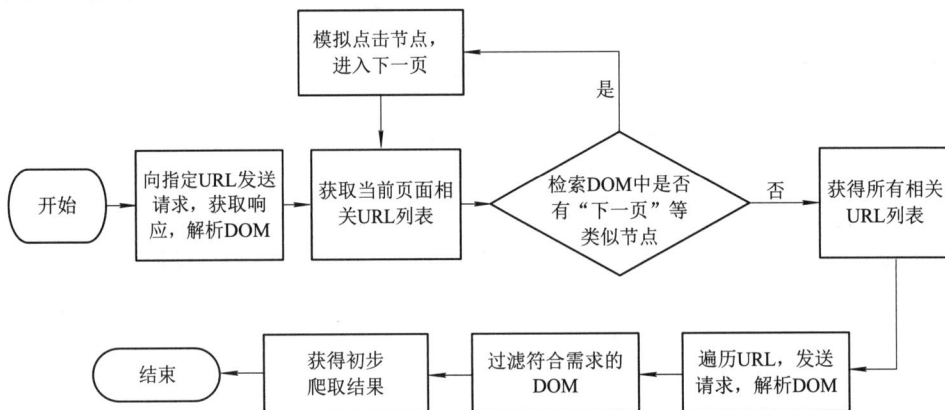

图 3.12　课程数据爬虫流程

第二步，由于爬取的数据多为非结构化数据，所以还需要进一步处理，规整为统一格式，PDF 格式文件通过 OCR 识别为 Word 格式，去除网页中 DOM 获取的非文本内容，将所有文本转换为 txt 格式，再将其做分句处理，人工过滤掉与课程不相关的内容。将完成分句的文本转为 csv 格式，方便后续输入。

第三步，对于命名实体识别这种跨度识别问题，这里采用标准的 BIO 标注方法，这是一种把 NER 当作一个逐字序列标注任务的方法，通过标签来捕捉边界和命名实体类型。BIO 方法共有三种标注符号，分别是 B-X、I-X 和 O。其中，B-X 表示 X 类型实体的第一个字符，I-X 表示 X 类型实体除第一个字符外的所有字符，O 表示当前字符不属于任何实体。X 类型需要根据数据集的具体情况定义，例如，根据数据结构课程涉及的知识结构，将划分两种 X 类型实体，分别是规则实体 law 和概念实体 conc。标注过程中，先借助 label Studio 工具完成自动化标注，再人工核对标注的正确性。

2. 基于 BiLSTM-Attention-CRF 的命名实体识别模型

以往的命名实体识别任务中，BiLSTM-CRF 的模型应用较为广泛，且普遍取得不错的效果，但针对数据结构这种专业性较强的专业知识，实体有较强的上下文敏感性，因此识别效果比较有限。在 BiLSTM-CRF 的基础上，可加入注意力机制，对文本中各个特征向量加以不同的权重，增强信息间的关联性，提高对课程文本数据的命名实体识别准确率。

该模型主要分为四部分：Char Embedding 层、BiLSTM 层、注意力层和 CRF 层。首先将文本按照字符级别嵌入进行向量化表示，将向量化数据输入前向和后向的 LSTM 神经网络层，目的是对文本序列进行建模并捕获其语义特征。接着，将所获得的特征输入至注意力层中，并利用注意力机制关注与任务高度相关的特征向量。最后，CRF 解码器负责将这些特征向量转化为序列标签，以此识别并生成课程知识实体。

1) Char Embedding 层

在 LSTM 网络中，Char Embedding 层的主要作用是将高维的离散特征映射到连续的低维空间，以便于模型处理这些特征。Char Embedding 层还能捕获词语之间的相似性，并通过训练学习到词语的语义信息。

2) BiLSTM 层

LSTM 是 RNN 的一种特殊形式，它通过引入门控机制有效地解决了传统 RNN 面临的梯度消失问题。与 RNN 相比，LSTM 引入了四个关键组成部分：记忆单元、输入门、遗忘门以及输出门，这些新增的组件极大地提高了网络处理长期依赖信息的能力。LSTM 网络的神经元结构如图 3.13 所示。顶部贯穿的水平线是 LSTM 的关键，被称为 cell(单元)状态。LSTM 利用 cell 状态将这一时刻的隐藏层信息传递给下一时刻的隐藏层。网络具有删除或向 cell 状态添加信息的能力，这些能力由称为 gates(门)的结构精心调节。gates 是一种选择性地让信息通过的方式。遗忘门负责决定哪些信息应该被保留或移除，通过选择性地过滤上一时刻传递的信息来调整网络的记忆。而输入门则负责生成并更新网络所需的新信息，它通过 sigmoid 函数决定哪些值应当被更新，并通过 tanh 层计算更新的数值，从而实现对网络记忆单元状态的精细调控。紧接着，就是输出门。sigmoid 决定将输出状态的哪一部分。然后，将这个状态通过 tanh，与 sigmoid 的输出相乘。

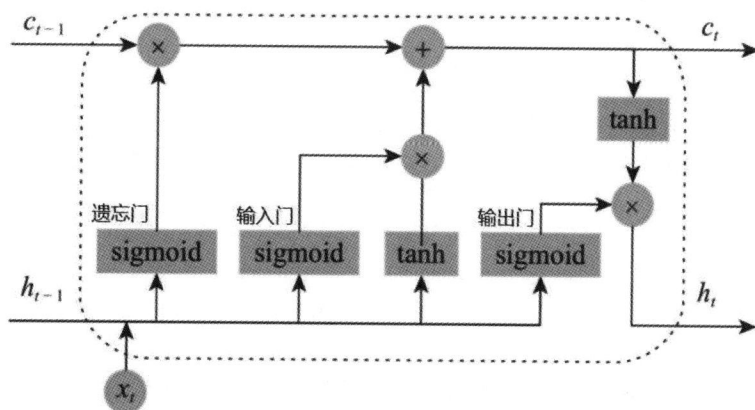

图 3.13　LSTM 网络的神经元结构

对于文本内容而言，由于 LSTM 的单向性，其节点只能够获取前文的信息，而难以获取节点的后文信息。双向的 LSTM 则可以获取文本节点的上下文信息。双向长短期记忆网络，先将数据集中的句子按照排列顺序正向解析，随后再反向进行相同的操作，这两个方向上的处理分别产生了一组向量表示。通过将这两组向量进行合并，形成了 BiLSTM 网络隐藏层的综合向量表示。这种双向处理方法增强了网络捕捉文本序列中双向依赖性的能力。涉及的具体公式如式(3-5)到式(3-10)所示。

$$f_t = \sigma\left(W_f \cdot \left[h_{t-1}, x_t\right] + \boldsymbol{b}_f\right) \tag{3-5}$$

$$i_t = \sigma\left(W_i \cdot \left[h_{t-1}, x_t\right] + \boldsymbol{b}_i\right) \tag{3-6}$$

$$\tilde{c}_t = \tanh\left(W_c \cdot \left[h_{t-1}, x_t\right] + \boldsymbol{b}_c\right) \tag{3-7}$$

$$c_t = f_t \odot c_{t-1} + i_t \odot \tilde{c}_t \tag{3-8}$$

$$o_t = \sigma\left(W_o \cdot \left[h_{t-1}, x_t\right] + \boldsymbol{b}_o\right) \tag{3-9}$$

$$h_t = o_t \odot \tanh\left(c_t\right) \tag{3-10}$$

其中，f_t 表示遗忘门，i_t 表示输入门，o_t 表示输出门，x_t 表示 t 时刻的输入。$\boldsymbol{b}$ 表示相关偏移向量，w 表示相关权重矩阵。$\tilde{c}_t$ 表示新的候选值向量，c_t 表示由旧状态 c_{t-1} 更新的新单元状态，h_t 表示 t 时刻最后的输出，h_{t-1} 表示 t-1 时刻的输出。σ 表示 sigmoid 激活函数，tanh 表示双曲正切函数。

3) Attention 层

注意力机制的原理来源于人类大脑的处理模式，它通过将有限的处理能力集中在重要信息上，从而实现信息的有效筛选与重点关注。这一机制能够使模型在生成当前输出时，优先考虑与之高度相关的特征，同时抑制那些不相关的噪声，进而有效捕捉上下文语义特征。注意力层的公式如(3-11)所示。

$$V_t = \tanh\left(\boldsymbol{h}_t\right) \tag{3-11}$$

公式(3-11)中的 V_t 表示注意力权重，用于描述当前提取语义特征与上下文特征的相关程度，tanh 是双曲正切函数，$\boldsymbol{h}_t$ 是上下文特征向量。对于获取的注意力权重需进行注意力权重概率化，如公式(3-12)所示。

$$P_t = \frac{\exp\left(V_t\right)}{\sum_{t=1}^{m} \exp\left(V_t\right)} \tag{3-12}$$

公式(3-12)中利用 softmax 计算函数权重，然后进行权重分配，根据不同特征的相关程度赋予不同特征权重。

$$a_t = \sum_{t=1}^{m} P_t \boldsymbol{h}_t \tag{3-13}$$

公式(3-13)中，$\boldsymbol{h}_t$ 是 BiLSTM 获得的上下文特征向量，P_t 表示权重概率化后对应概率。

4) CRF 层

CRF(Conditional Random Fields)是自然语言处理领域中常用的一种统计模型，其主要用于序列标注任务，例如分词、命名实体识别、词性标注等。CRF 是一种基于马尔可夫随机场的分类器，它可以通过对输入序列建模，从而对序列中的每个标签进行分类。CRF 在给定观测序列的条件下，计算标签序列的条件概率。这个条件概率可以通过定义一个概率分布函数来实现，该函数可以考虑到标签序列中相邻标签之间的依赖关系。这种依赖关系可以通过定义一个特征函数来表示，该函数可以考虑到观测序列和标签序列之间的关系。

对于本节的命名实体识别任务，标签序列中的相邻标签之间有强依赖关系。中间标签 I 一定在开始标签 B 的后面。根据这样的依赖关系，实现了模型对上下文的标签信息的构建。

对于标签序列 $y = \{y_1, y_2, y_3, \ldots, y_t\}$，CRF 的得分函数如公式(3-14)所示。

$$S(X, y) = \sum_{i=1}^{t} \boldsymbol{P}_{i, y_i} + \sum_{i=0}^{t} \boldsymbol{A}_{y_i, y_{i-1}} \tag{3-14}$$

其中，矩阵 $\boldsymbol{P}$ 由 Bi-LSTM 的输出决定，矩阵 $\boldsymbol{A}$ 则是标签间的状态转移矩阵，$\boldsymbol{A}_{i, j}$ 表示标签 i 到标签 j 转移的概率得分。

计算得分函数 $S(X, y)$ 后，通过 softmax 得到输入为 X 时的正确标签序列 y 的条件概率，如公式(3-15)所示。

$$P(y|X) = \frac{\mathrm{e}^{S(X, y)}}{\sum_{\tilde{y} \in Y_X} \mathrm{e}^{S(X, y)}} \tag{3-15}$$

其中 Y_X 表示输入为 X 时所有可能的标签序列组合。

最大似然函数为公式(3-16)所示。

$$\lg\big(P(y|X)\big) = S(X, y) - \lg\left(\sum_{\tilde{y} \in Y_X} \mathrm{e}^{S(X, y)}\right) \tag{3-16}$$

$$y^* - \underset{y \in Y_X}{\mathrm{argmax}}\, S(X, \tilde{y}) \tag{3-17}$$

最后采用 Viterbi 算法可计算得到目标标签。

3.3.2　基于深度学习的课程关系抽取方法

在知识图谱的知识抽取任务中，命名实体识别负责从文本语句中识别出符合条件的实体，实体在知识图谱中以节点的形式展现，而知识图谱中节点间的连接线呈现了实体间的关系信息，这需要将命名实体识别的实体作为输入，进行关系抽取任务，以完成知识抽取。

常见的关系抽取方法，如 BiLSTM-Attention 模型，可以利用上下文信息进行关系抽取，但其在构建词向量中不能很好地处理同词多义的情况，故本节利用 BERT 作为预训练，构建 BERT-BiLSTM-Attention 模型，尝试解决涉及同词多义的情况，以获得更好的抽取效果。

首先介绍数据集的预处理，其数据主要来自上一步命名实体识别的结果，并对部分数据做关系标注，以用于训练测试。然后介绍提出的关系抽取模型，最后设置实验参数，统计实验结果，分析模型的关系抽取效果。

1. 数据预处理

由于本节采用流水线的知识抽取方法，关系抽取的数据主要来自上一步命名实体识别任务的输出数据。课程知识图谱属于垂直领域知识图谱，其关系类型比较有限，所以本节采用封闭域的关系抽取，需预定义关系类型。知识图谱的模式层关系与数据层相同，故可以确定 12 种预定义的关系类型。确定关系域后，需要对其进行标注，按照实体对三元组的形式和模型输入的需要，关系的标注形式示例如表 3.3 所示。

表 3.3   标注形式示例

头实体	尾实体	关系	语 句
归并排序	排序	属于	归并排序是一种稳定的排序方法
路径	简单路径	包含	在图中从一个顶点到另一个顶点之间没有重复经过任何顶点的路径
前驱	后继	反义	为了容易找到前驱和后继
循环队列	指针	拥有	循环队列为满时，两个指针同样指向同一个位置

2. 基于 BERT-BiLSTM-Attention 的关系抽取模型

经典的 BiLSTM-Attention 模型，虽然可以利用上下文信息，但对于同词多义的情况处理能力依然有限，故本节在 BiLSTM 前加入了 BERT 做预训练，利用其特征提取模块，强化对实体关系的分类能力，称之为 BERT-BiLSTM-Attention 模型。

模型的整体架构如图 3.14 所示。文本信息经过输入层后，依赖 BERT 的特征提取能力，得到文本词向量矩阵。将特征向量输入到 BiLSTM 层，对文本序列建模，捕捉其上下文的依赖信息，从而获得语义特征。然后将带有上下文信息的特征输入 Attention 层，利用注意力机制整合语句特征。最后将句子级别的特征信息输入 softmax，从而达到实体关系分类的效果。

下面对此模型的各部分依次阐述。

1) BERT 层

BERT 层将输入的文本进行向量表示，相较于 Word2Vec，BERT 在预训练过程中，能学习到更丰富的语言学信息。在低层网络结构中可以学习短语词语级别的特征，在中层网络结构中可以学习语言学特征，而在高层网络结构中可以学习语义特征。它采用掩码语言模型，能够获得深层的双向语言表征信息。另外其采用 Transformer 作为特征提取器，能够充分融合上下文信息，辅助实体关系对获取更多信息。

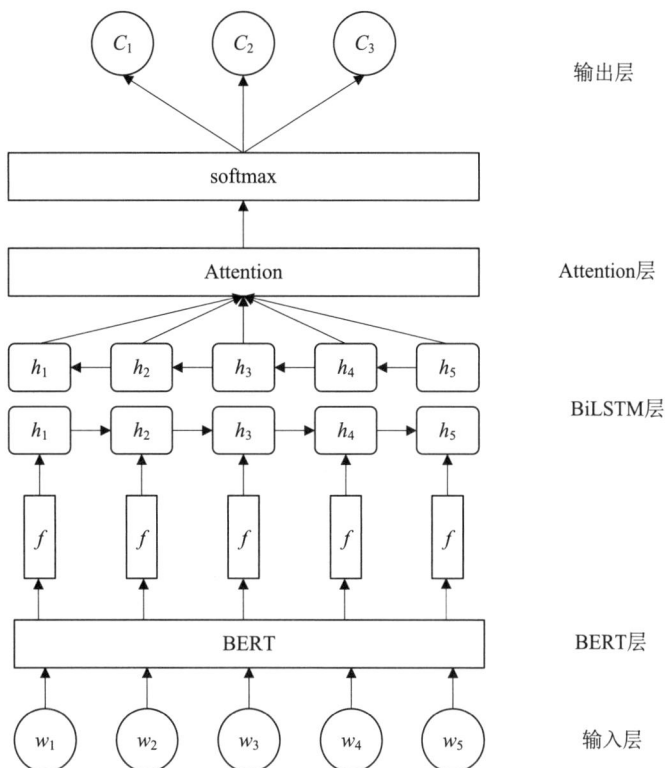

图 3.14　BERT-BiLSTM-Attention 模型

2) BiLSTM 层

BiLSTM 层用来捕捉上下文依赖，并获取对应的语义特征。这里的 BiLSTM 层与前文命名实体识别部分类似，相关公式和网络结构不再赘述。

3) Attention 层

Attention 层在这个模型中主要用来获取权重矩阵，通过其注意力机制，能够将词语级别的特征向量整合为语句级别的特征向量，辅助实体关系分类。

$$M = \tanh(\boldsymbol{H}) \tag{3-18}$$

$$\alpha = \mathrm{softmax}(\boldsymbol{W}^t M) \tag{3-19}$$

$$r = H\boldsymbol{\alpha}^{\mathrm{T}} \tag{3-20}$$

$$h^* = \tanh(\alpha) \tag{3-21}$$

上述公式中，$\boldsymbol{H}$ 表示 BiLSTM 的输出矩阵，$\boldsymbol{W}^t$ 表示初始化的权重矩阵。式(3-21)表示最终通过注意力层获得的关系分类。

3.3.3　知识融合与加工

在知识图谱构建过程中，通过知识抽取获取的实体关系对可能存在重复和同义的实体。

这在图谱中是明显冗余的，知识融合的目的就是对这些重复冗余的实体进行合并。获得的数据结构课程实体集合的特性存在一些同义实体，这里采用双重过滤的方法完成融合。其具体流程如图 3.15 所示。

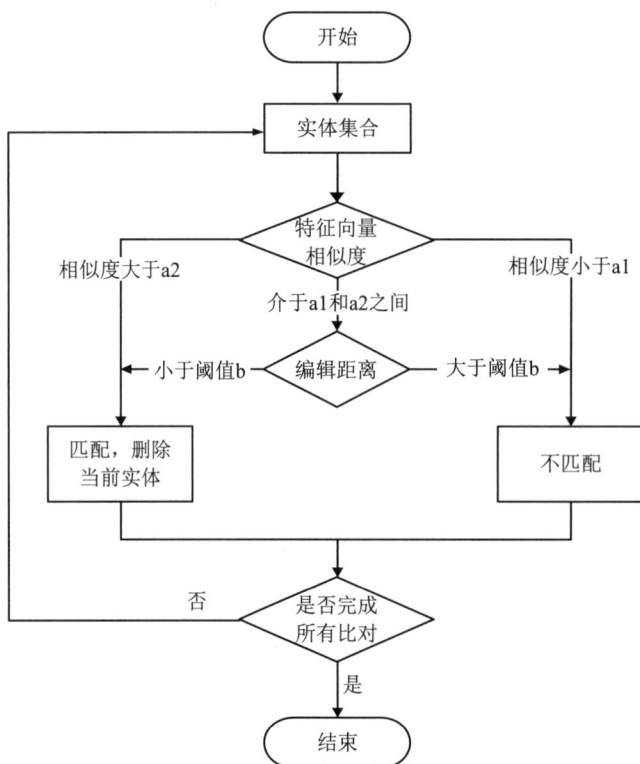

图 3.15　知识融合流程

从实体集合中选取每个实体与其他所有实体做比对，首先计算特征向量相似度，根据向量的余弦相似度判断，提前设定阈值 a2 和 a1，当相似度小于 a1 时，说明实体不相似，且无需进行二次过滤，直接计算下一对实体。当相似度大于 a2 时，说明实体相似，删除当前的相似实体，再计算下一对实体。当相似度介于阈值之间时，还需要进行第二次过滤，采用的是编辑距离算法。编辑距离表示两个字符串之间，一个字符串最少需要多少次编辑可以得到另一个字符串。编辑次数越小，说明相似度越高；编辑次数越大，说明相似度越低。设定编辑距离的阈值 b。当小于阈值时，匹配实体对，删除相似的实体。当大于阈值时，实体对不匹配，不采取操作。

经过上述的知识融合操作，对数据结构课程中涉及的重复实体进行了有效的过滤，实体数量从 3379 个减少至 3175 个。

3.3.4　基于 Neo4j 的知识存储

在知识图谱领域，对于结构化的知识信息的存储和表示方法是多样化的，需要根据垂直领域知识的特点和应用场景选择合适的存储方式。关系型数据库主要通过表的关联性来构建实体对的关系，在数据量较大的情况下，关联操作时间复杂度极高，操作处理相当耗时。图数据库一般通过节点作为数据表示，并定义了节点包含的属性，连线表示节点间的关系。由于以图为基础，数据的展示和存储相对于关系型数据库更丰富。另外，Neo4j 图数据库有特有的 Cypher 语句，专为关系数据的查询而设计，因此可采用 Neo4j 图数据库做知识存储。

对自建的数据结构课程数据集，经过基于 BiLSTM-Attention-CRF 的命名实体识别模型和基于 BERT-BiLSTM-Attention 的关系抽取模型处理后，得到了知识图谱的数据层实体关系。经过格式化输出，关系和实体存储在 utf-8 编码的 csv 文件中，默认的 ANSI 编码会导致后续导入 Neo4j 图数据库时产生编码错误，所以通过 excel 提前将其转换为 utf-8 编码。部分的节点关系数据示例如表 3.4 所示。

数据的前两列表示节点，第三列表示节点间关系。由于关系是具有方向性的，所以第一列和第二列不能交换，这在后续导入图数据库时也是需要注意的一点。

表 3.4　部分节点关系数据示例

entity1	entity2	label
算法	输入	拥有
表排序	排序	属于
双端队列	随机存取	拥有
数组	元素	包含
逻辑结构	结构类型	属于
确定性	算法	属于
插入	元素	依赖
插入	删除	反义
压栈	栈顶	依赖
进栈	元素	依赖
指针	栈顶	属性
归并排序	排序	属于
快速排序	排序	属于

对于如表 3.4 格式的数据，通过 Cypher 语句将数据导入图数据库。

```
LOAD CSV WITH HEADERS FROM "file:///ent.csv" AS row
MERGE (e1:Entity {name: row.entity1})
MERGE (e2:Entity {name: row.entity2})
CREATE (e1)-[:RELATIONSHIP {type: row.label}]->(e2)
```

其中，WITH HEADERS 表示数据有表头，即 entity1、entity2 和 label。文件路径的根目录是图数据库的 import 文件夹，外部文件不能直接导入，必须存放到 import 文件夹下，AS row 表示将表头 HEADERS 存为变量 row，方便后续表示。MERGE 语句表示节点的创建，这里分别以每行的 entity1 作为 e1，entity2 作为 e2，节点表示为 Entity，设置 name 属性。CREATE 语句表示创建由 e1 到 e2 的 RELATIONSHIP，其上有 type 属性，来自于 row.label。

经过如上的语句输入，在图数据库中新增了 388 个节点 4676 对关系，耗时 1150 毫秒左右。对于 10 000～100 000 个节点级别的数据，使用 LOAD CSV 导入是最为方便的，因为导入是实时的，且不需要终止 Neo4j，一般速率为 5000 nodes/s 左右。若输入千万节点级别的数据，则应采用 Batch 的方法，这种情况下必须终止 Neo4j，且依赖于 JAVA 等其他工具。

通过 Cypher 语句，导入图数据库做存储，后续的可视化系统设计也依赖于 Cypher 语句和图存储。由于节点数量较大，截取部分节点数据展示如图 3.16 和图 3.17 所示。

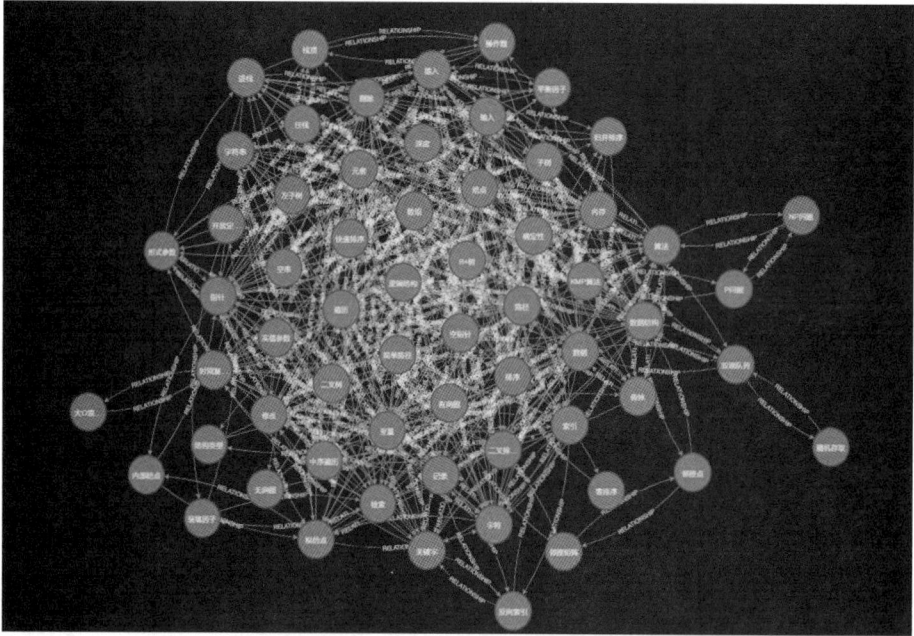

图 3.16　知识图谱节点展示 1

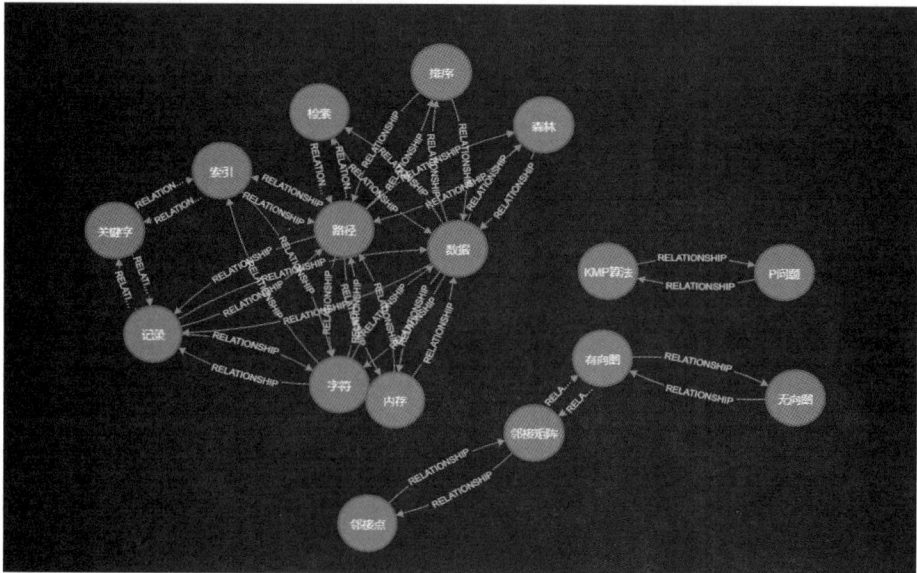

图 3.17　知识图谱节点展示 2

图 3.16 随机展示了近百个节点及其间的关系。图 3.17 随机展示了近 20 个节点及其间的关系。由于各节点间关系较多，所以连线较为复杂。图中的节点定义为 Entity 类型，其上有 id 和 name 属性，id 确定节点的唯一性，而 name 属性表示 Entity 的名字，展示在各节点上。关系定义 Relationship 类型，类型的具体值存储在 type 属性上，同样有 id 约束唯一性，节点间的"属于"关系和"包含"关系如图 3.18、图 3.19 所示。

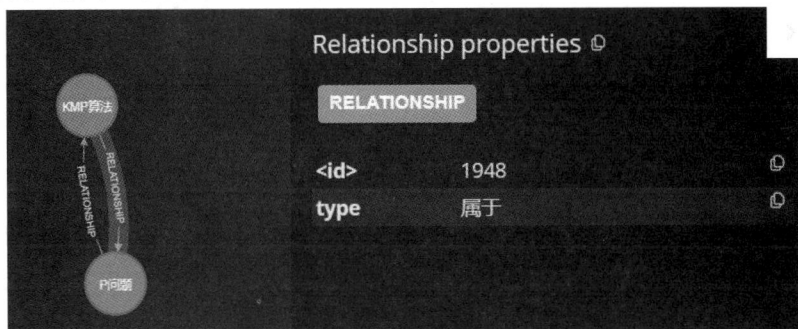

图 3.18　节点间的"属于"关系

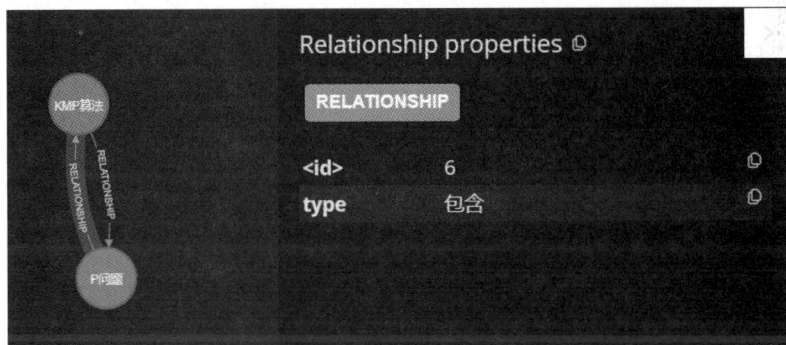

图 3.19　节点间的"包含"关系

为更好地展示节点和关系的具体定义和结构，这里以节点"KMP 算法"和节点"P 问题"为例，图 3.18 显示节点"KMP 算法"到节点"P 问题"有一个 type 为"属于"的 RELATIONSHIP；而图 3.19 显示节点"P 问题"到节点"KMP 算法"有一个 type 为"包含"的 RELATIONSHIP。说明"KMP 算法"属于"P 问题"，而"P 问题"包含"KMP 算法"。这一示例表明，节点间的关系是有方向性的，且部分关系类型是互为反向关系的，类似的关系还有"同义"和"反义"。

3.4　多模态知识图谱构建

3.4.1　多模态知识图谱概念

知识图谱不仅仅依赖于文本和结构化数据，其信息源还包括音频、视频等形式的数据。多模态方法即是将语音、图像和视频等不同模态通道的信息进行融合。多模态知识图谱

(Multi-Modal Knowledge Graph，MMKG)能够有效整合和利用语言、视觉和听觉等多种数据来源。

构建多模态知识图谱，作为推动人机智能融合发展的核心环节，其重要性不言而喻。首先，从数据源头上看，任何蕴含信息的数据均可视为构建知识图谱的宝贵资源，包括图像等非文本形式数据。针对图像数据，需执行与文本处理相类似的复杂任务，如实体识别与关系抽取，以确保其知识内容的有效提取与结构化。其次，多模态数据的融入显著增强了知识图谱在实体对齐、链接预测及关系推理等方面的性能，这一过程类似于人类思维过程中通过整合视觉、听觉等多感官信息来深化认知推理能力。这不仅丰富了知识图谱的维度与深度，也促进了智能系统对复杂现实世界的全面理解与精准分析。

进一步地，通过采用实体链接等先进技术，将图像、视频中的实体与知识图谱中的相应实体桥接起来，极大地拓展了知识图谱对多模态数据的处理能力范畴，包括但不限于分类、检索与识别等，深刻体现了多模态知识图谱研究的深远意义与应用价值。

在教育智能化领域，实现多模态数据与知识图谱中实体的精准链接，是跨模态语义搜索的关键。具体而言，将文本、视频、图片中有向图的多模态信息与教育知识图谱中的相应实体建立关联，能够极大地提升信息检索的精度与效率。目前，视频等多模态数据的实体链接技术还有很大的提升空间。

3.4.2 多模态知识图谱构建方法

多模态知识图谱的构建本质是将传统知识图谱中的文本符号知识，包括实体、概念、关系等，与它们对应的多模态描述(如图像)关联起来。完成这项任务通常有两种方法：文字标记方法和符号定位方法。

1. 文字标记方法

大多数图像标注解决方案通过人工标注的数据集进行监督学习，这些数据集要求工作者绘制边界框并用给定的标签标注图像或图像区域。标注的过程可以细分为几个任务：视觉实体/概念提取、视觉关系提取和视觉事件提取。

1) 视觉实体提取

视觉实体提取的目标是在图像中检测目标视觉对象，然后利用知识图谱中的实体符号对这些对象进行标注。此任务的主要挑战在于如何学习一个有效的细粒度提取模型，而不需要大规模、细粒度、良好标注的实体图像数据集。尽管在计算机视觉领域有丰富的标注图像数据，但这些数据集几乎都是粗粒度概念图像，无法满足知识图谱构建对细粒度概念和实体图像标注数据的要求。

现有的实体提取工作大致可以分为两类：

(1) 目标识别方法。在早期工作中，由于用户提供的图像通常只有一个对象，因此可以通过分类模型处理。但考虑到现实生活场景的复杂性，无法仅用一个标签来表示。因此需要利用预训练的目标检测模型来标注视觉实体，并对其在图像中的位置信息进行标记。检测器在目标检测过程中会首先提取出可能包含感兴趣目标的区域信息。而在后续的识别过程中，目标检测模型中的分类器组件则会挑选出其中包含对象的区域，并用实体级的标签识别候选视觉对象。由于许多识别出的对象是同一实体在不同视角、位置、姿态和外观下的重复实例，常见的处理方式是对所有识别出对象的区域进行聚类，并且每个聚类中心的一个最终作为新的视觉效果输出。然而，这些监督解决方案的缺点是只能识别预定义标签下的有限数量的视觉实体。

(2) 视觉定位方法。

在视觉实体提取中，目标检测模型的训练通常依赖于大量的具有详细标注的目标边界框信息，这对于大规模视觉知识获取来说是一个挑战。由于许多来自网络的图像-标题对可以在不依赖于标记的边界框的情况下弱监督地提取视觉知识，所以视觉提取问题可以被简化为一个开放域的视觉定位问题。这一问题的核心目标是根据标题中的短语寻找相对应的图像区域从而使得视觉对象匹配到相应的标注。

2) 视觉关系提取

视觉关系提取的目标是根据图像中的视觉实体之间的语义关系对它们进行相应的标注。尽管视觉关系检测已经被广泛研究，但大多数检测到的关系是视觉对象之间的表面视觉关系，如(人，站在，海滩)。不同的，为了构建知识图谱，视觉关系提取任务旨在识别知识图谱中定义的更一般的语义关系类型。现有的相关工作可以分为基于规则的关系提取、基于统计的关系提取、基于长尾的关系提取三类。

(1) 基于规则的关系提取。基于规则的关系提取方法主要关注于如空间关系、动作关系等特定的由专家预定义标准的关系类型，并通过对特征进行评分和选择来使用启发式方法。在基于规则的关系提取方法中，通常由基于视觉对象的标签类型和区域的相对位置来确定关系。例如，"轮子是汽车的一部分"表明，轮子更有可能出现在汽车的边界框中。虽然基于规则的方法通过专家预定义的方式能够使得提取的视觉关系具有较高的精度，但其依赖于大量的人工操作的缺点使得基于规则的关系提取方法在构建大规模知识图谱时实用性较差。

(2) 基于统计的关系提取。基于统计的关系提取方法主要通过分类模型预测编码成特征向量的视觉、空间等信息之间的关系。基于统计的关系提取方法的优点在于可以检测训练数据中所有的关系。

(3) 基于长尾的关系提取。对于基于统计的关系提取方法来说，检测长尾关系是具有挑战性的。因为根据大量有分布偏差的数据集准确预测关系是非常困难的。目前许多工作集中在通过度量学习、迁移学习、少样本学习和对比学习消除训练集中不平衡样本的影响，这些方法主要关注于隐藏层的特征融合。

尽管研究者们已经提出了许多方法，但在关系提取领域仍有许多挑战。首先，许多从图像中提取的描述图像场景的三元组不是被广泛接受的事实，不能被视为视觉知识。其次，现有的关系检测方法通过融合视觉特征和语言先验的隐藏统一表示来预测关系，但是这些方法无法明确描述预测的理论基础。这些问题都是后续视觉关系提取方法需要解决的。

3) 视觉事件提取

视觉事件提取涉及识别图像或视频中的事件，并将其与知识图谱中的概念关联起来。一个事件包括触发器、参数及参数角色。触发器是一个表示事件发生的动词或名词。参数角色是事件和参数之间的关系，而参数可以是实体提及、概念或属性值。视觉事件提取也可以分为两个子任务：(1) 预测视觉事件类型(视觉事件模式挖掘)；(2) 从源图像或视频中定位和提取作为视觉参数的对象(视觉事件参数提取)。这个任务与计算机视觉中的情景识别任务不同,后者的目标是识别视觉事件,而不是定位和提取其视觉参数。

(1) 视觉事件模式挖掘。在大规模视觉事件提取中,如新闻事件提取,许多事件的视觉模式尚未手动定义,这需要大量专家的工作。而来自网络的大量图像-标题也使得挖掘和标记事件模式的视觉模式成为可能。因此,这项任务被简化为从给定事件的图像中找到表示正确事件类型的频繁视觉模式。事件的图像集合通过使用事件的触发器作为查询从图像-标题对中检索。标题中的单词或短语通过视觉定位标记候选图像补丁。因此可以通过启发式方法来挖掘频繁的视觉图像补丁,找到通过视觉模式预测事件类型的关联规则。挖掘和标记方法可以纠正手动定义的视觉事件模式中的错误参数以及添加缺失的参数。

(2) 视觉事件参数提取。这项任务旨在提取一组受关系约束的视觉对象。事件类型根据图像的全局特征进行分类,事件参数通过对象识别或视觉定位被提取为对事件类型最敏感的区域。

视觉事件提取仍需要解决许多问题。例如,如何在长时间序列数据中提取顺序事件,以及如何在视频事件中提取涉及的多个子事件等。

2. 符号定位方法

符号定位是指找到适当的多模态数据项(如图像、视频和音频)来描述给定知识图谱中的符号知识,例如实体、概念或关系三元组。常见的定位方法有实体定位、概念定位和关系定位。

1) 实体定位

实体定位的目标是为知识图谱中的文本找到其对应的多模态数据(如图像、视频和音频)。以图像数据集为例,将文本实体定位到图像需要解决如何在寻找大量高质量图像的同时降低开销以及如何在匹配图像数据时减少噪声的干扰。目前寻找文本实体与图像的来源有在线百科全书与搜索引擎两种。

(1) 在线百科全书。在线百科全书中每一个图像通常会有相应的文本描述。研究人员可以很容易地使用在线百科全书构建最初版本的大规模知识图谱。然而基于百科全书的方法的缺陷在于:首先并非所有实体都在在线百科全书中附有大量高质量图像;其次,许多实体的图像与实体的间接相关使得图像并不能准确代表该实体;另外,非可视化实体的图像可能会带来错误。例如,在高斯进程的维基百科文章中,有一幅关于不同先验条件下的高斯过程的图像,这不应该映射到任何图像。最后,在线百科全书也并不能完全覆盖大规模知识图谱需要的相关数据。

(2) 搜索引擎。利用搜索引擎可以有效提高知识图谱覆盖率。通过将实体名称指定为查询,可以从商业搜索引擎的搜索结果中轻松找到图像。因为搜索引擎的结果本身可能存在噪声,基于搜索引擎的方法容易将噪声图像引入知识图谱中。并且如何指定搜索关键词也是非常困难的。例如,搜索查询"Bank"不仅会到商业银行的图像也会搜索到河岸的图像。因此,已经有研究者研究通过添加父同义词集或扩展查询词来清洗候选图像。另外也有研究者研究选择实体图像时的多样性问题。查询这些方法的目标时通过图像多样性检索模型,使得文本实体定位的图像更加具有多样性的特点。

由于基于搜索引擎的方法与基于百科全书的方法的互补性,这两种方法通常一起使用。

2) 概念定位

概念定位的目标是为视觉概念找到代表性、区分性和多样性的图像。虽然一些视觉上统一的概念可以利用实体定位的方法来直接解决匹配图像的问题，但并非所有概念都能被充分可视化。例如，无神论者不能被定位到一个特定的图像。其次，区分概念的可视化和非可视化以及如何为可视化概念找到最具有代表性的图像都是概念定位需要解决的问题。概念定位的研究可以分为可视化概念判断、代表性图像选择与多样化图像选择三种。

(1) 可视化概念判断。该任务旨在自动判断可视化概念。针对这一目标已有大量基于语法和语义的工作。例如简单地将抽象名词概念判别为非可视化，例如 TinyImage 数据集去除了 WordNet 中 Abstraction 子树的所有下义词，但这样的方法导致了准确性的降低。

(2) 代表性图像选择。假设已经通过概念定位的方法为每个视觉概念收集了一组图像。代表性图像选择则关注如何根据它们的代表性对集合中的图像进行排序。图像的代表性排序通常通过聚类算法获得。图像的得分高低根据聚类内部的方差进行评判。并且为了区分不同的聚类也会在聚类算法中添加一定的规则约束。在聚类内的相似度以外引入了一个新的度量标准来对图像进行排名。此外，图像的标题和标签能够提供图像缺失的部分语义信息，因此这些信息也可以用来作为图像代表性的补充。

(3) 多样化图像选择。多样化图像选择要求概念定位的图像在多样性和相关性之间保持平衡。具体来说，未被选择的聚类中的图像在每个选择步骤中应该被优先选择。有两种类型的分数用于排列选择的优先级：多样性得分和相关性得分，其中多样性得分评估图像的主题，相关性得分惩罚图像的差异以避免语义漂移。为了融合这两个冲突的分数，一些方法使用最大最小方法选择候选者：给予未与选定集合相似的图像更高的分数，并在剩余的相似者中选择具有最高分数的不相似者。此外，还可以通过对图像集合表示为图来解决排名问题，其中图像是节点，图像之间的视觉相似性是边的权重。因此，代表性图像的排名问题简化成在全连接图中找到关于边权重的最优路径问题。

3) 关系定位

关系定位的目标是通过输入关系三元组从而找到能够代表特定关系的图像。但是在利用三元组进行检索关系时，如何能够得到反映三元组语义关系的图像而不是仅仅与三元组主题与对象相关的图像是一个关键问题。

在关系定位中，文本查询可以通过构建抽象语义图的方式，将其转换成结构化数据，其中包含主题、关系和对象等元素。同样，候选图像也可以被转换成结构化的场景图。之后，利用文本-图像匹配技术或图形匹配技术，可以实现对结构化文本和结构化图像之间的精确匹配。这个过程具体如下。

(1) 文本图像匹配。在文本到图像匹配任务中，文本和图像被转换成位于一个共享的语义嵌入空间的向量。通过计算这些向量之间的相似度得分，可以找到与给定查询最相关的图像。然而，这种跨模态的表示方法，尤其是那些依赖于注意力机制的表示方法，往往缺乏对细粒度语义关系的明确表示。除了基于向量的检索方法，另一种常见的方法是通过标题进行检索，类似于互联网搜索引擎的工作方式。但这种方法的缺点在于它没有利用图像的视觉特征进行匹配。

为了更明确地表示对象之间的关系，许多研究致力于开发能够捕捉图像局部结构的编码器。这些编码器最终产生的图像表示是全局视觉特征、局部结构特征和文本对齐嵌入的结合。有些研究甚至将图像中的所有一阶(实体或概念)、二阶(属性或动作)和三阶(三元组)事实统一建模，由多层图像编码器的不同层级输出表示。还有研究使用场景图来表示图像中的三元组，并应用图卷积神经网络来学习视觉关系。这样，每张图像的视觉表示都会包含关系特征，使得可以直接使用三元组作为查询来检索匹配的图像。

多模态预训练语言模型提供了一种新的解决方案，它考虑了图像编码器中的对象(实体或概念)和三元组。对于每一对图像和标题，使用场景图解析器从标题中提取出包含对象、属性和关系的场景图，然后通过替换场景图中的对象、属性和关系节点来生成大量的困难负样本。例如，ERNIE-ViL 模型通过增加对象预测、属性预测和关系预测这三个预训练任务，来提升模型在视觉和语言方面的能力。

(2) 图匹配。图匹配的目标是通过明确匹配对象和关系，而不是依赖于隐式的跨模态嵌入匹配来构建基于关系的检索系统。一种实用的方法是利用标题检索，类似于互联网搜索引擎，它通过匹配查询中的实体标记与标题之间的联系来工作。然而，这种方法的不足之处在于它没有利用图像的视觉特征进行匹配。例如，在 Wikipedia 的描述中，如果两个实体之间存在如"邻近"或"包含"这样的预定义关系，我们可能会期望这两个实体在视觉上也存在相同的关系。但实际上，这两个实体不太可能同时出现在同一张图片中。如果将文本查询和候选图像都表示为图结构，那么关系匹配问题就转化为了图匹配问题。在这种表示中，图像可以被结构化为一个图，其中节点代表对象，边代表它们之间的关系。文本查询中的依赖关系可以被建模为一个依赖分析树，这同样是一个图结构。一个简单的方法是仅匹配两个图中的对象和共现关系，而不去预测具体的关系类型，即默认如果两个实体之间存在某种关系，就认为这种关系是匹配的，这显然是一个过于简化的假设。显然，一个关系预测模块是不可或缺的。一些研究使用图卷积网络(GCN)来分别表示两个场景图，其中对象节点自我更新，而关系节点则从其邻居节点的聚合信息中更新。在预测阶段，研究者会测量两种不同形式图的相似度：对象节点的匹配度和关系节点的匹配度。这种方法提供了一种更细致的方式来理解和匹配图像和文本之间的关系。

3.4.3　多模态课程知识实体链接

实体链接是指一个过程，该过程旨在将从特定资源中提取出的实体对象，准确无误地映射至知识图谱中与之对应的实体节点上。在构建课程知识图谱的情境中，这一过程具体化为：首先，为给定的实体筛选出一组潜在的候选实体对象；随后，通过一系列基于相似度度量的分析手段，精确地将该实体链接至知识图谱中最为匹配的实体对象上。此外，当涉及将课程知识图谱中的实体与其教育资源进行关联时，这一过程不仅限于文本信息，更涵盖了诸如图像、视频等多模态数据类型，这些资源作为实体表征的丰富补充，共同构成了知识图谱中多维度的教育资源网络。

多模态课程知识的实体链接具体步骤如下。

(1) 收集教育资源：首先需要收集与课程相关的视频类教育资源。这些资源可以来自在线教育平台、学术网站、YouTube 等视频分享平台。确保这些资源包含了与知识图谱中实体相关的内容。

(2) 视频处理与特征提取：针对视频类教育资源，需要进行视频处理和特征提取。首先，将视频转换为一系列图像帧。可以使用视频处理库(例如 OpenCV)来帮助完成这一步骤。接下来，对每个图像帧进行特征提取，可以使用一些计算机视觉方法或预训练的视觉特征提取模型(如 VGG、ResNet 等)。这些提取的特征将用于与知识图谱中的实体进行匹配。

(3) 文本处理与特征提取：除了视频图像帧，还需要对视频的文本信息进行处理和特征提取。可以使用自然语言处理(NLP)技术对视频的标题、描述、字幕等文本信息进行处理。例如，可以进行分词、词干化、去停用词等操作，并使用词向量或文本表示模型提取文本特征。

(4) 实体特征表示：将知识图谱中的实体进行特征表示。可以使用类似的 NLP 技术对实体的属性、关系进行文本处理和特征提取。通过对实体和教育资源的文本进行相似度计算，可以获得实体和教育资源之间的文本相似度分数。

(5) 图像特征与文本特征融合：将视频图像帧的特征和文本特征进行融合。可以使用一些融合方法，如加权平均、特征拼接等。融合后的特征将用于实体链接。

(6) 相似度计算与链接：使用融合后的特征计算知识图谱中的实体与视频类教育资源之间的相似度。可以使用一些相似度计算方法，如余弦相似度、欧氏距离等。根据相似度计算的结果，将知识图谱中的实体链接到最相似的视频类教育资源上。

(7) 评估和改进：对实体链接的结果进行评估，并根据评估结果进行改进。可以使用一些标准或人工标注数据来评估链接的准确性和召回率。

下面是西电智慧教育平台的数据结构课程知识点定位效果展示。

图 3.20 是该平台上数据结构课程的视频学习页面。左侧是对应教材的各章节列表，中间是具体小节下的学习视频，右侧是学生学习的历史视频，方便学生延续上次的记录继续学习。

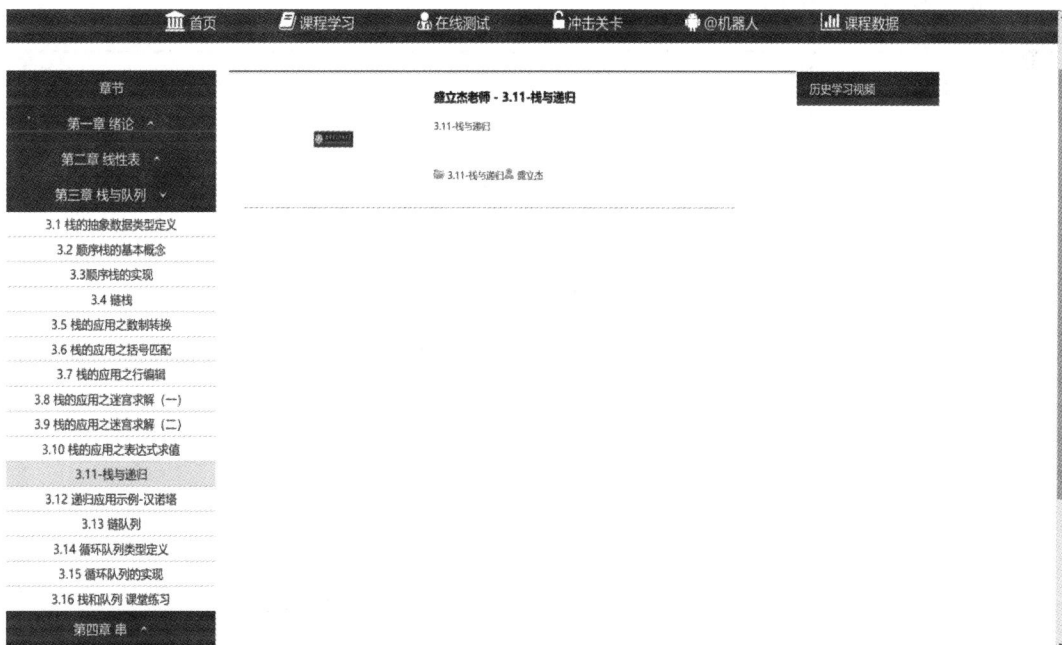

图 3.20　数据结构课程视频学习页面

图 3.21 是课程的视频学习页面，学生可以在下方对课程发起评论，方便学生的学习交流与反馈。

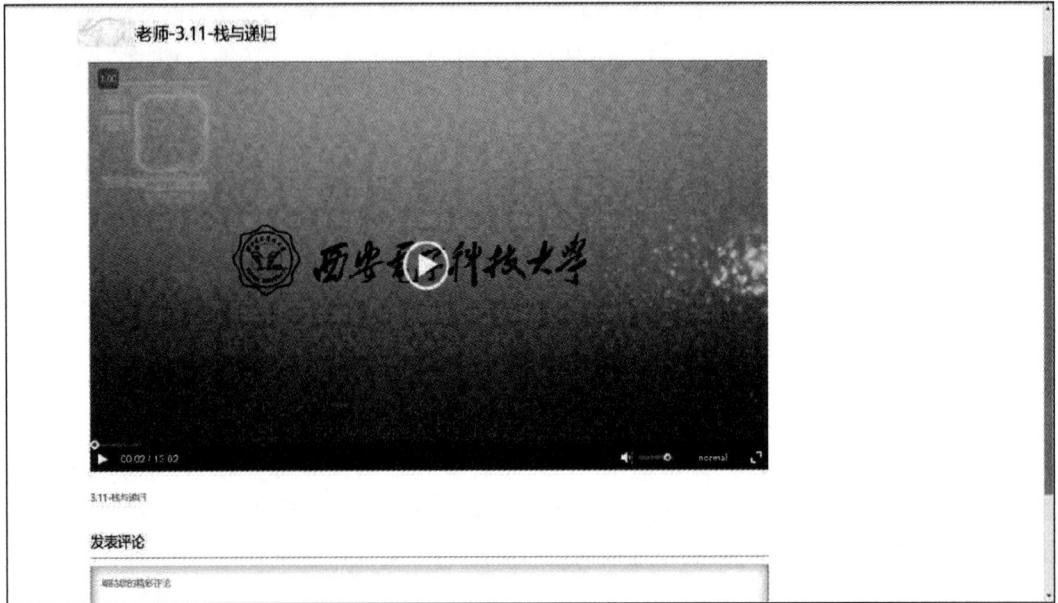

图 3.21　视频学习页面

图 3.22 是平台的智能问答页面，系统可以回答学生提出的课程相关的问题，并提供数个待选问题。若问题中存在知识库中相应的知识点实体，则会生成超链接，可直接打开对应的知识点学习视频进行学习，省去学生主动检索视频的时间，有效提升学习效率，形成学习反馈再学习的流程闭环。

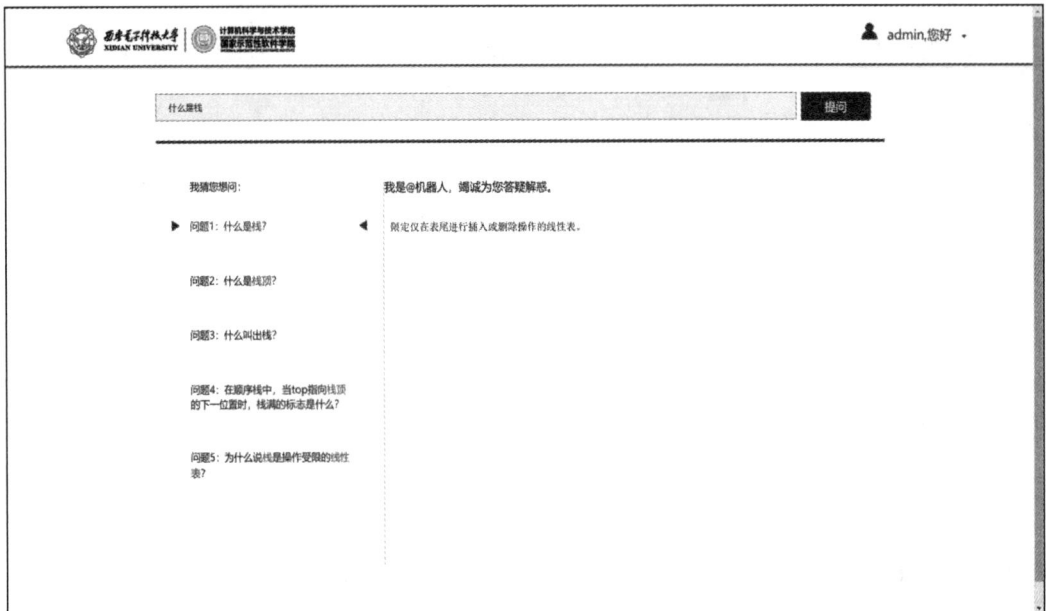

图 3.22　智能问答页面

3.5　课程知识图谱可视化交互系统

3.5.1　交互系统需求分析

随着物联网、云计算、人工智能等新一代信息技术的蓬勃发展,教育领域正加速迈向"智慧教育"的新纪元。"智慧教育"就是教育行业智能化转型的深刻体现,旨在通过技术手段显著增强教师的教学效能与学生的自主学习能力。进入后疫情时代以来,鉴于教学资源的广泛线上化迁移,如何在非传统课堂环境中促进学生自主高效学习,已成为教育界的焦点议题。设计基于知识图谱的智慧教育交互系统,可以有效地辅助学生实现知识的自主探索与获取,帮助学生构建完整的知识体系,并以自动问答的形式为学生答疑,最大化利用线上教育资源。

根据对智慧教育领域的调研,对师生教育需求的分析,交互系统拟设计的主要功能有以下四个部分。

(1) 基于课程知识图谱的自动问答功能。学生提出有关课程知识的问题,系统根据课程知识图谱构建的知识库,给出问题的答案。

(2) 自动化文本知识抽取功能。教师或管理员输入与课程知识相关的语句。系统通过知识抽取模型得到存在的有效知识关系信息,存储到知识图谱中。

(3) 知识图谱可视化展示功能。教师和学生可以查看系统当前的知识图谱结构,查看节点的属性和节点间的关系。

(4) 知识图谱节点管理功能。教师或管理员可以对信息知识图谱的存储数据做相应的改动,删除或添加需要的实体关系信息,通过人工检查的形式提升知识图谱知识库的质量。

3.5.2　交互系统设计

基于课程知识图谱的交互系统总体架构如图 3.23 所示。系统采用前后端分离的结构。前端包含四个模块,分别是自动问答模块、文本知识抽取模块、知识图谱可视化模块和知识图谱管理模块。后端包含四个主要模块,分别是问答处理模块、文本相似度计算模块、知识抽取解码模块和 Neo4j 图数据库模块。

前端各模块的具体功能如下:

(1) 自动问答模块。该模块在前端以对话框的形式展示,用户输入问题交由后端的问答处理模块处理,处理模块请求图数据库获取知识,再组织相应的问题答案返回给前端显示。

(2) 文本知识抽取模块。用户输入一段与课程知识相关的语句,系统交由知识抽取解码模块处理,若其中含有有效的知识信息,则存储到图数据库中,若没有,则不采取操作,同时把抽取的结果返回前端。

(3) 知识图谱可视化模块。通过调用 Neo4j 图数据库存储的知识图谱,直接在前端展示所有节点和关系信息。

(4) 知识图谱管理模块。用户通过在前端对节点进行增删改查操作，实时改动后端存储在图数据库的知识图谱。

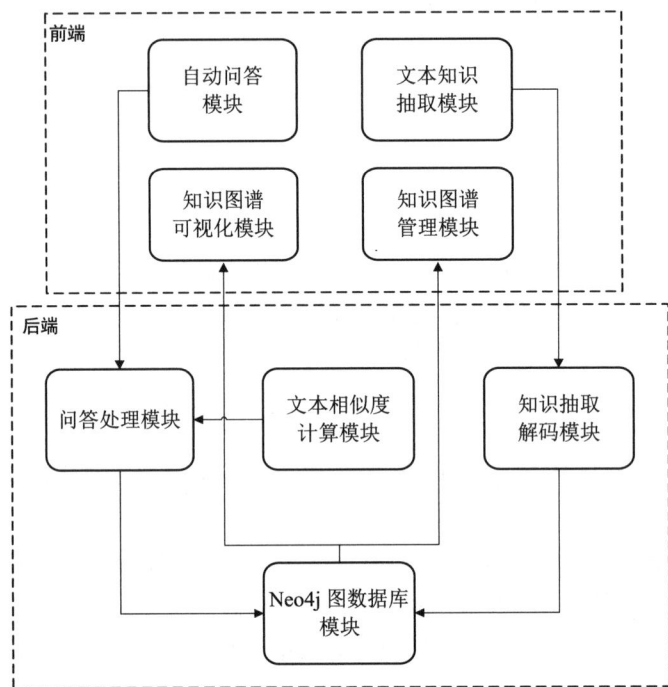

图 3.23　交互系统总体架构

后端各模块的具体功能如下：

(1) 问答处理模块。根据用户的提问文本，做文本预处理、问题分类、模板匹配、知识库查询操作。

(2) 知识抽取解码模块。根据用户输入的文本语句，提取其实体和知识信息，存储到图数据库。

(3) 文本相似度计算模块。进行问题分类和匹配的工作，计算问题和知识库中的知识信息的相似度，匹配相似度最高的结果返回给前端用户。

(4) Neo4j 图数据库模块。存储相应数据，为其他模块提供数据，根据前端操作实时反馈增删改查操作。

3.5.3　交互系统实现

1. 前后端实现

交互系统采用前后端分离的架构，前后端的数据流通过应用程序编程接口(Application Programming Interface，API)相互调用。具体的前后端技术实现如下：

1) 系统前端实现

系统前端主要采用 Vue3 + Vite2 + TypeScript + neovis.js + NaiveUI 来实现。Vue3 作为渐进式的用户构建前端框架，通过双向数据绑定，实现了视图与数据的高效交互。另外虚拟 DOM 概念的引入，大大提高了前端 DOM 操作的性能。其对于展示知识图谱中数量庞大的节点，拥有很好的性能优势。Vite 作为配套 Vue 的前端构建工具，拥有极快的启动和热重载速度，支持多样化的 API。NaiveUI 是基于 Vue3 的开源前端组件库，可快速实现响应式布局，方便网站的排版。neovis.js 是基于 JavaScript 的数据可视化图表库，为 Neo4j 图数据库提供了适配，并设计了一些交互的 API，在交互系统中主要用来实现知识图谱的增删改查和交互操作。

2) 系统后端实现

系统后端采用基于 Python 的 Fast API，Fast API 是用于构建 Web API 的高性能框架，是最快的 Python 网络框架之一。系统的后端部分基于 Fast API，为问答处理模块、知识抽取模块编写了多个面向前端的 API 接口，以实现相应的功能，数据流全部封装为常用的 json 格式，方便前后端数据通信的解析。数据库方面则采用 Neo4j 图数据库，Neo4j 作为高性能的 NoSQL 数据库，将结构化的数据以有向图的形式存储，非常适用于课程知识图谱，且该数据库拥有传统数据库的所有事务特性。另外，它拥有对应的 Cypher 语句，可实现图关系的增删改查，有利于交互系统中知识抽取功能的实现。

2. 功能模块展示

1) 智能问答功能

智能问答页面如图 3.24 所示，具有自动问答功能页面上方有使用说明和示例。用户在下方的文本框中输入想要提出的问题，系统调用后端的问答处理模块。根据用户的提问文本，做问题分类、模板匹配、知识库查询操作，并将回答返回给前端显示。问答的结果展示如图 3.25 所示。针对问题"栈和队列的区别"，系统给出的答案是"栈只能在一端进行插入删除，先进后出。队列在一端进行插入，另一端进行删除，先进先出"。答案符合预期，明确回答了用户提出的问题。

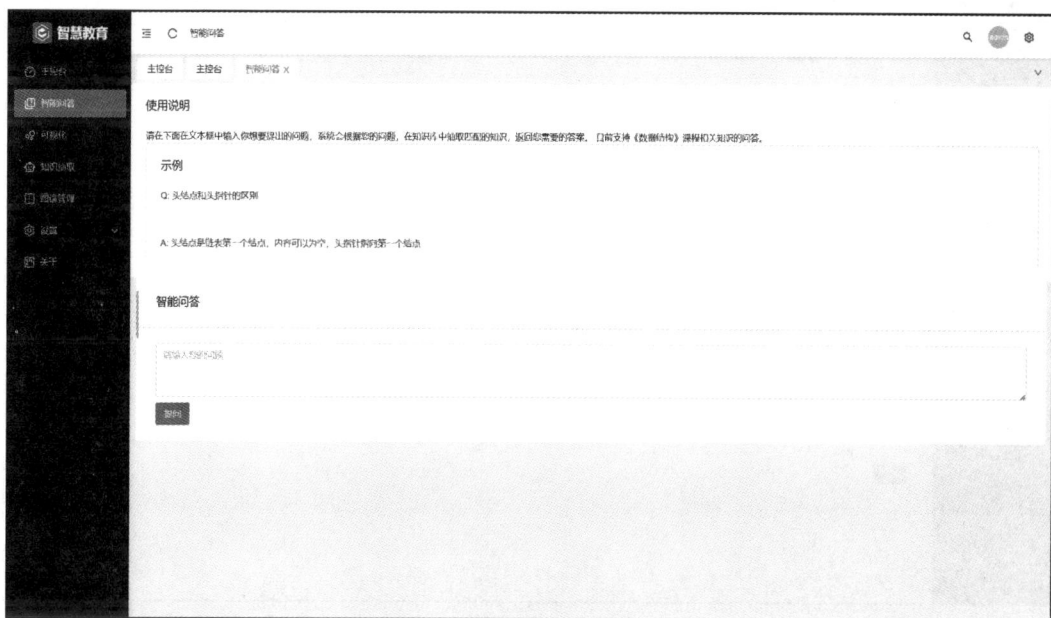

图 3.24　智能问答页面

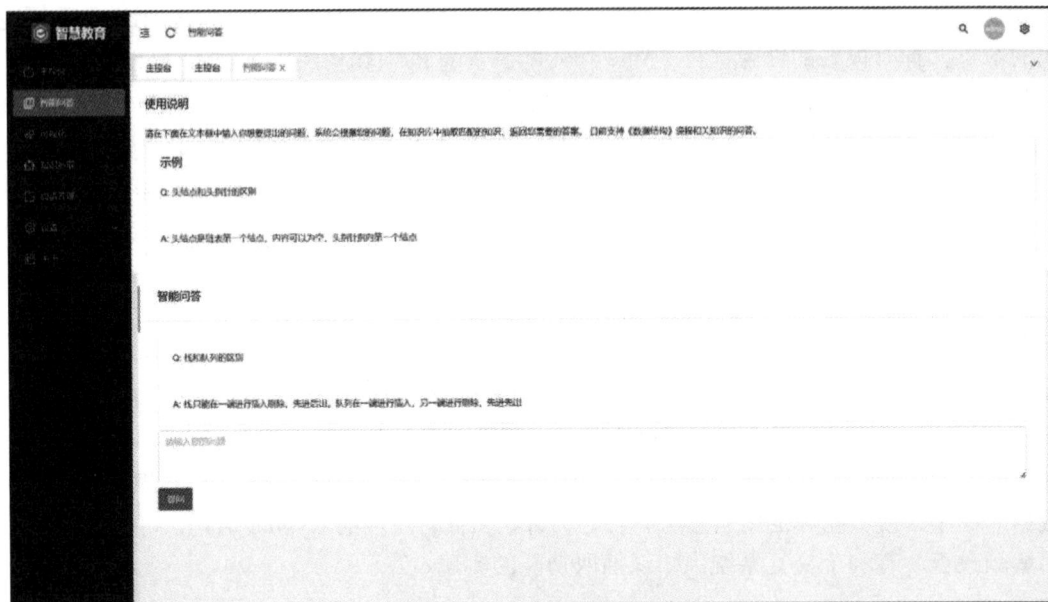

图 3.25　智能问答结果展示

2) 文本知识抽取功能测试

文本知识抽取页面如图 3.26 所示，同样给出了使用说明和示例。用户在文本框输入需要抽取的文本，系统后端根据文本信息，提取其实体和知识信息，并存入图数据库。文本知识抽取的结果展示如图 3.27 所示。针对输入"BM 算法是一种非常高效的模式匹配算法"，系统给出的知识是"Entity1：BM 算法 Entity2：模式匹配算法 Relation 属于"给出的知识符合预期。

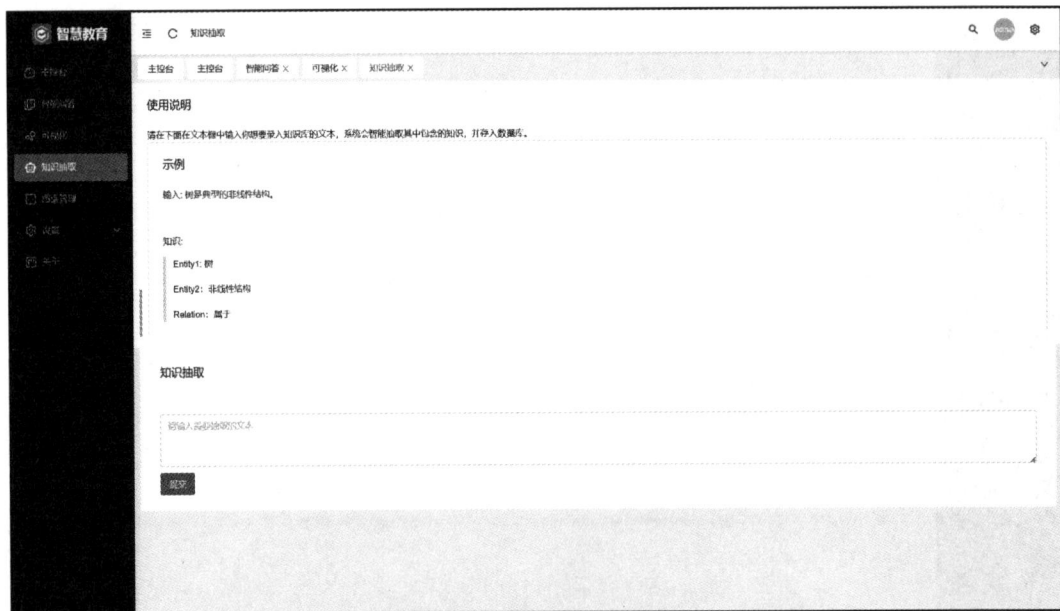

图 3.26　文本知识抽取页面

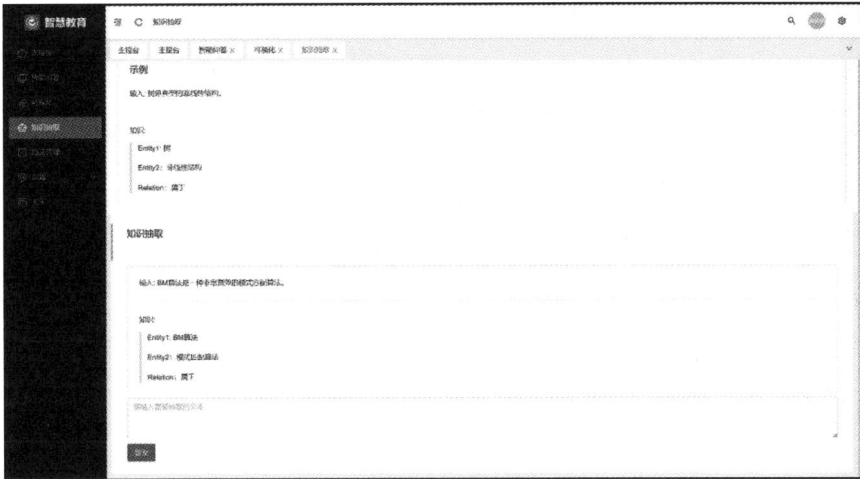

图 3.27　文本知识抽取结果展示

3) 知识图谱可视化功能

针对图数据库的可视化，可选用三种不同的实现方案，如 Echarts，D3.js 和 neovis.js。对于前两种方案，需要先将图数据库的数据格式进行转换，再实现前端渲染。数据格式的转换需要前端完成，且编码比较复杂。另外多节点渲染的性能比较有限，节点数量上千后，在浏览器环境下交互容易卡顿。而 neovis.js 可直接支持 Neo4j 数据库连接，图谱展示样式丰富，并提供了节点、关系的交互 API。图谱采用 neovis.js 的可视化页面如图 3.28 所示，初次打开页面时，系统预渲染了 200 个节点及其关系。系统实现了节点交互功能，当点击某个节点时，会渲染与其相关的 20 个关系，且并不破坏预渲染的效果。同时，用户可直接在下方的输入框输入 Cypher 查询语句，进行需要的查询操作。查询操作展示如图 3.29 所示，在下方输入查询语句"MATCH p = (e1: Entity) – [r: RELATIONSHIP] -> () RETURN p LIMIT 200"。该语句的含义是查询以 Entity 为初始节点，存在 RELATIONSHIP 这样的边的关系，并返回查询结果的前 200 条。根据图中结果和直接在 Neo4j 图数据库查询的对比，查询结果没有错误，符合预期输出，系统功能正常实现。

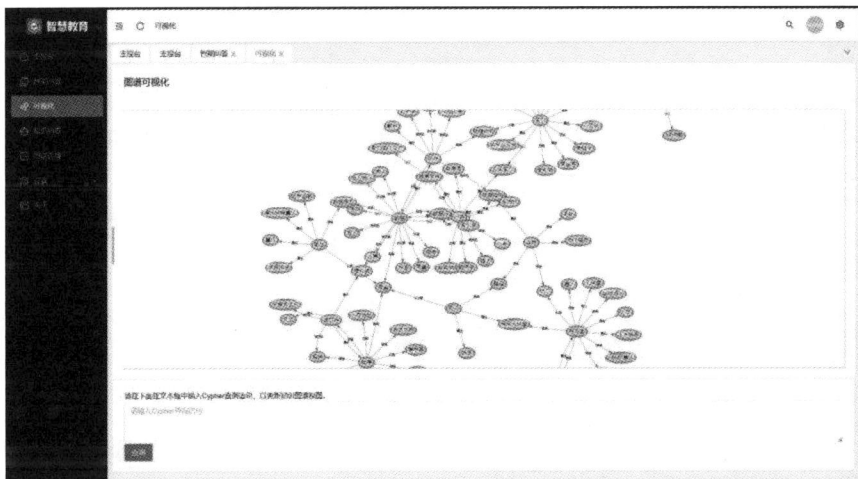

图 3.28　可视化页面

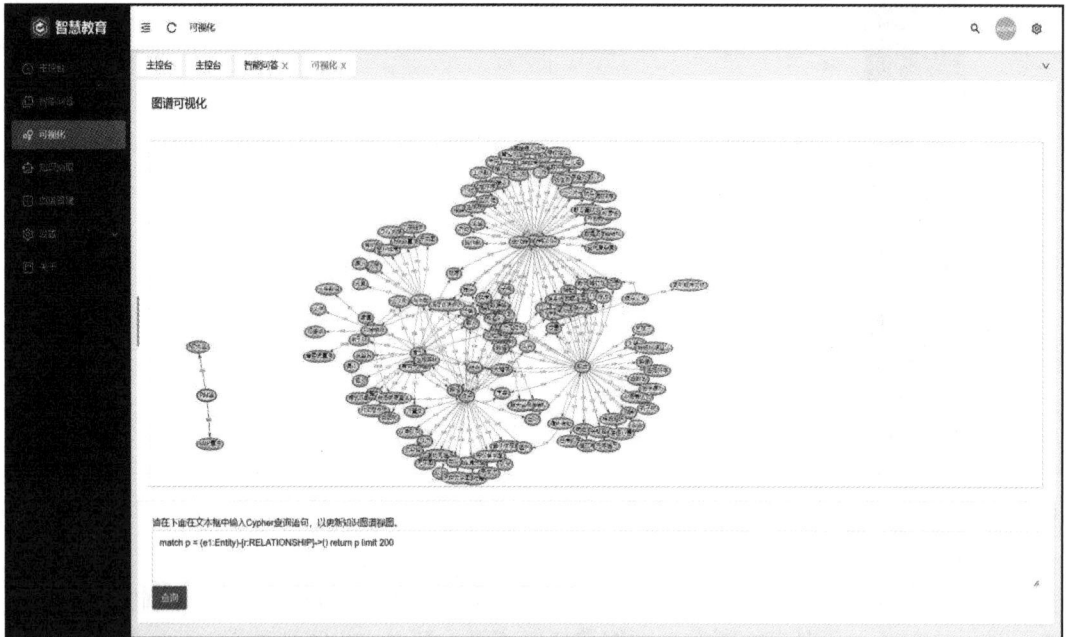

图 3.29　查询操作展示

4) 知识图谱管理功能

图谱管理页面如图 3.30 和图 3.31 所示。上方是图谱管理页面的初始化结果，下方是为图谱管理页面提供的一系列配置，可实时更改图谱中节点、关系的样式，渲染的模式等。且可以根据修改的配置直接输出 options 信息，方便图谱的调试与管理。最下方的输入框可以实现对图谱的增删改查操作，实施添加或删除节点操作。

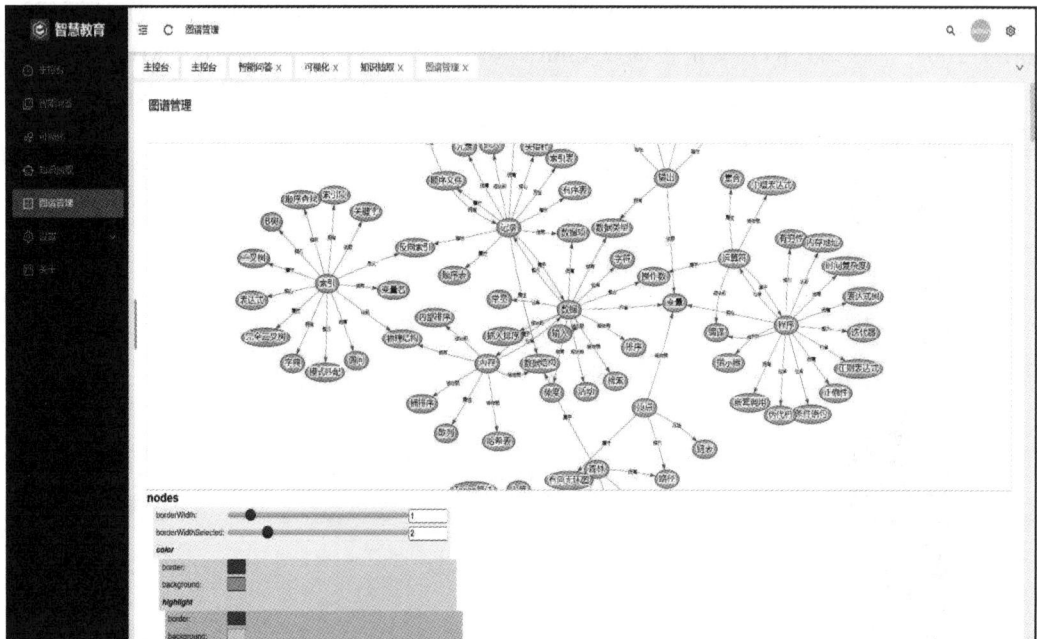

图 3.30　图谱管理页面的初始化结果

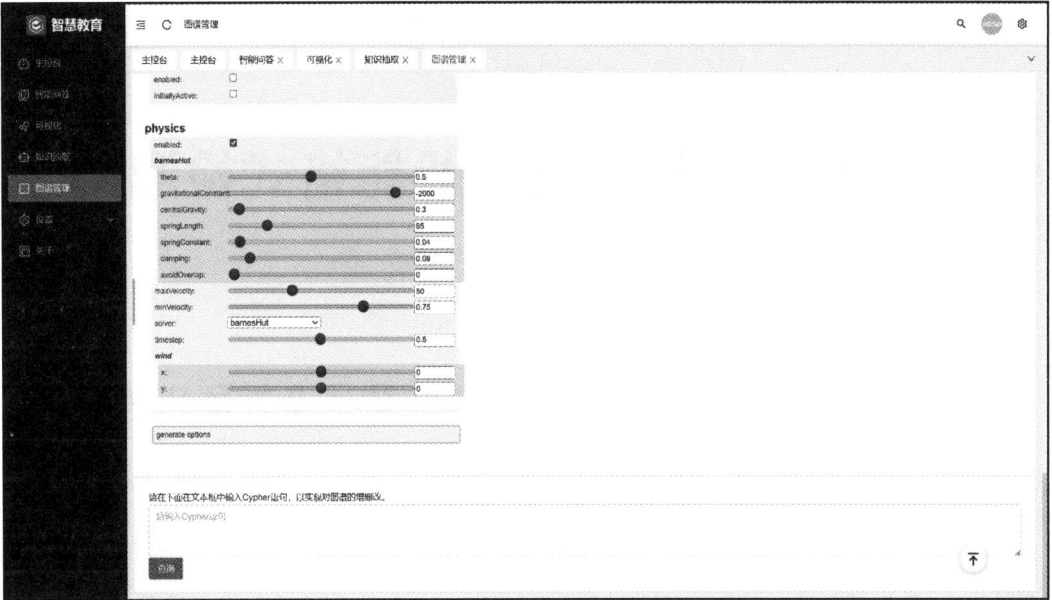

图 3.31　图谱管理配置页面

第4章　学位论文智能格式检测

4.1　学位论文格式检测的研究背景及发展历程

学位论文作为评估高校教学质量、确认学生毕业与学位授予资格以及实施教育评估的关键指标，其重要性不言而喻。为强化学位与研究生教育质量保证和监督体系，国务院学位委员会与教育部于2014年联合发布了《关于加强学位与研究生教育质量保证和监督体系建设的意见》，明确提出实施博士、硕士学位论文抽检机制。同年，双方进一步颁布了《博士硕士学位论文抽检办法》(学位〔2014〕5号)，确立了学位论文抽检的年度化制度，其中博士学位论文抽检比例约为10%，硕士学位论文约为5%。由国务院学位委员会办公室统筹博士论文的抽检工作，而各省级学位委员会则负责硕士论文的抽检工作；特别地，军队系统的学位论文抽检由中国人民解放军学位委员会独立组织执行。在评议要素的设置上，教育部依据《一级学科博士、硕士学位基本要求》及《专业学位类别(领域)博士、硕士学位基本要求》，针对学术学位及专业学位，分别构建了详尽的评议框架。该框架围绕选题、创新性及论文价值、基础知识及科研能力、论文规范性四大核心指标，细化为十二项具体评议要素，以确保评审的全面性与客观性。而后在2020年，为积极响应《深化新时代教育评价改革总体方案》及《关于深化新时代教育督导体制机制改革的意见》的号召，教育部出台了《本科毕业论文(设计)抽检办法(试行)》，旨在通过加强教育督导评估监测，保障本科教育人才培养的基本质量。该办法规定，本科毕业论文抽检同样实行年度化制度，且抽检比例原则上不低于2%，抽检重点聚焦于选题的意义性、写作安排的合理性、逻辑构建的严密性、专业能力的展现以及学术规范的遵循等多个维度，以此全面评估本科毕业论文的质量与水平。

学位论文是形式和内容的统一，论文撰写必须符合学校相关规范以及国家制定的有关标准。格式规范是保证学位论文质量的重要因素之一，也是教育部本科论文抽检重要的评议要素。

2021年12月30日，陕西省教育厅印发《陕西省本科毕业论文(设计)抽检实施细则(试行)》，该细则详尽且明确地界定了毕业论文抽检的评议关键要素，涵盖原创性与学术诚信、选题的新颖性、规范性及其实际价值、基础知识的扎实程度与专业能力的展现、论文结构的规范性与逻辑性以及论文格式规范性与文献引用的准确性等维度。其中论文结构规范性主要包括：

    (1) 论文语言表达的准确性、专业性以及逻辑的严密性；

    (2) 写作结构安排、内容逻辑构建的合理性；

    (3) 中英文摘要、目录、正文、参考文献等结构完整。

论文格式规范性包括：

    (1) 术语、图表、数据、公式、标点符号、空格等因素合乎规范，无错别字；

    (2) 引用标识的规范性；

    (3) 书写格式及图表的规范。

2021 年 11 月 12 日，四川省教育厅发布《四川省本科毕业论文(设计)抽检实施细则(试行)》，将抽检评议的核心要素细化为选题的重要性与意义、写作计划的合理性与实施效果、逻辑结构的严密性、专业知识的运用与创新能力、以及遵循学术规范与道德标准等五个方面，旨在全面评估本科毕业论文的质量与水平。其中学术规范包括行文规范和引用规范，共占 20 分值(总分 100 分)。行为规范指"文字表达、书写格式、图表(图纸)、公式符号、缩略词等方面符合通行学术规范"。引用规范指"在资料引证、参考文献等方面符合通行学术规范和知识产权相关规定"。

为规范毕业论文格式，河北省人民政府学位委员会办公室在 2019 年编制了"河北省学士学位论文写作指南"，供全省本科生撰写论文时参考。河北省人民政府教育督导委员会办公室在《关于开展河北省 2021 年本科毕业论文(设计)抽检工作的通知》中明确提出，各有关高校要持续强化学术规范要求，继续按照"河北省学士学位论文写作指南"对本科毕业论文写作格式进行统一要求。

2022 年 4 月 1 日，云南省教育厅在《云南省本科毕业论文(设计)抽检实施细则(试行)》中也明确，抽检评议要素包括"格式规范"，具体指"在概念、引用、公式、摘要等方面符合通行的学术规范和知识产权规定"。

2021 年 12 月 10 日，福建省教育厅在《福建省本科毕业论文(设计)抽检实施细则(试行)》中规定，评议要素包括"行文规范(文字表达、书写格式、图表(图纸)、公式符号、缩略词等方面符合通行学术规范)"和"引用规范(在资料引证、参考文献等方面符合通行学术规范和知识产权相关规定)"，各占 10 分。

目前高校主要依靠学生排版和导师人工检查来发现学位论文存在的格式问题并进行修改。学位论文包括封面、扉页、中英文摘要、目录、正文、图表、公式、参考文献等，其格式规范涉及字体字号、段落格式、编号、全角半角字符等数百项要求。学位论文篇幅长，通常有几十页甚至几百页，人工对照学校撰写要求或模板范例，逐段逐项地进行校验和修改，烦琐且工作量大。随着研究生和本科教育规模不断扩大，导师指导的学生也逐渐增多，格式审查和指导占用了导师大量时间精力，但效果并不理想。北京大学教育学院对 2014 年全国硕士研究生学位论文抽检意见进行了分析，发现不合格论文中，"论文规范性欠缺"占比为 29%，排名第二位。2023 年 5 月 29 日，吉林省教育厅在《关于 2021/2022 学年度本科毕业论文(设计)抽检结果的通报》中指出，"存在问题学位论文"占比为 10.57%。2023 年 6 月 2 日，湖南省教育厅反馈 2021—2022 学年本科毕业论文(设计)抽检专家评议意见时提到，"从抽检结果来看，本科毕业论文整体质量较高，但也存在一些问题，主要表现为：

格式不规范、文字表述不规范、研究方法不恰当、工作量不够、参考文献数量不足、分析不够深入、结构逻辑性较差等。"格式不规范因素排在第一位。学位论文经过初稿、终稿、答辩、归档等多个环节后，仍然会在抽检时出现问题。而在保证学位论文格式规范方面，目前学生、导师和教学管理部门均面临困难。

对学生来讲：第一，学位论文涉及到较多国家标准，如《GB 7713.1—2006 学位论文编写规则》《GB 7714—2015 信息与文献-参考文献著录规则》，其中《GB 7713.1—2006 学位论文编写规则》中又引用了《CY／T35—2001 科技文献的章节编号方法》《GB 15834—2011 标点符号用法》《GB 15835—2011 出版物上数字用法》等 30 余个标准。学生对这些标准知之甚少，导致论文格式与国家标准冲突，比如数字用全角的，标点符号中英文混杂等。第二，不同学科、不同专业有不同的通行惯例，比如人文社科的文献注释和理工科可能存在差别。文科类学生阅读了理工科专业的文献，把理工类的做法复制到自己的论文中，导致论文不伦不类，前后不统一。第三，学生会排版，但通常学生并不懂校对，难以发现自己论文存在的格式错误。

对导师来讲：第一，随着培养规模不断扩大，导师指导的学生越来越多。比如以前导师指导 2 个研究生，现在导师指导的研究生数量可能增长了好几倍。论文评阅的工作量也增大了很多。第二，学位论文和发表在期刊的学术论文不一样，学术论文通常只有几页或十几页，但学位论文通常都是几十页甚至几百页，随着篇幅增长，不仅错误成比例增多，还更容易出现图表编号不连续、章节跳跃等问题。第三，如前所述，学位论文前置组件和后置组件多，正文还包括图、表、公式，规范性要求项目多，逐项检测工作量巨大。第四，根据目前掌握的数据，学位论文初稿通常会存在两三百处格式规范错误，要将几百处错误全部批注或指出来，本身就是很耗费时间的工作。同时导师难以一次性把所有错误全部发现，学生也难以一次性把所有错误全部修复，师生之间多次反复沟通修改，通常需要一周甚至更多的时间。

对管理部门如研究生院、教务处来讲：首先面临的问题就是人工根本无法处理几百篇甚至几千篇论文。比如国内研究生培养规模比较大的学校，如山东大学、武汉大学，每年毕业的硕博士人数近万人，研究生院负责学位论文工作的老师通常只有几人，每篇论文人工打开一下，也是非常大的工作量。第二，学位论文外审、答辩、归档等时间统一，全校学位论文都集中在这几天处理，管理部门没有足够时间对格式进行审核把关。

学位论文格式规范存在的问题，关键在于人工审核效率太低。因此，迫切需要研发格式规范性检测系统，能够自动识别学位论文中存在的问题，指导学生修改；从而减轻指导老师的审阅负担，并帮助教学管理部门对学位论文格式规范是否合格进行把关，使学位论文格式规范得到保证、质量得到提升。目前全国每年毕业研究生和本科生近 500 万，按每篇论文老师审核批注格式需要 2 个小时计算，需耗费 1000 万工时，折合 6 万个人月。如能用软件系统代替人工，可让老师有更多时间精力指导论文内容写作，对提高学位论文质量也有非常重要的意义。

最早发现学位论文格式规范检测必要性的是高校学生和老师、教学管理人员，并且有不少人开展了相关研究和实践。目前互联网上能查到，早在 2009 年，福州大学林雪云即发表了《基于论文格式智能检查系统的研究》，该研究用 C#开发了一个格式检测工具，实现了最基本的字体和大小、段落对齐方式、左右缩进、段前段后间距、行距等自动检测功能。

同年许海洋、李庆等亦在《广东工业大学学报》发表了《学位论文排版规范性自动检测系统设计》，在 Visual C++6.0 环境下，借助 OLE(对象链接与嵌入)技术，基于 Microsoft Word 二次开发，成功构建了一个学位论文规范性自动检测系统。该系统实现了多项核心功能，包括论文的自动化导入机制、灵活的模板配置设置、基于预设模板的自动化检测流程，以及检测结果的一键式自动输出，显著提升了学位论文的规范化审查效率。2012 年，东北电力大学阚运奇在《毕业论文格式检测系统的设计与研究》中设计了一个基于 VBA 编程的论文格式规范检测系统，实现了字体检测、字数统计、图表检测等功能。2014 年上海交通大学潘若瑛在其硕士学位论文《多模板多格式论文综合校排系统的研究和实现》中，创新性地引入了 PDF 文件格式的检测功能，同时明确指出了系统应具备适应不同高校多样化模板需求的能力，这一贡献极大地拓宽了论文格式检测系统的应用范围与灵活性。在 2015 年，延边大学的刘宝超在其"学位论文规范性评估系统的设计与实现"研究中，不仅设计了涵盖文本格式检测、章节顺序验证及公式标号顺序检查的全面评估体系，还首次将参考文献格式检测纳入系统核心功能之中。2017 年大连理工大学陈渊博在硕士学位论文《学位论文格式检测系统设计与实现》首次搭建了一个方便用户使用的 Web 系统。2017 年济南大学蒋金敏在硕士学位论文中首先通过研究 Word 文档内部组织结构，提取 document.xml、style.xml、header.xml、footer.xml 等重要组成文件，然后分析研究各 XML 文件中字体字号对齐方式等常见文档格式的组成结构及关联关系，并以此为依据使用 DOM4J 技术提取文档的格式标签和元素属性，最终实现对 Word 文档的结构解析和格式检测。同时该文指出应保证系统的高性能、高可用和高并发。2022 年重庆邮电大学徐俊在《毕业论文格式检测与校正系统研究与实现》中提出对论文格式错误自动进行校正。

尽管高校师生最早发现论文格式检测这一需求，并且取得了不少成果，但一方面由于其成熟度相对不足，距离市场所需的产品化、商用化仍有较大距离；另一方面，高校科研评价体系深受科研导向影响，往往侧重于将课题获取与经费数额以及发表论文的数量作为核心评价指标，这种体系不可避免地导向了"重学术轻技术实践，偏理论研究而轻实际应用"的现象。在此环境下，众多科研人员倾向于将主要精力聚焦于提升科研论文的学术水平及追求科研成果的奖项荣誉，而相对忽视了科研成果与技术成果的实际应用与推广潜力。这种偏向不仅导致大量科研成果缺乏直接的应用价值，还使得那些具有明确应用前景但因不符合传统发表标准而难以获得认可的项目，很难获得学校管理层应有的重视与支持。所以尽管不少老师和同学都投入到学位论文格式检测的研究开发中，但通常都是在自己学校甚至自己班级小范围应用，没有出现大规模推广的成功案例。

4.2　系统目标和需求

4.2.1　系统目标

根据高校学位论文工作面临的实际需求，将系统目标定位为自动识别论文结构和元素，并和学校撰写规范或模板比较，结合相关国家标准和学科规范，快速准确地发现学位论文格式不规范的地方并自动批注，指导学生修改从而提高学位论文质量，减轻指导教师格式审查负担，完善学位论文质量保障体系。

4.2.2　格式检测需求

能够识别学位论文封面、摘要、目录、正文、参考文献等论文结构。

能够识别封面、扉页中作者姓名、指导教师、论文标题与副标题、提交日期等各种元素，并检测各元素上下位置、左右边距、字体字号、间距、段前段后、缩进是否符合学校要求。

能够识别独创性声明和论文授权使用说明书标题和文本，并检测字体字号、缩进、间距、段前段后等是否符合学校要求。

能够识别中英文摘要标题和文本，并检测字体字号、缩进、间距、段前段后等是否符合学校要求。

能够识别目录标题、各级目录项和页码，并检测字体字号、缩进、间距、段前段后等是否符合学校要求。

能够识别插图索引标题和内容，并检测字体字号、缩进、间距、段前段后等是否符合学校要求。

能够识别表格索引标题和内容，并检测字体字号、缩进、间距、段前段后等是否符合学校要求。

能够识别符号对照表、缩略语对照表标题和内容，并检测字体字号、缩进、间距、段前段后等是否符合学校要求。

能够识别正文各级标题和条款段项，并检测字体字号、缩进、间距、段前段后等是否符合学校要求。

能够识别论文中文本、图形、图题、表格、表题、算法、定理、公式、注释等各种元素，并检测字体字号、缩进、间距、段前段后等是否符合学校要求。

能够识别参考文献标题和内容，并检测字体字号、缩进、间距、段前段后等是否符合学校要求。

能够识别致谢标题和内容，并检测字体字号，缩进、间距、段前段后等是否符合学校要求。

能够识别附录标题和内容，并检测字体字号，缩进、间距、段前段后等是否符合学校要求。

能够检测页眉奇数页和偶数页标题内容，并检测页眉标题是否居中排列，字体、字号、间距、段前段后、缩进是否符合学校要求，页眉是否有横线，横线线型、粗细是否符合要求。

可检测前置部分是否用罗马数字标识，主体部分的页码是否用阿拉伯数字标识，字体、字号、间距、段前段后、缩进是否符合学校要求。

可检测页面设置是否正确，包括上下左右页边距、装订线位置等。

4.2.3 其他功能需求

除了格式检测之外，系统还需要实现学校管理、学院管理、学科/系/专业管理、学生管理、教师管理、模板和参数管理、上传论文、检测调度、产生检测报告、下载检测报告等功能。

1. 学校管理

学校需要对学位论文进行严格把关，通常负责部门为研究生院(处)和教务处。系统需要实现创建、修改、删除学校及创建管理员、指定管理员联系信息、分配检测权限、统计检测数据等功能。

2. 学院管理

每个学校管理模式不一样，很多学校是由二级学院负责学位论文的送审、答辩等相关工作。因此系统也需要实现创建、修改、删除学院，创建管理员、指定管理员联系信息、分配检测权限、统计检测数据等功能。

3. 学科/系/专业管理

学科/系/专业也是学位论文工作需要区分的层级，模板的参数设置、指派、论文数据统计都可能和学科/系/专业相关。因此系统需要提供对应的创建、修改、删除功能。

4. 学生管理

学生是学位论文的作者，论文的检测、修改通常都是学生完成的，学生是系统最主要的用户。因此系统需要提供学生的导入、增加、修改、删除，分配导师等功能。

5. 教师管理

指导教师是学位论文工作中很重要的角色，教师是论文质量的第一责任人，负责论文格式审核指导工作，可以直接调阅学生的检测报告，并有权读取所指导学生的检测情况。因此系统需要提供教师的导入、增加、修改、删除，分配导师等功能。

6. 模板和参数管理

每个学校学位论文的封面、扉页都不一样，写作排版要求也有差别，甚至同一个学校不同学院、不同专业的字体字号也各有特点。因此系统需要以参数的形式对这些模板进行描述，这是格式检测判断的主要依据。

7. 上传论文

Web 模式和客户端程序相比具有不需要安装、易于更新、跨平台、集中管理等优势。通常情况下，系统应该允许用户上传论文即可检测；上传论文应注意限定文件类型、文件大小，并提供上传进度展示等。

8. 检测调度

对需要检测的论文，系统应提供优先级管理、版本管理(Word 和 WPS)、检测参数设置、重新调度检测、失败管理等。

9. 产生检测报告

检测完成后，系统应将错误批注在 Word 或 PDF 文档中，并且出具类似于体检报告的检测报告，告知用户错误原因、错误位置和修改方法。

10. 下载检测报告

对商用的系统，通常应该在上传检测或下载检测报告的时候考虑如何实现收费。这涉及计费模式、支付接口等。

4.2.4　非功能性需求

对一个需要商用的系统来讲，除了核心功能实现之外，安全性、准确性、响应时间、并发性、稳定性、扩展性、易用性等往往成为系统能否成功的关键。

1. 安全性

安全性包括几个方面，首先是论文的安全。如何保证学生的论文不被泄露，知识产权不被侵犯，这是学校决策层面临的最重要的问题。其次是用户信息的安全，包括学生、导师、管理员等相关账号、密码安全，信息不被泄露做他用。最后是用户权限管理，不同角色的用户只能看到自己权限内的数据，只能修改自己有权限修改的数据。

2. 准确性

学位论文评阅涉及学位授予，对教学管理部门来讲，是非常严肃的工作。如同考试评分一样，如果不能做到100%的准确，那么没有学校管理部门能对学生做硬性要求让其必须检测学位论文并修改至合格。这可能是系统商业化推广面临的最大挑战。有可能做原型只占了1%的工作量，但保证100%的准确性占了99%的工作量。

3. 响应时间

时间是最宝贵的，不能让用户上传论文后，等待的时间太长。本科、硕士、博士论文篇幅差距较大，这会对检测耗时产生影响。此外，错误数量也对检测耗时影响较大，错误越多的论文，需要批注的内容越多、耗时越长。通常情况下，三四十页的论文，检测耗时应在 1 min 内。

4. 并发性

全国每年需要写毕业论文的统招大学生和研究生约 500 万人，并且集中在 3 到 6 月份答辩，高峰期每天可能会有超过 10 万人检测，所以对系统的并发性要求比较高。

5. 稳定性

作为学校管理部门采用的系统，必须保证其连续稳定运行。

6. 扩展性

一方面是每个学校的论文撰写规范不一样，并且学校的要求也可能发生变化，平台必须能快速定义支持新的模板。另外一方面是随着系统的上线使用，用户会不断发现新的问题，系统需要具有很好的扩展性以支持新的检测项目。

7. 易用性

系统使用用户数大，并且每个学校毕业设计安排进度不一样，难以统一安排培训，因此系统必须要简单易用，使用户不需培训也可正常使用。论文检测操作只需要上传论文、下载报告即可，通常用户登录就会使用。但用户根据错误批注修改论文时，如果错误原因描述不清楚，则用户可能出现不知道如何修改的情况。因此格式错误信息需要简洁明了，以便于指导用户快速修复错误。

8. 兼容性

由于不可能要求所有学生使用相同的操作系统、浏览器或论文编辑软件，系统必须兼容尽可能多的浏览器和论文编辑软件。

4.3 系统设计

4.3.1 系统总体结构

在应用场景中，当用户上传论文后，检测程序识别封面、摘要、目录、正文、图表、参考文献等，并和模板的具体要求进行比对，对不符合项在文档中进行标注，并产生检测报告。学位论文格式检测框架如图 4.1 所示。除了学校的撰写规范之外，与学位论文、出版物相关的国家和行业标准等也是平台检测依据。如《学位论文编写规则》(GB/T 7713.1 —2006)、《信息与文献 参考文献著录规则》(GB/T 7714—2015)、《科技文献的章节编号方法》(CY / T 35—2001)、《标点符号用法》(GB 15834—2011)、《出版物上数字用法》(GB 15835 —2011)、《图书质量管理规定》等。

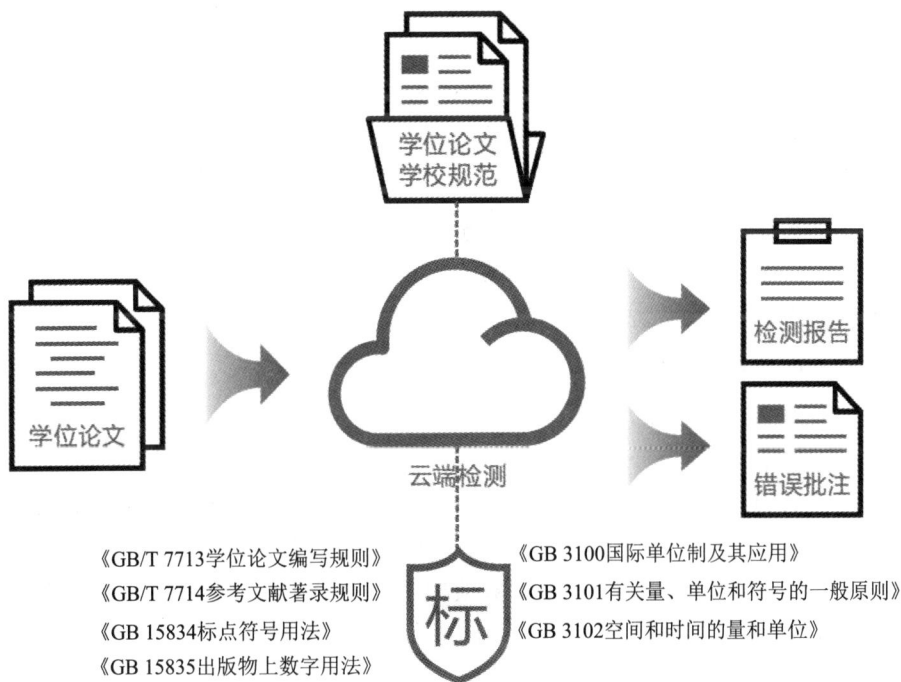

《GB/T 7713学位论文编写规则》
《GB/T 7714参考文献著录规则》
《GB 15834标点符号用法》
《GB 15835出版物上数字用法》

《GB 3100国际单位制及其应用》
《GB 3101有关量、单位和符号的一般原则》
《GB 3102空间和时间的量和单位》

图 4.1 学位论文格式检测框架

整个格式检测系统包括浏览器、DNS 解析、Nginx 集群、Web 应用服务器、MySQL服务器集群、Redis 集群、分布式文件服务器、Kafka 集群、检测机器人集群等构成。其结构设计如图 4.2 所示。

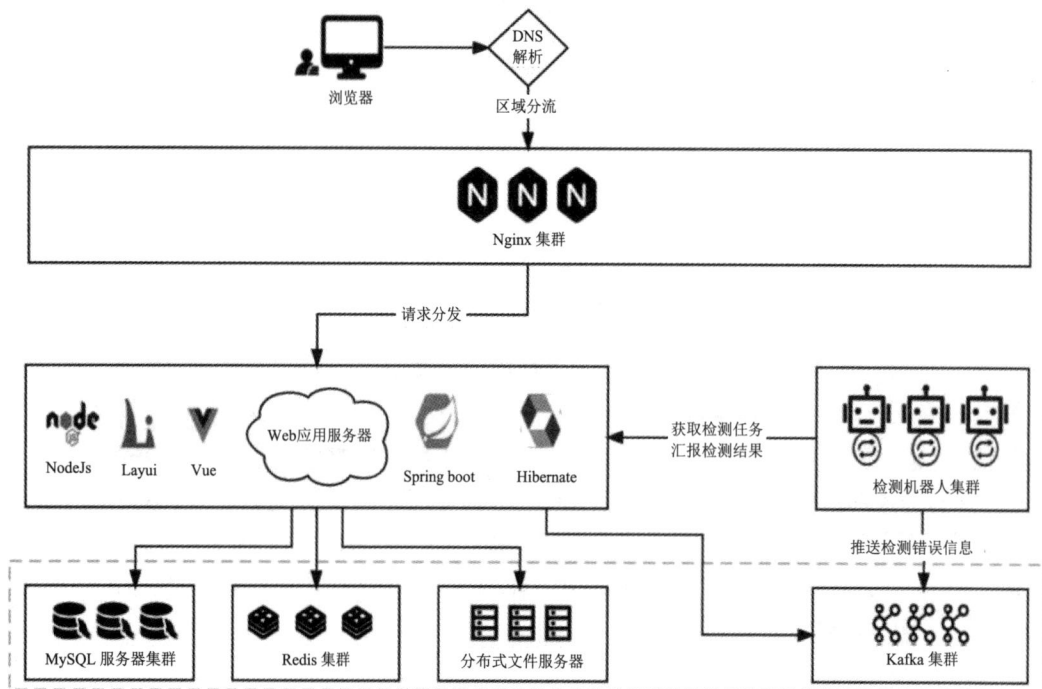

图 4.2　格式检测系统结构设计

下面对系统中的主要部分进行介绍。

1. DNS 解析

论文格式检测时间比较集中，为了分担高峰期服务器的负载，系统可能需要部署多台服务器来提供服务。DNS 服务器可以将访问请求转发到不同的服务器，实现负载均衡，使得用户可以快速地访问网站。

2. Nginx 集群

在传统的 Web 项目中，并发量小。所以在低并发的情况下，用户可以直接访问 Tomcat服务器。而在互联网项目下，单个 Tomcat 默认并发量有限制，如果请求量过大，则无法响应。高并发(High Concurrency)是互联网分布式系统架构设计中必须考虑的因素之一，必须保证系统能够同时并行处理很多请求。Nginx 是轻量级的 Web 服务器，占内存少，并发能力强，可扩展性好。在大规模 Web 服务架构中，Nginx 可以作为反向代理服务器、负载均衡交换机、缓存服务器等角色，为系统提供全方位的支持。

3. WEB 应用服务器

Web 应用服务器可基于 Spring Boot 和 Hibernate 技术搭建，前端可采用 NodeJs、LayUI、

VUE 等框架。应用服务器负责接收和解析请求，并根据请求的内容和相关配置，执行完成相应的操作，并提供负载均衡和扩展性等功能。

4. MySQL 服务器集群

MySQL 数据库集群是一种将多个 MySQL 数据库服务器组合在一起，共同组成一个高可用、高性能、可伸缩性强的数据库环境的方法。其可以提供更好的性能和可用性，同时还可以处理大量数据和高并发访问请求。

5. Redis 集群

Redis 可以在内存中高效、灵活存储 key-value 键值对，可以极大地节省传统数据库读写时间，支持大规模快速读写，能帮助系统实现高性能的数据分析，比如统计在线用户数、检测情况等。

6. 分布式文件服务器

文档是格式检测中最重要的处理对象。文档需要分割、加密、上传、下载、压缩、解压等操作。某些专业的论文包含高清图片，一篇论文的物理文件大小可能就能达到吉比特级，对大量文件的处理是系统面临的挑战。分布式文件服务器可以分担业务服务器的 IO、流量负担，提高应用服务器的性能和稳定性。分布式服务易于扩展，可以在不影响业务的前提下增加系统并发访问能力。

7. Kafka 集群

Kafka 是 Apache 开源社区提供的消息发布/订阅系统。通过 Kafka 可以方便地收集、存储和处理海量的实时数据，例如日志、事件等等。这些数据可以被传输到不同的应用中，进行流处理和转换，比如论文检测的实时消息流推送。Kafka 具有可扩展、高可靠的特点，可以帮助构建管理大规模数据流共享。

8. 检测机器人集群

检测机器人主要负责对 Word、PDF 文件格式的逆向解析，并首先对文档内容进行智能分析识别，然后针对各种错误模型进行深度扫描，如果发现匹配的错误模型，则在对应位置批注错误原因。对格式检测机器人的一个很重要的要求是支持各个学校的格式要求。每个学校的格式要求差别还可能比较大，并且很难一次性收集全所有学校的格式模板。实现检测机器人时有两种选项，一个是所有学校检测都是同一套代码，另外一种方法是每个学校一套代码。所有学校采用同一套代码，好处是公共代码维护比较方便，难点是一套代码需要实现上千个模板的检测，代码复杂度可能会上十倍甚至上百倍地增长；同时，维护某些模板的时候，可能影响其他模板的检测。考虑到模板可能有上千个，这个风险是非常大的。每个模板采用独立开发的检测机器人，好处是不同模板开发和功能独立，扩展新模板或者修改旧模板时，可以不影响其他模板的检测结果。并且每套代码只需要处理特定模板的情况，代码逻辑会简单得多。但如果有些公共功能需要修改，则可能需要更新上千次其他文件。这个工作量也非常大。经过综合比较，最终还是采取所有模板共用一套代码检测的方案。

4.3.2　格式检测操作流程

系统采用多用户设计，每个学校可通过不同的网址访问系统，下面以西安电子科技大学为例予以介绍。多 URL 访问页面如图 4.3 所示。

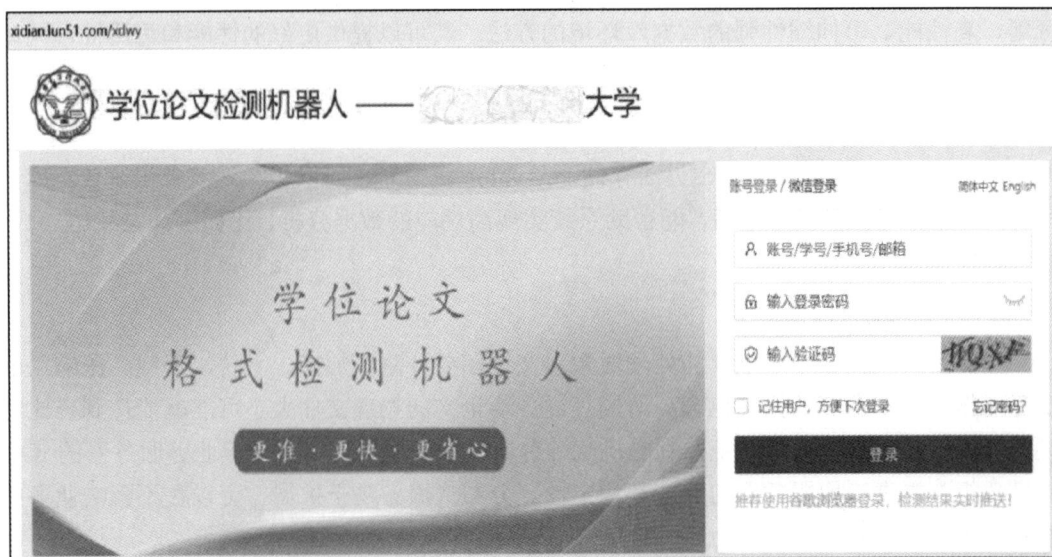

图 4.3　多 URL 访问页面

如果用户要检测论文，则先选择论文遵循的模板，如图 4.4 所示。不同学位级别、不同学科方向的模板都可能不同。

图 4.4　选择论文格式模板页面

选择模板后，进入上传论文页面，如图 4.5 所示。

格式检测提交文档

⊕ 立刻上传

点此按钮选择文件，或将文件拖拽到此处
支持 .doc、.docx、.zip 类型文件上传检测
保证论文安全，平台支持加密zip文件检测，点此设置文件密码

注意事项：
　　1. 如果点击"立即上传"无响应，请使用Chrome浏览器上传，点此下载Chrome浏览器
　　2. 系统支持加密ZIP文件检测，如果加密，请一定设置文件密码，否则机器人无法检测
　　3. 目前平台不支持Word读写密码，请勿设置文档读写保护，建议用ZIP加密保护。
　　4. 如需检测Latex撰写的PDF文件，请咨询客服。

图 4.5　上传论文页面

为提升用户体验，文件上传过程中以动画展示上传进度，上传进度可视化展示如图 4.6 所示。这对几百兆比特的大文件上传比较重要。

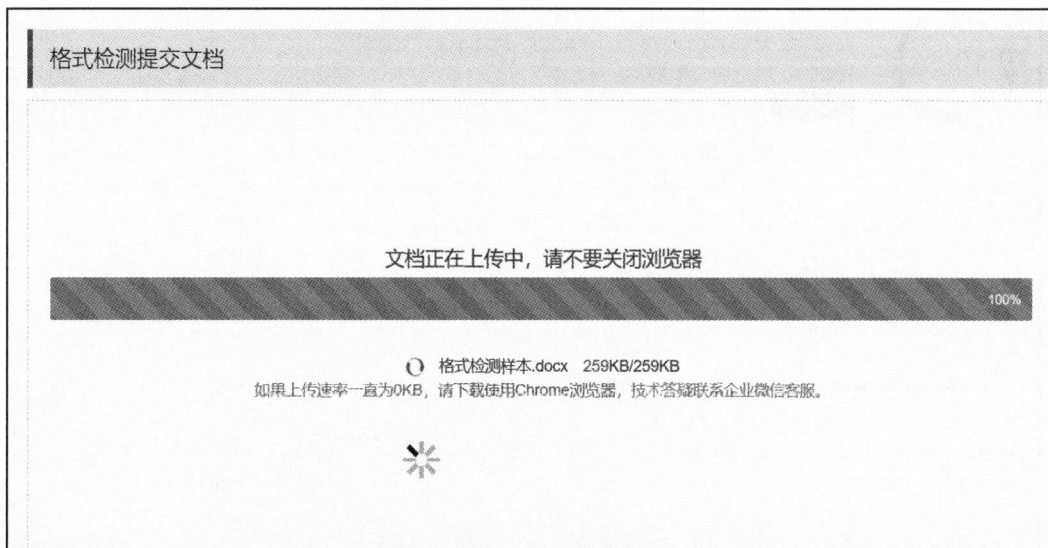

格式检测提交文档

文档正在上传中，请不要关闭浏览器

100%

◯ 格式检测样本.docx　259KB/259KB

如果上传速率一直为0KB，请下载使用Chrome浏览器，技术答疑联系企业微信客服。

✳

图 4.6　上传进度可视化展示

文件上传后，存放在分布式文件系统中。系统会给检测机器人消息队列发送 Kafka 消息。订阅了对应主题的机器人收到消息后下载文档执行检测。检测所需时间，与论文篇幅、存在错误数有关；通常只需要 1～3 min，但个别篇幅长、存错多的论文可能需要几十分钟。

因此让用户知道检测进度也很重要，需要实时展示检测进度，其窗口如图 4.7 所示。

论文分析	论文分析结束
摘要	检测结束!
Abstract	检测结束!
目录	检测结束!
OSIOpenSystemInterconnection	检测结束!
第一章绪论	检测结束!
第二章公共对象请求代理体系结构	开始检测

图 4.7　检测进度实时展示

检测结束后，系统告知用户发现的错误数量，计算差错率，判断用户格式检测是否合格。并提供下载链接，用户可以下载检测报告，检测结束页面如图 4.8 所示。

论文分析	论文分析结束
摘要	检测结束!
Abstract	检测结束!
目录	检测结束!
OSIOpenSystemInterconnection	检测结束!
第一章绪论	检测结束!
第二章公共对象请求代理体系结构	检测结束!
第三章对象事务服务	检测结束!
第四章OTS设计和实现	检测结束!
第五章OTS与X/OPEN模型集成	检测结束!
参考文献	检测结束!
第六章全文总结和进一步的工作	检测结束!
致谢	检测结束!
页面设置检测	页面设置检测结束!
报告	报告产生完成

图 4.8　检测结束页面

用户也可以从检测报告处下载，如图 4.9 所示。

图 4.9　下载检测报告

系统会直接在错误的位置以批注的形式指出论文存在的问题和原因，并指导作者修改。两种不同格式的论文批注效果如图 4.10、图 4.11 所示。

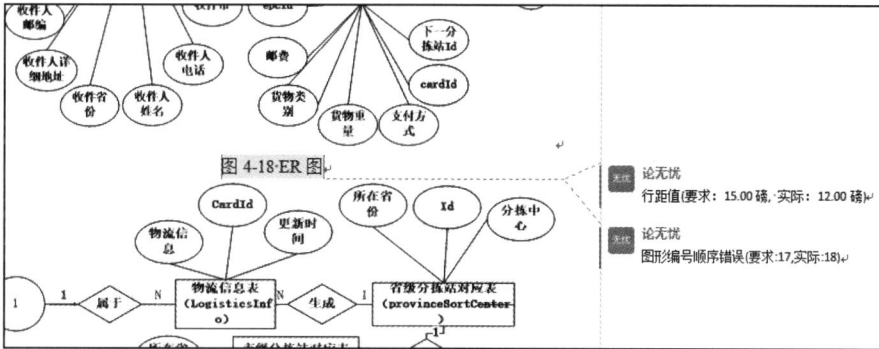

图 4.10　Word 格式错误批注效果

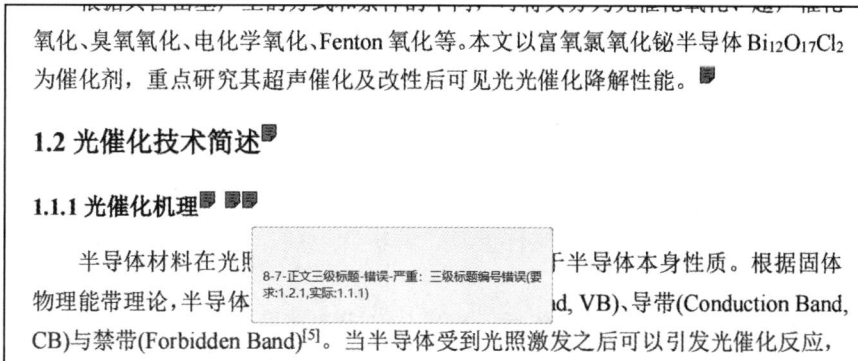

图 4.11　PDF 格式错误批注效果

除了批注形式的报告，系统也出具表格形式的报告，如图 4.12 所示。

毕业论文检测报告			No.136901

论文信息

论文题目：CORBA中对象事务服务的研究与实现　　作者：杨涛　　指导教师：刘锦德

全文页数：47 页　　字数统计：34127　　中文字符：22812　　英文字符：1791

报告阅读说明

1.检测依据：《毕业论文撰写规范》，《GB7713学位论文编写格式》，《GB7714参考文献著录规则》，《GB15834标点符号用法》，《GB15835出版物上数字用法》，《GB3100国际单位制及其应用》，《GB3101有关量单位符号的一般原则》，《GB3102空间和时间的量和单位》。
2.差错率计算方法：错误数*1000/总字数（每千字差错率），参考《图书质量管理规定》。
3.判断依据：差错率超过3.0不合格。
4.如果您发现检测出现误报，请联系技术支持QQ：815-120-061或热线电话4000-523-350，系统会奖励积分或检测次数。

检测结果

问题总数：109　　差错率：3.2/1000　　结论：不合格

摘要

序号	类型	位置	问题描述
1	段落格式	第3页第2段	缩进（要求：首行缩进2.00个字符，实际：首行缩进1.00字符）段前（要求：0.00磅，实际：21.00磅）行距值（要求：20.00磅，实际：18.00磅）
2	字体	第3页第4段1句	英文字体错误（要求：Times New Roman，实际：宋体）
3	段落格式	第3页第7段（关键词：对象...；略见一般；）	缩进（要求：首行缩进0.00个字符，实际：首行缩进2.00字符）段前空行数（要求：1，实际：0）规范不允许本段末尾包含标点
4	关键词	关键词	关键词{对象}分隔符{；}不符合规范要求{，}

(a) 示例一

103	编号	第41页(5.2XA接口规范)	二级标题编号错误(要求:4.2,实际:5.2)
104	编号	第42页(5.3NOS...管理器的集成)	二级标题编号错误(要求:4.3,实际:5.3)
105	编号	第43页(第六章全文总结和进一步的工作)	章标题编号错误(要求:第五章,实际:第六章)
106	编号	第43页(6.1全文总结)	二级标题编号错误(要求:5.1,实际:6.1)
107	编号	第43页(6.2进一步的工作)	二级标题编号错误(要求:5.2,实际:6.2)
图形			
108	编号	图3-3 两阶段提交活动	图形编号顺序错误(要求:3-2,实际:3-3)
109	编号	图3-5OTS体系结构	图形编号顺序错误(要求:3-3,实际:3-5)

评阅教师：57号机器人	助教	2019-10-18 09:12:26	用时：18秒

(b) 示例二

图 4.12　表格形式的报告

4.3.3　格式检测实现流程

格式检测机器人程序负责实现文件读取、解析、识别、检测、产生报告整个过程。其主要处理流程如图 4.13 所示。

格式检测机器人获取到检测请求后，首先从请求中读取模板编号，判断是否已经加载了模板。如果没有加载，则会提取相关参数。然后打开文档，获取文档的基础信息，比如页数、字数。接着程序对文档进行多次遍历，建立页面列表、段落列表、图片列表、表格列表等。建立好相关数据结构后，机器人会结合模板的组件顺序、组件关键词等识别论文的封面、摘要、目录等组件。如果检测的论文是初稿，可能组件不完整、顺序颠倒、关键词有误，在组件识别阶段，程序会不断尝试，结合上下文判断识别结果是否正常；如果发现错误，就会回溯，直到探索到一个最佳识别结果。

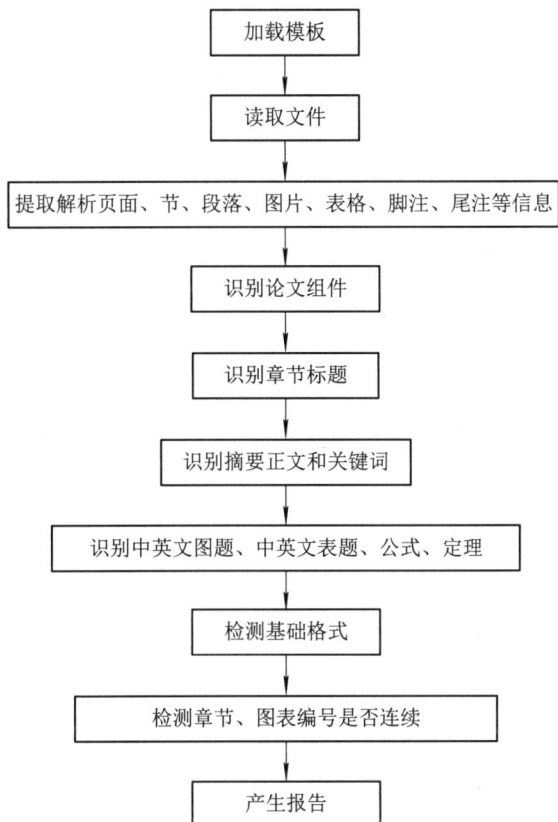

```
┌─────────────────┐
│   加载模板       │
└────────┬────────┘
         ↓
┌─────────────────┐
│   读取文件       │
└────────┬────────┘
         ↓
┌──────────────────────────────────────────┐
│ 提取解析页面、节、段落、图片、表格、脚注、尾注等信息 │
└────────────────────┬─────────────────────┘
         ↓
┌─────────────────┐
│  识别论文组件    │
└────────┬────────┘
         ↓
┌─────────────────┐
│  识别章节标题    │
└────────┬────────┘
         ↓
┌─────────────────┐
│ 识别摘要正文和关键词 │
└────────┬────────┘
         ↓
┌──────────────────────────────┐
│ 识别中英文图题、中英文表题、公式、定理 │
└───────────────┬──────────────┘
         ↓
┌─────────────────┐
│  检测基础格式    │
└────────┬────────┘
         ↓
┌──────────────────────────┐
│  检测章节、图表编号是否连续  │
└────────────┬─────────────┘
         ↓
┌─────────────────┐
│   产生报告       │
└─────────────────┘
```

图 4.13　格式检测机器人处理流程

　　组件范围确定之后，下一步就是识别组件内的元素。不同模板包含的元素类型不同。比如封面，可能存在数十种元素。不同学科也可能有一些特定的元素，如音乐学院有谱例，人文社科类可能有不少引文。

　　对元素的识别可以通过关键词结合字体字号、段落格式等特征进行识别。但要注意的是，因为学生的论文本身可能就是格式错误的，如果将格式作为识别依据，误判的风险很大。所以一定要有纠错机制，在识别出错的时候，程序能够从错误的判断中自我恢复。

　　所有内容识别后，就可以根据模板要求的参数和论文实际的格式进行对比，以此检测论文格式。对比环节相对容易，不会出错。除了基本的字体字号、段落格式外，格式要求还包含章节、图表编号连续。章节编号如果误报，常常是因为误把章节标题识别为正文，或者误把正文识别为章节标题。图表编号误报往往是因为把内容是公式的图片当成了普通图片，或者图题看上去不像是图题而被机器人识别为普通正文段落。

　　检测结束后，格式检测机器人产生检测报告，用户可以在网站下载完整的报告，也可以只查看合格证明，如图 4.14 所示。

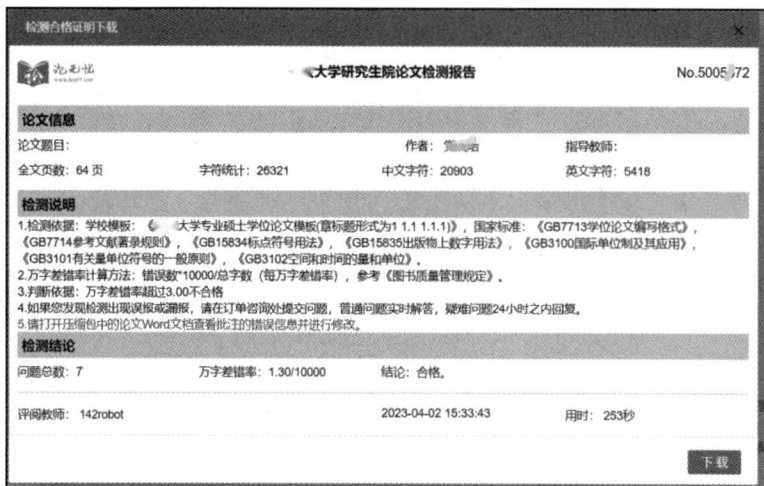

图 4.14　检测合格证明

4.4　核心功能设计要点

4.4.1　格式提取

目前学位论文通常用 WPS 或 Office 写作，其产生的文件格式为 doc 或 docx。部分理工科学位论文公式较多，同学们会用 LaTex 直接产生 pdf 类型文件。要检测学位论文的字体字号、段落格式等是否正确，首先要研究如何获取 doc、docx、pdf 文件的格式信息，这是检测文档格式最基础也是最关键的一个步骤。

WPS 和 Office 通过内部的对象模型提供了二次开发接口，外部应用程序可以通过 Application、Documents、Document、Page、Section、Paragraph、Sentences、Words 等数百个对象访问文档相关信息。下面列举了格式检测中最重要的一些对象和方法。

1. Application 对象

Application 对象表示一个 WPS 或 Word 应用程序。其重要的属性如表 4.1 所示。

表 4.1　Application 对象的重要属性

属性名称	含　　义
ActiveDocument	表示 Document 活动文档的对象
ActiveWindow	表示 Window 活动窗口的对象
Caption	指定文档或应用程序窗口的标题文本
FontNames	返回 FontNames 对象，该对象包含所有可用字体的名称
Documents	Documents 所有打开的文档的集合
Version	返回 WPS 或 Word 的版本号

2. Documents 对象

Documents 对象代表当前在应用程序中打开的所有 Document 对象集合，其方法如表 4.2 所示。

表 4.2　Documents 对象的方法

方法名称	含　义
Count	返回指定集合中的项数
Item	返回集合中的单个对象
Add	返回新建的 Document 对象
Close	关闭指定的一个或多个文档
Open	打开指定的文档并将其添加到集合
Save	保存集合中的所有 Documents 文档

3. Document 对象

Document 对象代表一个文档，这是系统需要处理的最重要的对象，其属性如表 4.3 所示。

表 4.3　Document 对象的属性

属性名称	含　义
ActiveWindow	返回表示 Window 活动窗口的对象
AutoHyphenation	确定是否为指定文档启用自动断字
Background	指定文档的背景图像
Bibliography	文档中包含的书目引用
Bookmarks	文档中的所有书签
Characters	文档中的字符
Comments	文档中的所有注释
Content	代表主文档文章
Endnotes	区域、选定内容或文档中的所有尾注
Footnotes	区域、选定内容或文档中的所有脚注
Hyperlinks	文档、区域或选定内容中的所有超链接
Indexes	文档中的所有索引
InlineShapes	文档、区域或选定内容中的所有 InlineShape 对象
Lists	文档中的所有带格式列表
ListTemplates	指定文档的所有列表格式
PageSetup	指定文档关联的页面设置对象
Paragraphs	文档中的所有段落
Path	指定对象的磁盘或 Web 路径

属性名称	含　义
Revisions	代表文档或区域中的修订
Sections	代表指定文档中的节
Sentences	代表文档中的所有句子
Shapes	表示文档中的所有 Shape 对象
Styles	指定文档的样式集合
Tables	代表指定文档中的所有表
TablesOfContents	代表指定文档中的目录
TablesOfFigures	代表指定文档中的图表表
TextEncoding	文档使用的代码页或字符集
Versions	表示指定文档的所有版本
Words	代表文档中的所有单词

4. Page 对象

Page 对象代表文档中的页面,其属性如表 4.4 所示。

表 4.4　Page 对象的属性

属性名称	含　义
Height	页面设置对话框中指定的纸张高度
Width	页面设置对话框中指定的纸张宽度

5. Section 对象

Section 对象代表所选内容、范围或文档中的一节,其属性如表 4.5 所示。

表 4.5　Section 对象的属性

属性名称	含　义
Borders	指定对象的所有边框
Footers	指定节中的页脚
Headers	指定节的节头
PageSetup	节关联的页面设置对象
Range	返回一个 Range 对象,该对象表示包含在指定对象中的文档部分

6. Paragraph 对象

Paragraph 对象代表所选内容、范围或文档中的一个段落,其属性如表 4.6 所示。

表 4.6　Paragraph 对象的属性

属性名称	含　　义
Alignment	指定段落的对齐方式
Borders	代表指定对象的所有边框
CharacterUnitFirstLineIndent	首行或悬挂缩进的值(以字符为单位)
CharacterUnitLeftIndent	指定段落的左缩进值(以字符为单位)
CharacterUnitRightIndent	指定段落的右缩进值(以字符为单位)
DisableLineHeightGrid	当指定每页一组行数时,是否将指定段落中的字符与行网格对齐
FirstLineIndent	首行的行或悬挂缩进的值(以磅为单位)
Format	指定段落或段落的格式设置
HalfWidthPunctuationOnTopOfLine	是否将行开头的标点符号更改为指定段落的半角字符
HangingPunctuation	是否为指定的段落启用了悬挂标点符号
Hyphenation	指定的段落是否包含在自动断字中
KeepTogether	指定段落中的所有行是否都保留在同一页上
KeepWithNext	指定的段落是否与后面的段落保持在同一页上
LeftIndent	指定段落左缩进值
LineSpacing	段落的行距(以磅为单位)
LineSpacingRule	段落的行距规则,如单倍行距,1.5 倍行距,多倍行距
LineUnitAfter	指定段落的段后间距
LineUnitBefore	指定段落的段前间距
ListNumberOriginal	段落的原始列表级别
MirrorIndents	代表左缩进和右缩进的宽度是否相同
NoLineNumber	是否为指定段落抑制行号
OutlineLevel	指定段落的大纲级别
PageBreakBefore	是否在指定段落之前有强制分页符
ReadingOrder	段落的读取次序
RightIndent	段落的右缩进量(以磅为单位)

属性名称	含　义
Shading	对象的底纹格式
SpaceAfter	段落或文本栏后面的间距(以磅为单位)
SpaceAfterAuto	是否自动设置指定段落后的间距量
SpaceBefore	段落或文本栏前面的间距(以磅为单位)
SpaceBeforeAuto	是否自动设置指定段落之前的间距量
Style	指定对象的样式
TabStops	指定段落的所有自定义制表位
TextboxTightWrap	文本环绕形状或文本框的紧密程度
WordWrap	是否在指定段落或文本框架中的单词中间环绕英文单词

7. Sentences 对象

Sentences 对象表示所选内容、区域或文档中的所有句子,其属性如表 4.7 所示。

表 4.7　Sentences 对象的属性

属性名称	含　义
Count	集合中的项数
First	代表文档、选定内容或区域中的第一个句子、单词或字符
Item	返回集合中的单个对象
Last	代表文档、选定内容或区域中的最后一个字符、单词或句子

8. Words 对象

Words 对象表示所选内容、范围或文档中的单词集合,其属性如表 4.8 所示。

表 4.8　Words 对象的属性

属性名称	含　义
Count	集合中的项数
First	代表文档、所选内容或区域中的第一个单词
Item	返回集合中的单个对象
Last	代表文档、选定内容或区域中的最后一个单词

9. Range 对象

Range 对象表示文档中的一个连续区域,其属性如表 4.9 所示。

表 4.9 Rang 对象的属性

属性名称	含 义
Bold	确定字体或区域的格式是否为粗体
Borders	指定对象的所有边框
Cells	区域中的表格单元格
Characters	区域中的字符
CharacterWidth	区域的字符宽度
Columns	区域中的所有表列
Comments	指定区域中的所有注释
DisableCharacterSpaceGrid	是否忽略范围每行的字符数
EmphasisMark	着重号
End	结束字符的位置
Endnotes	区域中的所有尾注
Fields	区域中的所有字段
Font	指定对象的字符格式
Footnotes	区域中的所有脚注
InlineShapes	文档、区域或选定内容中的所有 InlineShape 对象
Italic	确定区域的格式是否为斜体
ListFormat	区域的所有列表格式特征
ListParagraphs	区域中的所有编号段落
PageSetup	区域关联的页面设置对象
ParagraphFormat	区域的段落设置
Paragraphs	区域中的所有段落
Rows	区域中的所有表行
Sections	指定区域中的节
Sentences	范围中的所有句子
Shading	指定对象的底纹格式
ShapeRange	区域中的所有 Shape 对象
Start	范围的起始字符位置
Style	指定对象的样式
Tables	区域中的所有表
Text	区域中的文本
Underline	区域的下划线类型
Words	区域中的所有单词

10. Table 对象

Table 对象代表单个表格，其属性如表 4.10 所示。

表 4.10　Table 对象的属性

属性名称	含　　义
Borders	指定对象的所有边框
Columns	表中的所有表列
Rows	表中的所有表行
Spacing	表格中单元格之间的间距

11. Row 对象

Row 对象表示表中的行，其属性如表 4.11 所示。

表 4.11　Row 对象的属性

属性名称	含　　义
Alignment	指定行的对齐方式
Borders	指定对象的所有边框
Cells	列、行、选定内容或区域中的表格单元格
HeadingFormat	指定的行的格式是否为表标题
Height	表格中指定行的高度
IsFirst	指定的列或行是表中的第一个列或行
IsLast	指定的列或行是表中的最后一个列或行
LeftIndent	指定的表格行的左缩进值
SpaceBetweenColumns	指定行相邻列中文本之间的距离

12. Column 对象

Column 对象代表单个表格列，其属性如表 4.12 所示。

表 4.12　Column 对象的属性

属性名称	含　　义
Borders	指定对象的所有边框
Cells	列中的表格单元格
IsFirst	是否为表中的第一列
IsLast	是否是表中的最后一列
Next	返回集合中的下一个对象
PreferredWidth	指定列的首选宽度
Width	指定对象的宽度

13. Cell 对象

Cell 对象代表单个表格单元格，其属性如表 4.13 所示。

表 4.13 Cell 对象的属性

属性名称	含　义
Borders	指定对象的所有边框
BottomPadding	要添加到单元格内容下方的空间
Column	包含指定单元格的表列
ColumnIndex	包含指定单元格的表列的编号
FitText	是否直观地减小在单元格中键入的文本的大小，使其适合列宽
Height	指定对象的高度
LeftPadding	添加到单个单元格内容左侧的空间量
PreferredWidth	指定单元格的首选的宽度
RightPadding	要添加到单元格内容右侧的空间量
Row	包含指定单元格的行
Shading	底纹格式
TopPadding	内容上方要增加的间距
VerticalAlignment	单元格中文本的垂直对齐方式
Width	指定对象的宽度
WordWrap	是否将文本换行为多行并加长单元格，以便单元格宽度保持不变

14. InlineShape 对象

InlineShape 对象代表文档中的嵌入式图形，其属性如表 4.14 所示。

表 4.14 InlineShape 对象的属性

属性名称	含　义
Borders	指定对象的所有边框
Chart	内嵌形状集合中的图表
Field	与指定形状关联的字段
Fill	指定形状的填充格式属性
Height	指定内联形状的高度
HorizontalLineFormat	包含指定 InlineShape 对象的水平线格式
Hyperlink	与指定 InlineShape 对象关联的超链接
IsPictureBullet	是否为图片项目符号
Line	包含指定形状的线条格式属性
LinkFormat	已链接到文件的指定 InlineShape 的链接选项

属性名称	含 义
LockAspectRatio	调整指定形状的大小时是否保持其原始比例
ScaleHeight	相对于原始大小的缩放高度
ScaleWidth	相对于原始大小的缩放宽度
Shadow	返回指定形状的阴影格式
Width	指定内联形状的宽度

15. Font 对象

Font 对象代表字体属性(字体名称、字号、颜色等)，其属性如表 4.15 所示。

表 4.15　Font 对象的属性

属性名称	含 义
AllCaps	全部字母大写
Bold	加粗
Borders	指定对象的所有边框
Color	指定 Font 对象的颜色
DisableCharacterSpaceGrid	忽略相应 Font 对象的每行字符数
DoubleStrikeThrough	双删除线
Emboss	阳文
EmphasisMark	着重号
Engrave	阴文
Fill	填充格式
Italic	倾斜
NameAscii	西文文本字体
NameFarEast	东亚字体
Scaling	字体的缩放百分比
Shading	底纹格式
Shadow	阴影格式
Size	字体大小
Spacing	字符之间的间距
StrikeThrough	带删除线的文本
Subscript	下标
Superscript	上标
TextColor	字体的颜色
TextShadow	字体的阴影格式
ThreeD	字体的三维效果格式
Underline	下划线类型

16. ParagraphFormat 对象

ParagraphFormat 对象代表段落的所有格式，其属性如表 4.16 所示。

表 4.16　ParagraphFormat 对象的属性

属性名称	含　义
Alignment	指定段落的对齐方式
Borders	指定对象的所有边框
CharacterUnitFirstLineIndent	首行或悬挂缩进的值(以字符为单位)。正值表示首行缩进，负值表示悬挂缩进
CharacterUnitLeftIndent	指定段落的左缩进值(以字符为单位)
CharacterUnitRightIndent	指定段落的右缩进值(以字符为单位)
CollapsedByDefault	指定的段落格式是否默认折叠
FirstLineIndent	首行的行或悬挂缩进的值(以磅为单位)。正值表示首行缩进，负值表示悬挂缩进
Hyphenation	自动断字
KeepTogether	段落中的所有行都保持在同一页上
LeftIndent	段落的左缩进值(以磅为单位)
LineSpacing	段落的行距(以磅为单位)
LineSpacingRule	指定段落的行距规则
LineUnitAfter	指定段落的段后间距
LineUnitBefore	指定段落的段前间距
MirrorIndents	左缩进和右缩进的宽度
NoLineNumber	取消指定段落的行号
OutlineLevel	指定段落的大纲级别
ReadingOrder	段落的读取次序
RightIndent	段落的右缩进值(以磅为单位)
Shading	指定对象的底纹格式
SpaceAfter	指定段落后的间距量(以磅为单位)
SpaceAfterAuto	是否自动设置段后间距量
SpaceBefore	指定段落前的间距量(以磅为单位)
SpaceBeforeAuto	是否自动设置段前间距
Style	样式
WordWrap	是否允许西文单词中间断字换行

熟悉了文档内部的数据结构后，可以通过 VBA、OLE 等多种技术解析对象并获取相关格式信息。

Visual Basic for Applications(VBA)，其作为 Visual Basic for Windows 的衍生产品，引入了面向对象的程序设计范式，为开发者提供了更为丰富和灵活的编程工具。VBA 以其易于上手的特点著称，用户能够利用宏记录器捕获并转化各类操作指令为 VBA 程序代码，从而轻松地将日常办公任务转化为自动化流程。

从语言结构层面分析，VBA 构成了 VB 语言体系中的一个子集，二者共享着高度相似的开发环境。然而，与 VB 不同，VBA 不具备独立运行的能力，它需依托于特定的主应用程序方能运行，专用于 Microsoft Office 软件如 Word、Excel、Access 等。VBA 可以帮助开发人员理解文档内部的对象模型，但不能用来开发独立的格式检测程序。

对象链接与嵌套(Object Linking and Embedding，OLE)旨在解决应用程序之间的通信问题，可以实现对 OLE 组件的编程式控制。每个 OLE 对象都有自己的属性和方法，OLE 控制器只需要知道包含对象的应用程序的名称、对象的类名和提供的属性和方法的名称，就可以调用自动化服务器的功能。如果使用 OLE 技术，WPS 或 Word 应用程序内部就实现了很多 OLE 对象，开发人员的格式检测程序访问对应的接口控制 WPS 或 Word 应用程序。

另外一种方法是根据 Office Open XML(OOXML)文档格式标准解析 docx 文档得到内部数据。docx 文档实际上是一个压缩文件，内部是一系列 XML 文件。根据 OOXML 可以解析相关内容。

上述几种技术都比较成熟，相关书籍和资料也比较多，读者可自行研究。VBA 学习最容易，适合编制一些小工具，对做完整的独立检测程序来说不合适。OOXML 最大的缺点是不支持 doc 文件格式，需要把它转为 docx 格式才能检测；另外，其对页面的检测也会存在问题。OLE 可以支持 doc 和 docx 格式，但由于其必须控制确定的 OLE 对象，可能存在版本兼容性问题。比如使用的 WPS 或 Word 版本和检测机器人用的版本不一致，可能导致分页效果不一样。但综合来看，OLE 总体效果比较好。

4.4.2   论文模板管理

论文包括封面、扉页、中英文摘要、目录、正文、参考文献、图、表、公式，完整的定义需要上万个参数。这些参数是系统识别、判断的依据。系统需要将这些参数以模板的形式管理起来，实现模板的模型构建、编辑、修改等操作，论文格式模版管理界面如图 4.15 所示。

模板管理首先要具有很高的扩展性，因为每个学校的要求不一样，平台很难一开始就找到所有高校的模板，只能找到一个模板定制一个模板。如果模板参数易于扩展，那么就容易支持新模板。其次，模板的定义最好能实现所见即所得。点击任一元素，即可设置对应元素的格式要求。最后，由于模板定义复杂，操作的方便性和在线指导非常重要。

论文模板编辑界面如图 4.16 所示。左边按结构、页面设置、页眉页脚、封面、摘要、目录等导航，点击即可设置对应的参数。右边编辑部分展示了所选择组件中的各种元素，点击对应的元素即可设置相关参数，论文元素参数设置界面如图 4.17 所示。

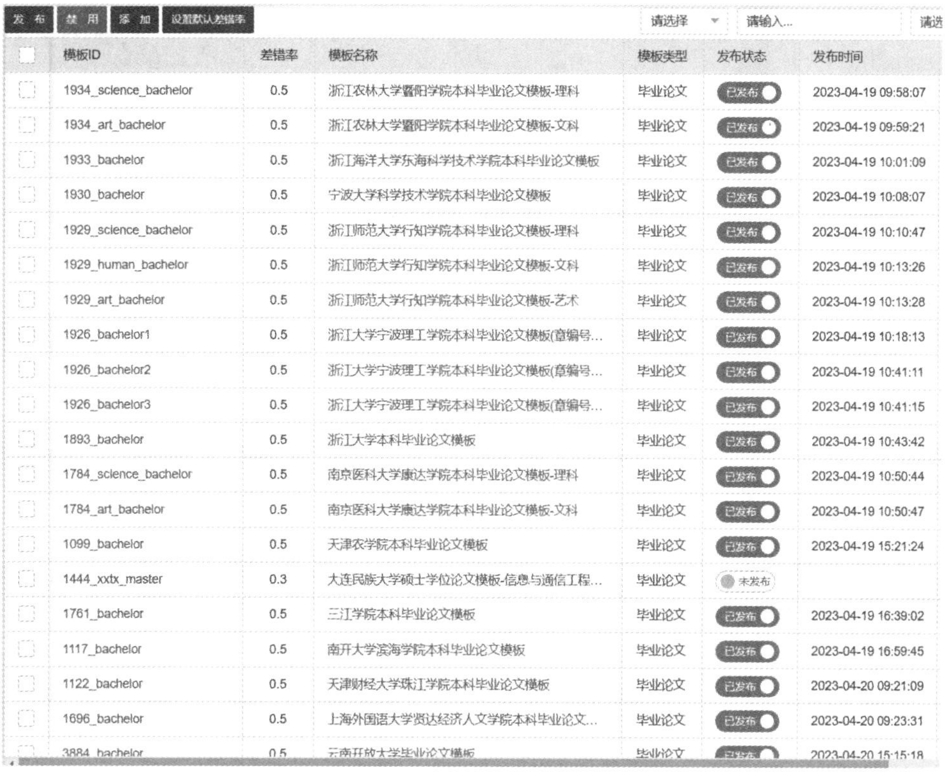

	模板ID	差错率	模板名称	模板类型	发布状态	发布时间
	1934_science_bachelor	0.5	浙江农林大学暨阳学院本科毕业论文模板-理科	毕业论文	已发布	2023-04-19 09:58:07
	1934_art_bachelor	0.5	浙江农林大学暨阳学院本科毕业论文模板-文科	毕业论文	已发布	2023-04-19 09:59:21
	1933_bachelor	0.5	浙江海洋大学东海科学技术学院本科毕业论文模板	毕业论文	已发布	2023-04-19 10:01:09
	1930_bachelor	0.5	宁波大学科学技术学院本科毕业论文模板	毕业论文	已发布	2023-04-19 10:08:07
	1929_science_bachelor	0.5	浙江师范大学行知学院本科毕业论文模板-理科	毕业论文	已发布	2023-04-19 10:10:47
	1929_human_bachelor	0.5	浙江师范大学行知学院本科毕业论文模板-文科	毕业论文	已发布	2023-04-19 10:13:26
	1929_art_bachelor	0.5	浙江师范大学行知学院本科毕业论文模板-艺术	毕业论文	已发布	2023-04-19 10:13:28
	1926_bachelor1	0.5	浙江大学宁波理工学院本科毕业论文模板(章编号)	毕业论文	已发布	2023-04-19 10:18:13
	1926_bachelor2	0.5	浙江大学宁波理工学院本科毕业论文模板(章编号)	毕业论文	已发布	2023-04-19 10:41:11
	1926_bachelor3	0.5	浙江大学宁波理工学院本科毕业论文模板(章编号)	毕业论文	已发布	2023-04-19 10:41:15
	1893_bachelor	0.5	浙江大学本科毕业论文模板	毕业论文	已发布	2023-04-19 10:43:42
	1784_science_bachelor	0.5	南京医科大学康达学院本科毕业论文模板-理科	毕业论文	已发布	2023-04-19 10:50:44
	1784_art_bachelor	0.5	南京医科大学康达学院本科毕业论文模板-文科	毕业论文	已发布	2023-04-19 10:50:47
	1099_bachelor	0.5	天津农学院本科毕业论文模板	毕业论文	已发布	2023-04-19 15:21:24
	1444_xxtx_master	0.3	大连民族大学硕士学位论文模板-信息与通信工程	毕业论文	未发布	
	1761_bachelor	0.5	三江学院本科毕业论文模板	毕业论文	已发布	2023-04-19 16:39:02
	1117_bachelor	0.5	南开大学滨海学院本科毕业论文模板	毕业论文	已发布	2023-04-19 16:59:45
	1122_bachelor	0.5	天津财经大学珠江学院本科毕业论文模板	毕业论文	已发布	2023-04-20 09:21:09
	1696_bachelor	0.5	上海外国语大学贤达经济人文学院本科毕业论文…	毕业论文	已发布	2023-04-20 09:23:31
	3884_bachelor	0.5	云南开放大学毕业论文模板	毕业论文	已发布	2023-04-20 15:15:18

图 4.15　论文格式模板管理界面

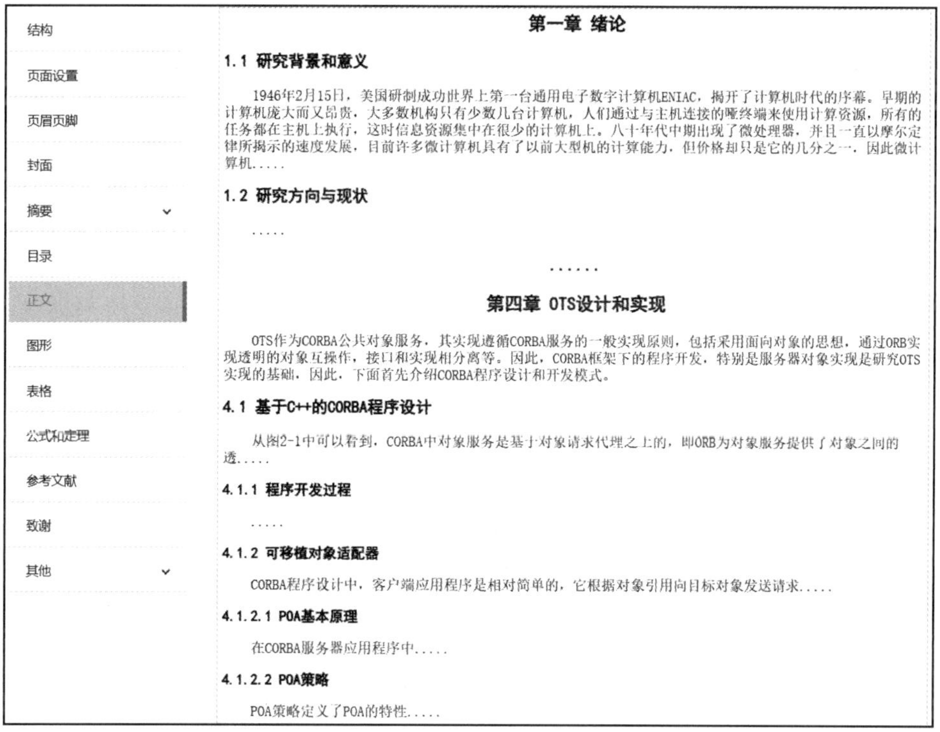

结构	**第一章 绪论**
页面设置	**1.1 研究背景和意义**
页眉页脚	1946年2月15日，美国研制成功世界上第一台通用电子数字计算机ENIAC，揭开了计算机时代的序幕。早期的计算机庞大而又昂贵，大多数机构只有少数几台计算机，人们通过与主机连接的哑终端来使用计算资源，所有的任务都在主机上执行，这时信息资源集中在很少的计算机上。八十年代中期出现了微处理器，并且一直以摩尔定律所揭示的速度发展，目前许多微计算机具有了以前大型机的计算能力，但价格却只是它的几分之一。因此微计算机…..
封面	**1.2 研究方向与现状**
摘要 ⌄	……
目录	………
正文	**第四章 OTS设计和实现**
图形	OTS作为CORBA公共对象服务，其实现遵循CORBA服务的一般实现原则，包括采用面向对象的思想，通过ORB实现透明的对象互操作，接口和实现相分离等。因此，CORBA框架下的程序开发，特别是服务器对象实现是研究OTS实现的基础，因此，下面首先介绍CORBA程序设计和开发模式。
表格	**4.1 基于C++的CORBA程序设计**
公式和定理	从图2-1中可以看到，CORBA中对象服务是基于对象请求代理之上的，即ORB为对象服务提供了对象之间的透…..
参考文献	**4.1.1 程序开发过程**
致谢	……
其他 ⌄	**4.1.2 可移植对象适配器**
	CORBA程序设计中，客户端应用程序是相对简单的，它根据对象引用向目标对象发送请求…..
	4.1.2.1 POA基本原理
	在CORBA服务器应用程序中…..
	4.1.2.2 POA策略
	POA策略定义了POA的特性…..

图 4.16　论文模板编辑界面

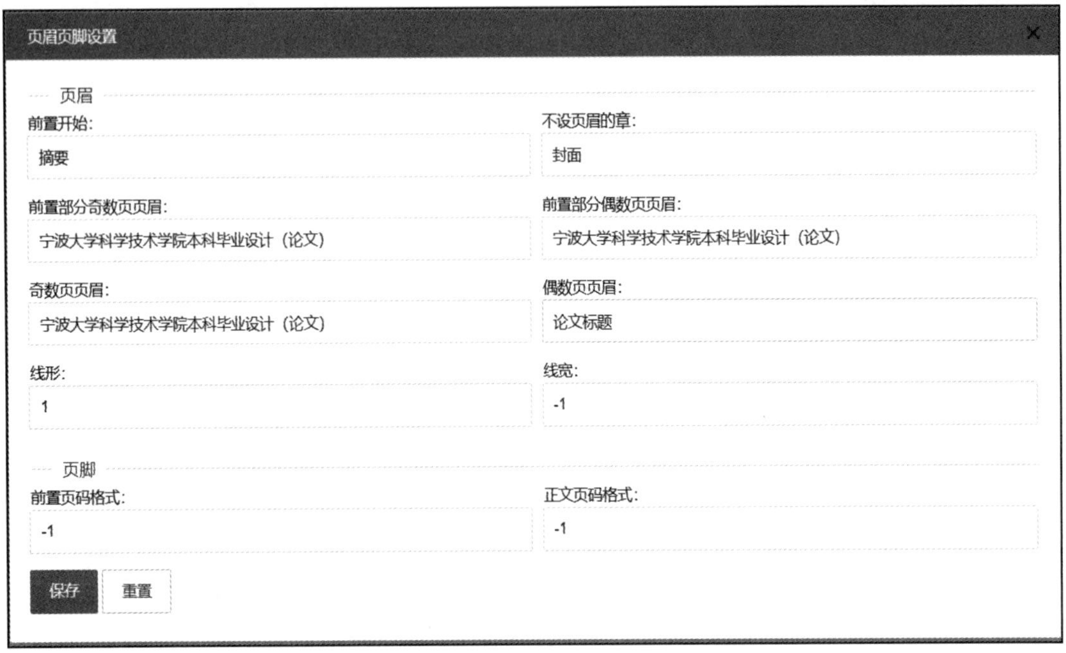

图 4.17　论文元素参数设置界面

4.4.3　论文组件识别

论文结构通常包括封面、中英文摘要、目录、正文、参考文献等，不同组件的字体字号、段落格式都有差别，检测机器人的首要任务就是能识别出不同的组件。这可以通过不同组件的特征或关键字来实现。比如封面总是在第一页，中英文摘要应该包含"摘要"和"Abstract"。如果论文是严格按照学校规范来撰写的，组件识别就比较容易。但我们要检测的论文本身就是包含各种错误的，有可能组件缺失、顺序颠倒，甚至英文摘要的 Abstract 特征关键词可能是写错的。论文模板识别的难点在于论文存错时，机器人仍未能对其识出。由于论文错得千奇百怪，很难通过规则来描述，甚至有些错误从规则来看是互相冲突的，导致规则进入死胡同，无法兼容实现。但对学校管理部门来讲，学位论文检测类似考试阅卷，如果出现误报，管理部门则难以从流程角度对学生严格要求，所以需要在基于规则的识别上辅助其他的技术手段，比如采用机器学习识别。

4.4.4　论文元素识别

论文复杂之处在于，封面、摘要、目录以及正文中包含文字、图、表等数十种元素，检测机器人需要能准确识别这些元素。和前述模块识别面临同样的问题，如果学生的论文本身存在各种错误，如何在错误的论文中准确地识别出元素类型？比如章标题通常是"第一章　绪论"或"第 1 章　绪论"或者"1 绪论"，但学生也可能把"1 XXXX"作为条款段项，那么它到底应该算章标题还是二级标题，如果不做上下文的语义分析，就难以判断。

4.4.5　检测统计分析

　　每届学生检测结束，系统产生学位论文检测大数据分析报告，按学院、专业、指导教师等维度对论文规范性、篇幅、关键词热度、参考文献时效性等进行分析，分析报告部分截图如图4.18、图4.19、图4.20所示。检测分析报告可以帮助学校掌握各专业学位论文情况，为工作持续改进提供数据支撑，助力学位论文质量逐年提高。

<table>
<tr><td>一、·论文规范性统计</td><td>1</td></tr>
<tr><td>　　1.1·学院总体统计</td><td>1</td></tr>
<tr><td>　　1.2·按专业统计</td><td>2</td></tr>
<tr><td>　　1.3·按班级统计</td><td>3</td></tr>
<tr><td>　　1.4·按指导教师统计</td><td>3</td></tr>
<tr><td>　　1.4·按学生统计</td><td>8</td></tr>
<tr><td>二、·论文结构统计</td><td>9</td></tr>
<tr><td>　　2.1·学院总体统计</td><td>9</td></tr>
<tr><td>　　2.2·按专业统计</td><td>9</td></tr>
<tr><td>　　2.3·按班级统计</td><td>10</td></tr>
<tr><td>　　2.4·按指导教师统计</td><td>12</td></tr>
<tr><td>　　2.4·按学生统计</td><td>17</td></tr>
<tr><td>三、·关键词热度统计</td><td>18</td></tr>
<tr><td>　　3.1·学院关键词</td><td>18</td></tr>
<tr><td>　　3.2·各专业关键词</td><td>19</td></tr>
<tr><td>四、·参考文献统计</td><td>21</td></tr>
<tr><td>　　4.1·文献类型统计</td><td>21</td></tr>
<tr><td>　　4.2·作者热度统计</td><td>22</td></tr>
<tr><td>　　4.3·时效性分布统计</td><td>22</td></tr>
<tr><td>　　4.4·出版社和期刊排名</td><td>23</td></tr>
<tr><td>五、·检测次数统计</td><td>23</td></tr>
<tr><td>　　5.1·学院总体统计</td><td>23</td></tr>
<tr><td>　　5.2·按专业统计</td><td>23</td></tr>
<tr><td>　　5.3·按班级统计</td><td>24</td></tr>
<tr><td>　　5.4·按指导教师统计</td><td>25</td></tr>
<tr><td>六、·检测时间统计</td><td>29</td></tr>
<tr><td>　　6.1·按日期统计</td><td>29</td></tr>
<tr><td>　　6.2·按周统计</td><td>30</td></tr>
<tr><td>　　6.3·按小时统计</td><td>30</td></tr>
<tr><td>七、·附录</td><td>31</td></tr>
<tr><td>　　附录1·学生论文规范性数据</td><td>31</td></tr>
<tr><td>　　附录2·学生论文结构数据</td><td>37</td></tr>
<tr><td>　　附录3·学生论文关键词清单</td><td>47</td></tr>
<tr><td>　　附录4·学生检测次数</td><td>52</td></tr>
</table>

图 4.18　格式检测统计分析

排名	学院	总人数	优秀	优秀率	合格	合格率	不合格	不合格率	未检测	未检测率
1	英语学院	173	36	20.8%	164	94.8%	7	4.0%	2	1.2%
2	物理科学与技术学院	46	2	4.3%	43	93.5%	1	2.2%	2	4.3%
3	教育学院	124	37	29.8%	114	91.9%	0	0.0%	10	8.1%
4	环境与化学工程学院	97	14	14.4%	88	90.7%	6	6.2%	3	3.1%
5	生命科学与技术学院	79	22	27.8%	70	88.6%	7	8.9%	2	2.5%
6	人文学部	149	20	13.4%	128	85.9%	13	8.7%	8	5.4%

图 4.19　按学院排名的规范性统计

学院论文结构总体统计表

指标	平均值	最大值
论文总页数	39.1	158
论文总字数	20 026	99 161
摘要字数	178	905
正文字数	17 299	165 641
首章字数	2983	29 384
末章字数	1174	30 015
致谢字数	175	950
参考文献条目数	5.6	48

图 4.20　论文篇幅结构统计

第 5 章　基于课堂行为的学生成绩预测

5.1　学习评价的研究背景及现状

5.1.1　学习评价的研究背景

近年来随着互联网技术的快速发展，高等教育也逐步迎来了信息化时代。《中国教育现代化 2035》中提出要"加快信息化时代教育变革，实现规模化教育与个性化培养的有机结合"。同时，人工智能等技术在高等教育领域的广泛应用，进一步促进了高等教育信息化的变革与发展。因此，在新时代背景下，基于互联网技术开展的教学模式、教学评价创新等一系列措施成为当今高等教育的关注热点。

混合式教学是基于数字化学习(Electronic Learning)基础的新型教学模式，其核心在于"关联、动态、合作、探究"四大要素的深度融合。该模式巧妙融合了传统课堂与数字化学习环境的双重优势，通过重构教学设计与教学组织活动，为现代教育体系注入了前所未有的活力，开拓了创新思维，开辟了一条通往现代化教学的新路径。尽管混合式教学以其新颖的形式与丰富的内容展现出巨大的吸引力与潜力，但其全面推广与应用并不能一蹴而就。对于广大教师而言，混合式教学意味着需要勇于突破传统教学模式的框架，进行深刻的教学模式重组；而对学生而言，则面临着从被动接受到主动探究，从单一学习环境到多元学习生态转变的艰巨挑战。因此，混合式教学的实践不仅是对教学方法的革新，更是对教育理念、师生角色定位及学习文化的一次深刻变革。

在混合式教学模式下，学生无法及时调整学习方式进而导致学业成绩下降、教师无法实时获悉学生的学习状况进而无法调整授课进度等情况屡见不鲜。相较于传统课堂学习，上述问题成为影响混合式教学发展的最大阻力之一。因此，在混合式教学过程中，对学生的学习效果、状态及能力水平进行实时的评价，并将评价信息及时反馈，对于混合式教学的顺利开展起着重要的作用。

评价是教学的关键问题，评价在本质上是一种价值判断，评价指标体系必须具备系统性、客观性、科学性和有效性。2020 年，中共中央、国务院发布的《深化新时代教育评价改革总体方案》中明确指出要"创新评价工具，利用人工智能、大数据等现代信息技术，探索开展学生各年级学习情况全过程纵向评价、德智体美劳全要素横向评价"。2023 年，教育部颁布的《教师数字素养》中也指出"教师需能够运用数字评价工具对学生的学习情况、知识准备、学习能力等方面进行分析，进而开展个性化指导"。因此，如何依托先进技术从科学维度采集有效数据，对学生开展全过程评价，进而为学生和教师提供高质量的评价反馈成为当前混合式教学亟待解决的核心问题。

在教育数字化转型的宏观背景下，学习分析技术凭借其对学生学习历程的全方位、深层次剖析能力，已成为当前学习评价体系研究的主流方法之一。作为学习分析领域的一项重要成果，学生学习画像技术的核心聚焦于群体特征的提取与呈现。该技术依托详尽的学生学习数据，通过精细化的分类、精准的刻画与生动的展示，为学习评价提供了数据支撑。因此，现阶段研究人员通常从学生学习画像角度入手，展开学习评价研究。而构建学生学习画像的基础是具备有效的数据。

构建精准有效的学生学习画像，离不开高质量的数据基础。当前，多数研究聚焦于多渠道数据的融合，包括但不限于学生在线上学习平台与线下环境中的绩效记录、互动行为数据以及通过问卷调查获取的反馈信息等。这些数据被用来多维度地刻画学生的学习动机、参与度及积极性等关键特征，进而实现对学生群体的精准划分，助力教育工作者更深刻地理解学生的学习动态与个性化需求。

然而，尽管学生学习画像技术受到了学术界的广泛青睐，但也存在一定的局限性。首要问题在于，现有研究多侧重于对学生外在行为特征的提取，而对于学生内在的认知过程，如知识内化能力、思维发展等核心要素的关注不足。此外，学习画像的构建数据往往局限于学生的行为特征数据，忽略了实时课堂环境中学生的即时状态、知识掌握程度及能力表现等关键信息，这在一定程度上限制了学习画像的全面性与准确性。因此，本章拟从多个维度展开学习评价并设计恰当的模型算法以保证评价结果的合理性及有效性。

5.1.2 学习评价的研究现状

学习评价可以从学习效果、学习状态、学习能力三方面展开。

1. 学习效果评价

对学生的学习效果进行评价是现阶段学习评价中最直观也是最有效的评价方式。评价标准主要分为三类：学生分类、辍学率预测、成绩回归预测。目前，为了增强学习效果评价模型的预测能力，获得更加准确的评价结果，多围绕评价特征指标选定、评价模型算法设计等方面开展研究。

评价特征指标的不同会对学习效果评价准确度产生直接影响，因此其科学性、全面性和有效性尤为重要。不同研究所使用的特征指标不同，主要可以分为三类：课堂特征、课余生活特征和其他特征。Parack 等人从学生课堂表现入手，依据学生的课堂出勤率、学期作业成绩以及实践考试成绩等特征指标，实现了学生学习效果评价预测；Dien 等人利用传统的课堂特征，如学生前几个学期的平均成绩表现，并采用经典机器学习模型以执行预测任务；EI Ahrache 等人对学生人口统计数据进行深入分析并处理各类学术课程的相关特征指标变量，进而实现评价预测功能；Zhao 等人在课堂特征指标的基础上还加入了学生的作息时间等多类课余生活特征指标对学生的学习效果进行评价预测；Hung 等人则是将学生原始特征指标进行归一化处理，进而将其转换为排名以实现更高准确度的学习效果评价预测。由此可见，现阶段研究人员对于评价特征指标的选定虽然形式多样并且涵盖学生学习和生活的各个角度、各个阶段，然而究其本质，往往还是基于现有数据或经数学模型训练计算所得。

现阶段针对模型算法设计方面的研究主要可以分为两类：机器学习算法和深度学习算法。Gokhan 等人在 76 名学习计算机硬件课程的大学生中展开研究，使用 K-最近邻算法(K-Nearest Neighbor，KNN)准确预测出学期末不合格的学生；Rodriguez 等人使用人工神经网络模型实现学生学业成绩预测，并分析了高等教育中的重要预测因素，模型在学生成绩为高的类别中准确率为 82%，在成绩为低的类别中准确率为 71%；Yang 等人提出单通道学习图像识别及三通道学习图像识别方法，将学生的课程参与情况转化为图像数据，进而基于卷积神经网络对学生图像数据进行建模分析；Min 等人提出了一种基于深度学习的隐性评估框架，并发现了基于长短期记忆神经网络(LSTM)的评估器可以实现更加准确的学业预测效果；Hashim 等人将学生的关键传统特征如人口统计、学术背景和行为特征等，作为机器学习算法数据集的基本变量，比较了几类经典的监督机器学习算法的评价性能，认为逻辑回归算法(Logistic Regression，LR)在预测学生学业成绩方面最为准确；Chitti 等人研究了影响预测效果的各种因素，并对不同算法进行分析比较，研究还深入了解了模型"黑盒"是如何做出决策以及可解释人工智能技术在针对模型结果可解释中的作用。不难看出，现阶段研究人员往往更加注重对模型算法本身的改进，却忽略了学习评价的本质，虽然评价效果有提升，但没有发挥出如时序性数据及时序与非时序性特征融合对模型性能提升的潜质。

2. 学习状态评价

学习评价是以发现每个学生的优点和潜能为导向开展的，若仅对学生进行单一维度的学习效果评价，往往会使学习评价过于关注结果性评价，而忽视了过程性评价的重要性。因此学生的学习状态评价也是学习评价中非常重要的一个环节。学习状态评价需要关注学生在课堂学习过程中的专注度、注意力分散程度等信息。然而由于条件的限制，单纯依靠教师并不能做到对每位学生的整个学习过程进行跟踪评估和记录。因此，借助现代化技术辅助教师完成学习状态评价是现阶段的主流方式。

目前国内外关于学习状态评价的研究主要分为三个方向：基于调查问卷的学习状态评价研究、基于生理参数的学习状态评价研究、基于图像或视频的学习状态评价研究，并多以专注度作为学习状态评价模型的评价标准。

在基于调查问卷的学习状态评价研究中，研究人员通常会采用学生自主报告和教师、家长外部观测两种方法开展学习状态评价，这也是评估学生专注度最原始、最简单的方法。在基于学生自主报告的方法中，学生会被要求根据自己在学习时的状态情况如实填写研究人员提前设计好的调查问卷，问卷一般涉及课程学习专注度、完成学习任务过程中的注意力程度、分散程度等相关问题。但是，自主报告的真实性往往会受到学生主观因素的影响。

此外，通过教师、家长外部观测进而完善学生专注度评分表、总结性评价表等也是一种学习状态评价方法。Parsons 等人认为，虽然调查问卷评分量表会受到学习者自身主观因素的影响，但是调查问卷本身确实能记录部分客观数据，如学生是否完成作业、学生课堂中是否提问等；Skinner 等人使用评估量表用于评价学生参与学校活动的积极性、学生在学习开始期间的专注度以及他们的学习情绪。基于调查问卷开展学习状态评价研究的思路虽然简单，且评分结果有效；但是其可推广性较弱，且执行效率较低，无法实时获悉学生的课堂专注度。

在基于生理参数的学习状态评价研究中，研究人员往往会通过特定的信号传感设备如脑电设备、血压设备、心率设备或皮电设备等，采集信号进而测量学生生理参数，并通过这些参数进行专注度分析。Liu 等人通过检测学生学习过程中的脑电图(Electroencephalogram，EEG)信号来确定学生是否处于专注状态，并使用原始数据提取特征，基于支持向量机算法(Support Vector Machine，SVM)实现学生专注与否的二分类效果；Belle 等人以心电图(Electrocardiogram，ECG)作为基本的生理信号，将心电图信号进行分解与特征提取，并将 EEG 信号作为基准，探究注意力波动水平之间的相关性及其对心电图中心率的影响；Aslan 等人使用眼动追踪器来检测学生的目光，并使用五种不同的机器学习分类算法进行专注度识别实验；Krithika 等人同样采用眼睛与头部运动的移动模式来推断学生的注意力水平状态；Goldberg 等人研究了培训内容的定制对学生参与程度的影响，并将 EEG 信号与其他变量进行联合处理，建立了学习者专注度评价模型。然而，生理传感器的使用虽然显著提高了学习状态评价模型的准确率，但是其使用成本过高；同时被试者在参与实验的过程中也会经常受到传感器的干扰；此外，由于其烦琐的使用步骤，使得生理传感器难以有效地应用于实际的课堂教学之中。

在基于图像或视频的学习状态评价研究中，研究人员首先会通过摄像机采集学生在真实课堂或实验环境中学习的视频数据，并对视频数据进行预处理和标签标注形成可用的数据集；然后，使用相应的算法提取需要的特征信息；接下来，针对特征信息选择合适的神经网络模型；最后，基于神经网络模型对学生学习状态数据集进行二分类或多分类训练验证及测试，并用于最终的推理决策。Mohamad 等人首先使用现有的面部表情数据进行预训练，然后使用专注度数据进一步训练神经网络模型，克服了数据稀疏性的问题；Niu 等人考虑到了被试者的目光、面部动作单元和头部姿态等信息，设计出 GAP 特征，并从切分出的每个视频片段中提取 GAP 特征，同时使用门控循环单元(Gated Recurrent Unit，GRU)和全连接神经网络构建模型，进行专注度识别；Gupta 等人建立了一个专注度识别领域广泛使用的 DAiSEE 数据集，并使用不同的视频分类神经网络模型建立了基准测试结果；Savchenko 等人首先使用人脸检测及跟踪技术提取每个学生的人脸序列，接下来使用神经网络模型提取每帧中的情感特征，进而实现专注度评价；Psaltis 等人基于身体动作和面部动作单元特征信息来分析识别学生的情感状态，并使用神经网络模型实现学生参与和不参与的二分类性能测试；Hou 等人基于 OpenCV 调用摄像头采集学生的听讲状态，并使用多任务卷积神经网络(Multi-Task Convolutional Neural Network，MTCNN)算法检测视频中的人脸，最后在 VGG16 神经网络添加注意力模块对人脸图像进行表情识别，获取学生在课堂上的情绪信息以实现专注度评价；Shen 等人在学习状态评价模型中引入了面部表情识别方法以及时获取学习者的情绪变化，进而实现了更高性能的专注度识别效果。由此可见，在学习状态评价模型中，如果可以结合学生学习过程中的多类面部特征并注重面部细微变化的监测，模型性能将会有一定的提升。

3. 学习能力评价

在基于学习效果评价、学习状态评价的基础上，对学生的学习能力展开进一步评价研究，是完善学习评价体系必不可少的重要环节。现阶段，不同领域的研究人员分别从教育学、心理学等角度对学生学习能力的定义、影响学生学习能力的因素、学生学习能力评价模型等方面进行了研究。然而由于不同领域的关注重点不同，仍有以下三个方面的问题待进一步解决：

(1) 学生的学习能力应从哪些方面进行考量；

(2) 如何构建模型对学生的学习能力进行评价；

(3) 如何提高学生的学习能力。

当前，关于学习能力的界定在学术界尚未达成广泛共识。一种传统观点倾向于将学习能力等同于智力，认为通过智力测验所获得的分数是衡量智商水平及个体学习能力外在表现的直接指标。然而，毕华林教授从信息加工的新颖视角出发，对这一概念进行了深化与拓展。他主张，能力本质上是在各类活动中逐步形成并持续发展的，而学习能力特指学生在学习过程中逐步构建并不断增强的能力体系。这一体系赋予了学生自主运用科学学习策略的能力，以高效地获取、处理、整合信息，进而分析、解决复杂现实问题，并展现出鲜明的个性特征。具体而言，学习能力的基本构成涵盖了基础知识的扎实掌握、基本技能的熟练运用以及基本学习策略的有效实施这三个不可或缺的维度。

本书认为针对学习能力的研究首先应从个体角度出发，其次应重视实际技能掌握的能力和策略灵活运用的能力。学习能力应是一个多因素、多形态、多层次的能力综合体，对学习能力的探究应包括规划学习策略能力、认知掌握能力以及解决问题策略的迁移能力等。

众多研究人员从应用角度出发，探究影响学生学习能力的定量及定性指标，从而构建模型，实现学生学习能力评价。Gary 等人通过调查问卷数据对参与者的自我调节学习能力进行衡量，并使用评分系统评估他们的成就，评估结果表明：高阶认知技能、元认知控制策略、协作学习策略与参与者的电子档案成就之间呈现出正相关的关系；Xu 等人基于在线教育的背景提出了一种基于项目响应理论和机器学习方法的学习者能力建模算法，该算法主要使用项目响应理论来计算中间参数，使用机器学习来预测学习者学习新课程后的学习能力；Cheng 等人认为学习能力的评价往往会受到主观因素的影响，而使用模糊理论可以标识主观的评分水平，因此基于模糊评价理论提出了学习能力评价模型，以实现对学习者能力更准确的评估；Shen 等人设计了一种改进的认知能力评估方法来评估儿童的认知能力，并使用 K-Means 聚类将数值转换为相应的认知水平，进而验证推荐方案对提升学生认知能力的有效性；Zhou 等人提出了一种基于最大期望算法的英语学习能力评价方法，并实现了对应的英语学习资源推荐；Wu 等人将系统理论、模糊理论以及教育理论结合，构建了学习能力评估指标体系以及评估模型，进而评估 EFL(English as a Foreign Language)学者的学习能力。

在现阶段的能力评价模型研究中，部分研究人员会根据评价量表直接对学生学习能力进行评分，其评价主观性往往会使得真实能力与评测能力之间存在一定的差异；也有部分研究人员会使用期末成绩或者阶段测试成绩作为标签训练能力评价模型，然而仅仅依靠成绩对学生进行能力评价，其有效性、准确性往往会受到一定的质疑。因此，应从哪些维度对学生的学习能力进行考量以及如何选取评价标准来构建学生学习能力模型，依然是现阶段研究中的热点话题。

5.2　基于智能技术的学习效果评价特征分析

5.2.1　数据集简介

为确保算法样本容量充足，收集了不同试点学校在多门完整混合式教学模式下，共计 5859 位学生的课程学习数据。选取其中开展了完整的全过程混合式教学模式下学生学习的行为数据，剔除了混合式课程资源建设不完善、有效特征缺失严重、集中在学期末短时间产生的学习数据等。同时，根据学习平台产生的常规学习行为特征，结合多位资深一线教师专家的教学经验，运用德尔菲法，确定了最终的学习效果评价特征指标体系。具体流程如下：

(1) 文献分析法。系统梳理了国内外关于在线学习/混合式学习、学习评价体系及课程评价体系的研究成果。通过深入分析、综合概括，初步提炼出 89 项评价初始观测指标。通过对 11 位领域专家及 37 位拥有 10 年以上一线教学经验的教师进行意见征询，经过严谨筛选与讨论，最终确定了 63 项评价有效观测指标。

(2) 组建专家小组。专家小组由长期深入在线上教学及混合式教学一线的教学名师构成，共 11 人。首先结合专家自评问卷进行专家权威度调查。调查结果显示，8 位专家的权威性系数 Cr≥0.89、3 位专家的权威性系数 Cr≥0.73，均符合德尔菲法专家权威系数 Cr≥0.7 的要求。

(3) 运用德尔菲法，结合专家评估的深入见解，构建了混合式教学模式下学习效果评价特征指标体系的基本框架。该框架由 4 个一级指标及 13 个二级指标构成，旨在全面而精确地反映混合式教学模式下的学习成效。

(4) 再次运用德尔菲法，将初步建立的框架分发至 11 位专家手中，并经历多轮意见征询与反馈机制，通过反复讨论与调整，各项指标得到了进一步的优化与完善。最终，所有专家达成一致意见，形成了基于混合式教学模式下的课程学习效果评价有效特征指标体系，该体系精简为 3 个一级指标及 10 个二级指标。具体学习效果评价特征指标体系如图 5.1 所示。

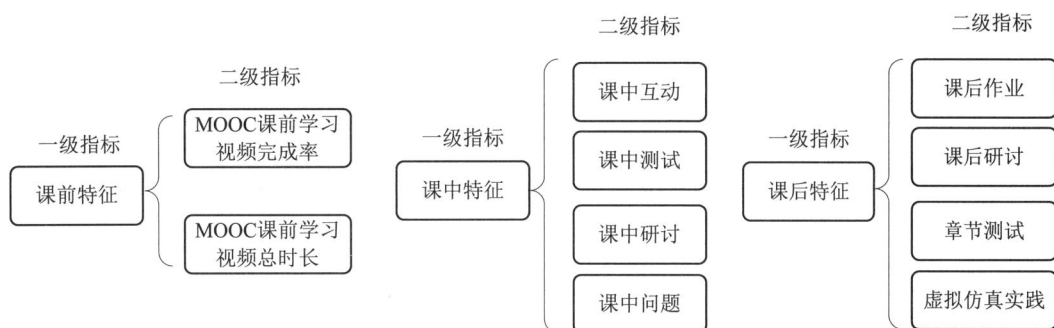

图 5.1　混合式教学模式下课程学习效果评价特征指标体系

最终使用的三级评价指标均基于一级、二级评价指标基础并依托教师专家建议筛选所得。三级评价指标分为非时序性评价指标和时序性评价指标两类。其中非时序性评价指标包括：MOOC 课前学习视频完成率、MOOC 课前学习视频总时长、课中发帖数目、发帖字数、课中回帖数目、回帖字数、课中弹幕数目、弹幕字数、课中不懂数目、课中讨论数目、课中讨论时长、讨论总字数、课中测试平均分、虚拟仿真操作时长、虚拟仿真操作次数、虚拟仿真点击次数、虚拟仿真操作平均分、虚拟仿真理论平均分、课后讨论数目、课后讨论时长、课后讨论字数、课后提问数目、课后提问字数、课后回答数目、课后回答字数、课后作业平均分、章节测试平均分；时序性评价指标均基于部分非时序性评价指标来设置，包括：每次课堂下的 MOOC 学习时长、课中讨论数目、课中讨论时长、课中测试平均分、虚拟仿真操作时长、虚拟仿真操作次数、虚拟仿真点击次数、虚拟仿真操作得分、虚拟仿真理论得分、课后讨论数目、课后讨论时长、课后讨论字数、课后作业平均分、章节测试平均分。

最终，筛选了不同高校、不同专业及不同课程下的 3852 位学生的线上线下学习行为数据作为实验数据。值得注意的是，为了避免小班专业课及选修课单一教师出题难度和水平的随机性导致的学生卷面成绩可能无法真实反映学生课程学习效果的问题，本章选取的不同课程主要集中在具有课程组规范化命题的全校统一开设的多平行班次大类基础课或专业基础课。此外，与现阶段研究数据不同的是，由于目前关于学习效果评价的研究主要集中于理论课程教学，然而随着虚拟仿真技术的不断成熟，已有大量理论课程在教学过程中融合了相关知识点的虚拟仿真线上实践学习，因此本章同时引入了课程配套虚拟仿真学习模块数据。本章使用的课程主要集中在高等数学、大学物理、电路基础、大学计算机基础、C 语言程序设计、普通化学、普通生物学等自然科学类基础课程。

这里将三级评价指标分为时序性评价指标和非时序性评价指标，故每位同学的行为数据也可分为时序性行为数据和非时序性行为数据两类。下面依据学生非时序性各评价指标下行为数据的体量，以高、低分类，各随机选取了 4 位学生的具体数据进行举例说明。A 类学生代表其非时序性各评价指标下数据体量均较高，B 类学生代表其非时序性各评价指标下数据体量均较低，具体如表 5.1、表 5.2 所示。时序性行为数据本小节随机选取了 4 位同学的"虚拟仿真操作次数"举例，具体如表 5.3 所示。

表 5.1　A 类学生非时序性行为数据示例

评价指标	学生行为数据			
	学生 1	学生 2	学生 3	学生 4
MOOC 课前学习视频完成率/%	91.2	57.9	81.1	86.7
MOOC 课前学习视频总时长/min	92.38	58.64	82.15	87.82
课中发帖数目/个	3	25	9	3
发帖字数/字	180	391	209	153
课中回帖数目/个	10	9	21	4
回帖字数/字	312	358	330	280
课中弹幕数目/个	11	50	95	19
弹幕字数/字	125	335	616	206
课中不懂数目/个	4	12	21	16
课中讨论数目/个	9	10	5	9
课中讨论时长/min	66	73	37	67
讨论总字数/字	1834	2911	1346	2382
课中测试平均分/分	92	92	81	93
虚拟仿真操作时长/min	1224	856	1853	1692
虚拟仿真操作次数/次	23	14	35	41
虚拟仿真点击次数/次	2815	1963	5744	3656
虚拟仿真操作平均分/分	57	39	85	82
虚拟仿真理论平均分/分	35	33	89	81
课后讨论数目/个	10	15	5	14
课后讨论时长/min	66	73	37	67
课后讨论字数/字	1834	2911	1346	2382
课后提问数目/个	10	13	4	13
课后提问字数/字	190	119	75	257
课后回答数目/个	22	22	2	20
课后回答字数/字	3317	2714	490	2319
课后作业平均分/分	89	84	80	85
章节测试平均分/分	90	88	83	91

注：A 类学生代表其非时序性各评价指标下数据体量均较高。

表 5.2　B 类学生非时序性行为数据示例

评价指标	学生行为数据			
	学生 1	学生 2	学生 3	学生 4
MOOC 课前学习视频完成率/%	1.4	3	0.5	0.2
MOOC 课前学习视频总时长/min	1.41	3.03	0.50	0.20
课中发帖数目/个	2	0	3	3
发帖字数/字	97	0	128	106
课中回帖数目/个	0	0	1	3
回帖字数/字	0	0	69	140
课中弹幕数目/个	12	6	3	5
弹幕字数/字	273	111	42	83
课中不懂数目/个	0	1	4	0
课中讨论数目/个	3	0	0	1
课中讨论时长/min	26	0	0	9
讨论总字数/字	808	0	0	360
课中测试平均分/分	63	24	25	28
虚拟仿真操作时长/min	232	11	7	15
虚拟仿真操作次数/次	28	13	13	13
虚拟仿真点击次数/次	440	21	38	62
虚拟仿真操作平均分/分	61	41	51	52
虚拟仿真理论平均分/分	66	30	26	32
课后讨论数目/个	3	0	0	2
课后讨论时长/min	26	0	0	9
课后讨论字数/字	808	0	0	360
课后提问数目/个	2	1	1	0
课后提问字数/字	44	17	1	0
课后回答数目/个	10	0	0	0
课后回答字数/字	2057	0	0	0
课后作业平均分/分	67	27	28	30
章节测试平均分/分	62	19	22	25

注：B 类学生代表其非时序性各评价指标下数据体量均较低。

表 5.3　学生"虚拟仿真操作次数"时序性行为数据示例

虚拟仿真操作次数	学生行为数据			
	学生 1	学生 2	学生 3	学生 4
第 1 次虚拟仿真操作次数/次	1	3	1	2
第 2 次虚拟仿真操作次数/次	1	3	4	1
第 3 次虚拟仿真操作次数/次	2	5	1	2
第 4 次虚拟仿真操作次数/次	3	5	4	2
第 5 次虚拟仿真操作次数/次	2	9	1	1
第 6 次虚拟仿真操作次数/次	1	8	4	2
第 7 次虚拟仿真操作次数/次	3	4	2	1
第 8 次虚拟仿真操作次数/次	2	3	3	1
第 9 次虚拟仿真操作次数/次	1	3	4	1
第 10 次虚拟仿真操作次数/次	1	5	3	1
第 11 次虚拟仿真操作次数/次	1	3	1	1
第 12 次虚拟仿真操作次数/次	1	9	3	2
第 13 次虚拟仿真操作次数/次	9	19	4	6

需要说明的是,在现阶段关于学习效果评价的研究中,高校学生学业成绩一般由平时成绩、考试成绩两部分构成,通常平时成绩加考试成绩等于 100 分。平时成绩往往根据不同课程要求涵盖多项特征,如:考勤、线上学习数据、课堂表现、小组研讨、作业完成、章节测试等。因此,为了避免部分课程教师给出的最终成绩已将本章研究的部分特征纳入最终成绩判定,从而导致学业最终成绩与研究中的智能预测成绩产生特征交叉,引起智能预测成绩准确度虚高的问题,数据集中 3852 名符合要求的学生学业成绩被定义为期末卷面成绩。

5.2.2　Mann-Whitney U 检验

非参数检验(Nonparametric Tests)作为一种统计检验方法,其显著优势在于无需预设样本的总体分布形态,从而突破了参数检验对于总体分布严格假设的依赖。这一特性使得非参数检验在总体分布未知、难以确定或不符合常见分布类型时,展现出独特的实用价值。

1947 年,Mann 与 Whitney 两位学者在 Wilcoxon 非参数检验理论的基础上,创新性地提出了 Mann-Whitney U 检验(Mann-Whitney U Test)。该检验方法基于一个核心假设:两个待比较的样本分别源自两个除均值可能不同外,其余所有特征均保持一致的总体。其根本目的在于检验这两个独立总体的均值是否存在统计学上的显著差异。Mann-Whitney U 检验以中位数作为核心测度,其假设检验的原假设为 $H_0: X_1 = Y_2$,备择假设为 $H_1: X_1 \neq Y_2$,其中, X_1 和 Y_2 为两个数据总体的中位数。

为探究由德尔菲法教师专家视角下建立的评价特征指标体系的合理性和有效性，首先以学业成绩 75 分为界线，将学生分为优、良两大类，并采用 Mann-Whitney U 检验方法，判断不同类别学生在对应评价指标下是否存在显著性差异。如果接受 H_0，则表示在此评价指标下两类学生不存在显著性差异；如果接受 H_1，则表示在此评价指标下两类学生存在显著性差异，进而为后续研究提供统计学理论支撑。

5.2.3 复相关分析

关系依赖分析可以实现对两个或者多个事物之间相关性的挖掘分析。目前常用的数据关系依赖研究方法包括：皮尔逊相关分析(Pearson Correlation Analysis，PCA)、复相关分析(Multi-Correlation Analysis，MCA)以及典型相关分析(Canonical Correlation Analysis，CCA)等。

与研究两个变量之间的皮尔逊相关分析以及两组变量之间的典型相关分析不同，复相关分析是一种用于研究三个或者三个以上变量之间相关性的统计学分析方法。具体而言，复相关分析通常用来衡量多个变量同时与某个变量的相关关系，度量复相关程度的指标是复相关系数(Multi-Correlation Coefficient)。

复相关系数的求解常依托于单相关系数与偏相关系数的综合分析。该系数的值愈大，则表明所考察的要素或变量之间存在的线性相关关系愈为紧密。相较于皮尔逊相关系数，两者在取值范围上存在差异：皮尔逊相关系数的取值域横跨[-1，1]，既涵盖正相关也涉及负相关；而复相关系数则限定在[0，1]区间内，通常仅表示正向的相关程度，即不涉及负相关的考量。

在评价指标通过 Mann-Whitney U 检验的基础上，为进一步探究评价指标与学生具体的学业成绩之间的联系，从而进一步验证所选评价指标的有效性，本章基于评价特征指标体系中的三个一级指标，采用复相关分析方法对各一级指标下的整体指标数据与学业成绩之间的相关性进行了统计学分析研究。

5.3 双流信息融合学习效果评价

5.3.1 模型整体框架

本节提出了一种双流信息融合模型用于学生学习效果评价，希望能够将学生行为数据的时序性特征和非时序性特征并联处理，进而提取特征信息，实现融合互补，以提升模型预测的科学性和准确性。双流信息融合学习效果评价模型(Two-stream Information Fusion Learning Effectiveness Evaluation Model，TIE)的整体框架如图 5.2 所示，这是一个信息并联处理的整合系统，主要包括时序性特征提取模块和非时序性特征提取模块。

首先，模型需要针对时序性行为数据的时间轴长度进行时间节点对齐操作，这里采用的对齐操作为前向补零；同时，需要对不同类别的一维时序性行为数据增加维度，并在增加的第二维度上将不同类别的时序性行为数据进行拼接,进而输入到一维卷积神经网络(1D Convolutional Neural Network,1DCNN)中提取特征信息,并将提取到的特征进一步输入到 LSTM 神经网络中;针对非时序性行为数据,TIE 模型将其输入到全连接神经网络中提取特征信息;接下来,将提取得到的两个支流的特征信息进行拼接,输入到最后的全连接神经网络中,根据 MSE 损失函数计算损失实现参数训练。下面将详细介绍模型每个模块的组成及其训练过程。

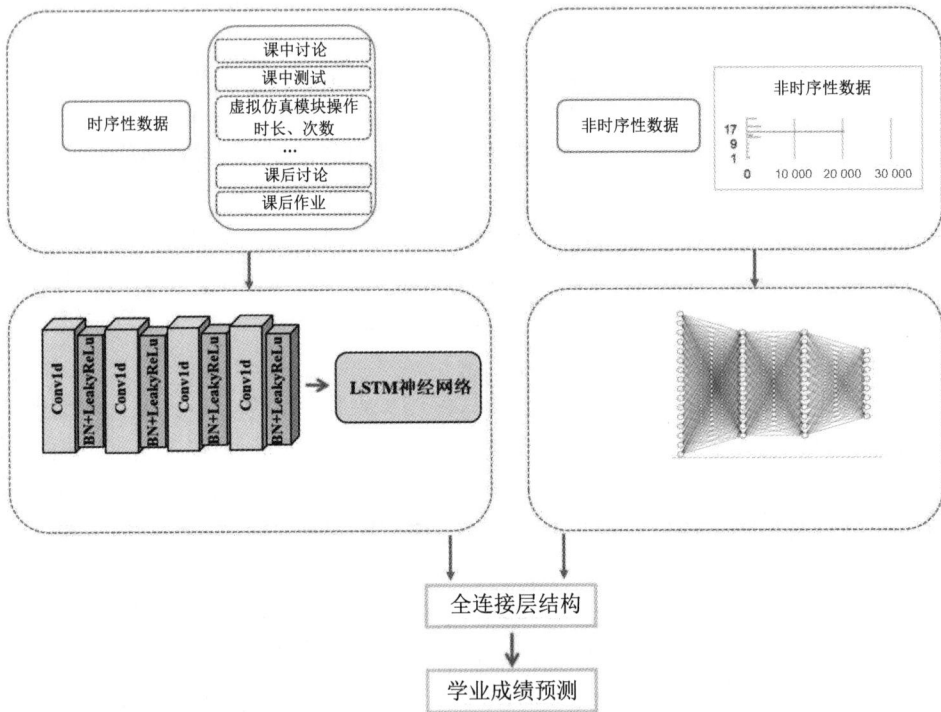

图 5.2   双流信息融合学习效果评价模型框架图

5.3.2   时序性特征提取模块

时序性特征提取模块中,输入 $X_i = (X_{i1}, \cdots, X_{ij}, \cdots, X_{iN})$,其中 X_i 代表第 i 位同学的时序性行为数据,N 代表时序性特征个数,X_{ij} 代表时间长度不同的时序性特征向量,不同的时序性特征向量对应的时间轴长度不一致,如:虚拟仿真操作时长共包含有 13 个时间节点,课后讨论共包含有 18 个时间节点。为避免将不同的时序性特征向量输入到多个时间跨度不同的 LSTM 神经网络中,引起网络结构冗余的缺陷,针对各时序性特征向量时间轴长度不一致的问题,TIE 采取了补零对齐操作。由于 LSTM 神经网络中"门"结构的设计,使得网络在训练过程中可以实现对前期不重要特征信息"遗忘"的效果,故本章采取了前向补零对齐操作,以期通过神经网络训练使得零数据对整体结构影响降低。经对比实验发现,前向补零操作下,模型的效果优于后向补零操作。在经过实验调参后,将 LSTM 神经网络的层数设置为 4 层。

此外,为进一步提取到不同时间跨度之间的有效特征信息,时序性行为数据首先被拼接输入到 1DCNN 神经网络结构中, 以期通过卷积算子提取得到高级特征。该结构共包含四个模块, 每个模块下均包含卷积层、归一化层以及激活层。为解决神经元"死亡"问题, 采用 LeakyReLu 函数作为激活函数。经对比实验发现, 加入 1DCNN 神经网络模块进行特征提取的模型效果要优于未加入 1DCNN 神经网络模块的效果。

5.3.3 非时序性特征提取模块

非时序性特征提取模块中, 输入 $Y_i = (Y_{i1}, \cdots, Y_{ij}, \cdots, Y_{iN})$, 其中 Y_i 代表第 i 位同学的非时序性行为数据, N 代表非时序性特征个数, Y_{ij} 代表第 i 位同学的第 j 个非时序性数据的具体数值。TIE 所采用的全连接神经网络共包含四层结构, 每一层的神经元个数分别为 64, 32, 16, 8。

5.3.4 结果与分析

1. 模型训练范式

首先, 本章所提出的神经网络架构均基于 PyTorch 深度学习框架, 时序性特征提取支流在完成时序性行为数据对齐之后, 将数据输入到 1DCNN 神经网络中完成特征提取, 并将提取结果输入到 LSTM 神经网络中; 非时序性特征提取支流将非时序性行为数据输入到全连接神经网络中, 并与时序性特征提取支流的特征信息进行拼接, 进而输入到最终的全连接神经网络中。训练过程基于 MSE 损失函数计算损失值, 并利用 Adam 优化器进行反向传播, 其中, 批次大小设置为 64, 初始学习率设置为 0.001, 共训练 100 个回合(epoch)。同时, 使用十折交叉验证的方式对模型性能进行测试, 并保存最优模型参数。

上述模型训练的计算机硬件条件为 Intel i7 CPU, 英伟达 GeForce RTX 2070 显卡, 8G 内存; 软件平台为 Windows10, PyTorch1.7.0 版本, Python3.6.5 版本。

2. 模型评价指标

这里将回归问题下普遍采用的平均绝对误差(Mean Absolute Error, MAE)和均方根误差(Root Mean Square Error, RMSE)作为模型性能的评价指标。MAE 的计算公式如下:

$$\text{MAE} = \frac{1}{n} \sum_{i=1}^{n} |y_i - \hat{y}_i| \tag{5-1}$$

其中 $\hat{y}_i$ 代表神经网络输出预测值, y_i 代表源数据标签值。

RMSE 的计算公式如下:

$$\text{RMSE} = \sqrt{\frac{1}{n} \sum_{i=1}^{n} (y_i - \hat{y}_i)^2} \tag{5-2}$$

3. 统计分析及模型回归结果

首先基于 SPSS 27.0 软件对评价特征指标体系展开 Mann-Whitney U 检验以及复相关分析。由于时序性评价指标均基于部分非时序性评价指标而设置, 故这里仅针对非时序性评价指标展开验证。

1) Mann-Whitney U 检验结果

为初步探究由德尔菲法教师专家视角下建立的评价特征指标体系的合理性和有效性。首先以学生学业成绩 75 分为界线,将学生分为优、良两大类进行 Mann-Whitney U 检验,以观测不同类别学生在所选评价指标下是否存在显著性差异。

首先,针对所选用的数据集进行正态性检验(Normality Test),进而判断所需显著性检验方法。由于数据集样本容量为 3852 人,故采用柯尔莫哥洛夫-斯米尔诺夫检验(Kolmogorov-Smirnov Test,K-S 检验)方式。结果显示:K-S 检验结果的显著性 p 值均小于 0.001,即各类评价指标均不满足正态分布。接下来采用 Mann-Whitney U 检验对评价指标进行分析,分析结果表明:Mann-Whitney U 检验的显著性 p 值均小于 0.001,即不同类别的学生在 5.2.1 小节所提出的评价特征指标体系中的各类评价指标下均存在显著性差异。由此可初步得出:评价特征指标体系中的各类评价指标在学生学业成绩的可分类性上,具备有效性。

2) 复相关分析结果

由于前期 Mann-Whitney U 检验过程主要以学生学业成绩分类进行统计分析,故在通过 Mann-Whitney U 检验初步验证评价特征指标体系的有效性之后,接下来以学生的具体学业成绩为度量,进一步判断评价特征指标体系是否符合统计学分析理论。

由于评价特征指标体系中二级指标和三级指标之间相互关联,互相影响,故这里仅依据评价特征指标体系中的 3 个一级大类指标,利用回归模型进行复相关分析,分析结果如表 5.4 所示。结果表明:三个回归模型的 sig 值均小于 0.001,表示分析的模型是成立的。此外,三类评价指标均与学业成绩之间存在相关性,并且课中学习评价指标与学业成绩之间的相关性最大,复相关系数为 0.962,符合实际教学理念。同时,将虚拟仿真因素进行单独分析,如表 5.5 所示。结果表明:虚拟仿真因素与学业成绩之间的复相关系数为 0.566。由此可得:虚拟仿真因素在一定程度上也影响着学生的学业成绩,证明了研究虚拟仿真因素的必要性。复相关分析的结果表明:由德尔菲法教师专家视角下筛选得到的学习效果评价特征指标体系既符合教师专家筛选的科学性,同时也满足数学统计理论。

表 5.4　一级评价指标复相关分析结果

评价指标	复相关分析结果	
	复相关系数	显著性
课前学习评价指标	0.326	$p<0.001$
课中学习评价指标	0.962	$p<0.001$
课后学习评价指标	0.850	$p<0.001$

表 5.5　虚拟仿真评价指标复相关分析结果

评价指标	复相关分析结果	
	复相关系数	显著性
虚拟仿真评价指标	0.566	$p<0.001$

3) 模型回归结果

接下来，采用十折交叉验证的方式对所提出的 TIE 模型算法进行性能测试。由于 TIE 模型采用了双流架构，即将时序性行为数据与非时序性行为数据两类数据的特征进行融合互补，训练模型参数。故首先分别测试单特征模型的性能，与提出的 TIE 模型进行性能对比。

单特征时序模型(Single Feature Timing，SFT)、单特征非时序模型(Single Feature Notiming，SFN)以及 TIE 模型十折交叉验证的 MAE 指标及 RMSE 指标如表 5.6 和表 5.7 所示。其可视化结果如图 5.3 和图 5.4 所示。结果表明：提出的 TIE 模型的性能优于任一单特征模型的性能，证明了融合双流特征信息进行学习效果评价建模分析的必要性以及有效性。

表 5.6　TIE 模型与单特征模型十折交叉验证 MAE 指标值

模型类别	十折交叉验证 MAE 指标值									
	1 折	2 折	3 折	4 折	5 折	6 折	7 折	8 折	9 折	10 折
TIE 模型	4.05	3.72	3.39	3.18	3.43	3.46	4.93	5.14	6.33	4.02
SFT 模型	11.73	11.19	11.96	11.47	11.54	13.17	12.01	12.71	12.97	13.32
SFN 模型	11.77	11.36	18.92	11.77	15.09	17.37	11.39	12.08	21.13	12.07

表 5.7　TIE 模型与单特征模型十折交叉验证 RMSE 指标值

模型类别	十折交叉验证 RMSE 指标值									
	1 折	2 折	3 折	4 折	5 折	6 折	7 折	8 折	9 折	10 折
TIE 模型	5.06	4.65	4.31	4.16	4.36	4.46	6.17	6.72	8.06	4.96
SFT 模型	13.95	13.99	14.13	13.53	14.32	15.92	14.36	15.94	15.29	16.60
SFN 模型	14.09	14.16	23.41	13.69	19.05	21.58	13.37	14.90	24.93	14.84

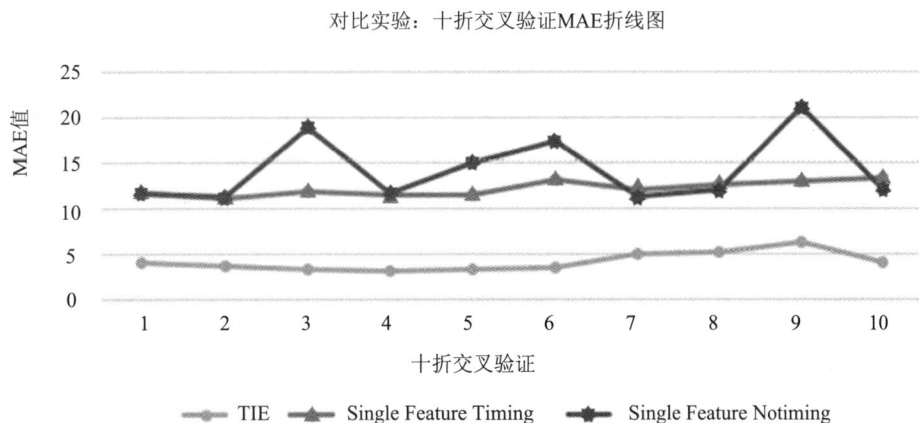

图 5.3　TIE 模型与单特征模型十折交叉验证 MAE 指标可视化

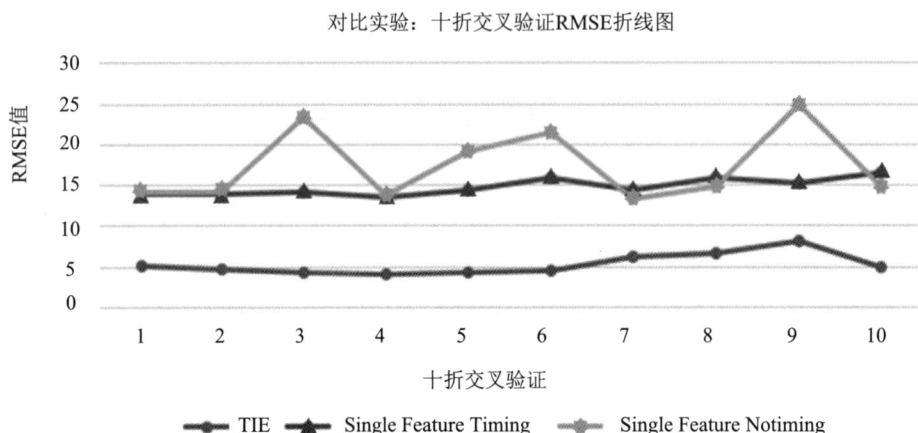

图 5.4　TIE 模型与单特征模型十折交叉验证 RMSE 指标可视化

考虑到卷积神经网络提取特征信息的强大功能，在 TIE 模型中加入了 1DCNN 卷积神经网络模块。此外，在 TIE 模型中还利用了 LSTM 神经网络中"门"结构的原理，将补零操作置于数据起始位置。

将未加入 1DCNN 神经网络的模型简称为"TIEC"，将补零操作置于数据末尾位置的模型简称为"TIEB"，并与 TIE 模型进行实验对比。三类模型十折交叉验证的 MAE 指标以及 RMSE 指标如表 5.8 和表 5.9 所示。其可视化结果如图 5.5 和图 5.6 所示。结果表明：TIE 模型在 MAE 指标和 RMSE 指标下总体优于另外两种模型，即 TIE 模型产生的预测值与真实值之间具有更小的误差。

表 5.8　三类模型十折交叉验证 MAE 指标值

模型类别	十折交叉验证 MAE 指标值									
	1 折	2 折	3 折	4 折	5 折	6 折	7 折	8 折	9 折	10 折
TIE 模型	4.05	3.72	3.39	3.18	3.43	3.46	4.93	5.14	6.33	4.02
TIEB 模型	4.33	3.98	3.86	3.25	3.46	5.75	4.15	5.17	6.60	4.13
TIEC 模型	5.78	4.68	5.10	4.82	5.05	5.38	4.83	7.61	8.90	6.07

表 5.9　三类模型十折交叉验证 RMSE 指标值

模型类别	十折交叉验证 RMSE 指标值									
	1 折	2 折	3 折	4 折	5 折	6 折	7 折	8 折	9 折	10 折
TIE 模型	5.06	4.65	4.31	4.16	4.36	4.46	6.17	6.72	8.06	4.96
TIEB 模型	5.55	4.90	4.85	4.18	4.25	7.03	5.32	6.69	8.00	5.40
TIEC 模型	7.22	6.01	6.72	6.09	6.53	7.04	5.90	9.76	11.51	7.60

对比实验：十折交叉验证MAE折线图

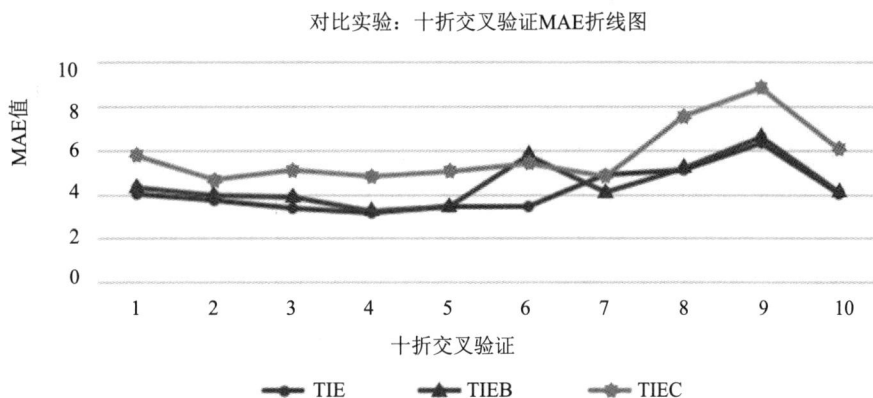

图 5.5　三类模型十折交叉验证 MAE 指标可视化

对比实验：十折交叉验证RMSE折线图

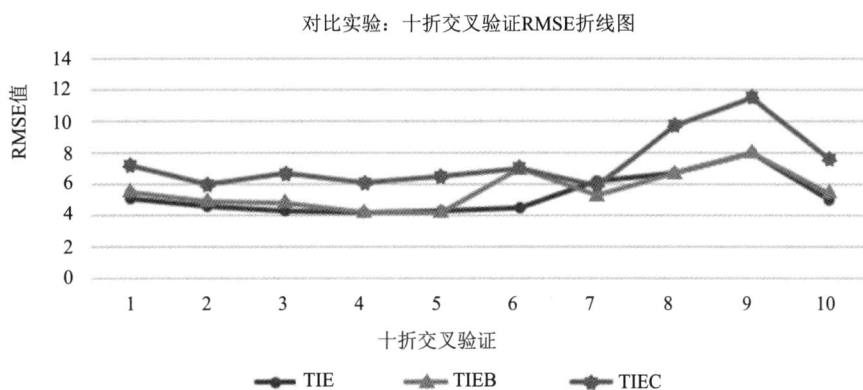

图 5.6　三类模型十折交叉验证 RMSE 指标可视化

由此可见，使用基于德尔菲法教师专家视角下建立的学习效果评价特征指标体系进行学生行为数据采集，并使用 TIE 模型进行训练，在性能指标 MAE、RMSE 下，TIE 模型均能取得良好效果，可以实现在混合式教学模式下的不同课程中，对学生学业成绩进行有效评价。

5.4　学生学习能力评价

5.4.1　相关理论及调查问卷选定

学生学习能力评价是学习评价中的重要环节。大量的教学经验发现：大学生在校学习阶段，会因为个人背景、年级等因素的不同，在元认知能力水平上存在一定的差异；同时，学生在学习策略的选择上也具备一定的多样性；学生学习的非自主性也较为常见。针对目前大学生学习阶段所表现的特点，结合前期调研国内外学者对于学习能力定义的研究，同时考虑到调查问卷轻量化设计以实现教学推广的实际需求。最终，将学习能力的核心因素划定为元认知能力和学习策略两个维度。

在现有研究的基础上结合教师教学及改革经验，首先制定了非正式学生学习能力调查问卷，并经过信度(Reliability)和效度(Validity)检验，剔除无效题项之后，生成了正式学习能力调查问卷；然后，为实现学生学习能力定量分析，使用学生全过程平时表现量化成绩作为模型训练标签，并采用相关性(Correlation)分析验证其合理性；接下来，使用目前经典的机器学习分类算法实现了对学生学习能力评价模型的训练及测试；最后，初步搭建了"多模态智能化学习评价平台"，以期实现以学生学习画像为核心，多维度学习评价为分支导向的学习评价方法及平台的应用推广。

1. 元认知能力理论

1976 年，美国斯坦福大学教授 John Flavell 在对儿童认知发展的研究中首次提出了元认知(Metacognition)这一概念。随后，元认知被引入了教育领域，并引起该领域学者的广泛关注及研究。元认知为提高学习者学习效率，促进学习者全面发展提供了新的思路和方法。John Flavell 认为，元认知可以被定义为是对认知的认知，包括对自身认知活动的意识、体验以及监控，在学习中起着重要的指导和协调作用。

在 John Flavell 的理论框架下，元认知能力被细分为两个核心要素：元认知知识(Metacognitive Knowledge)与元认知体验(Metacognitive Experiences)。具体而言，元认知知识涵盖了个体所掌握的一系列知识片段，这些片段不仅关联于认知主体本身，还紧密连接着多样化的任务、目标、活动及过往经验。而元认知体验则是指个体在执行智力任务时，所经历的有意识的认知层面或情感层面的主观体验。北京师范大学的董奇教授进一步深化了对元认知的理解，他提出"元认知的精髓在于个体的自我意识、自我控制以及自我调节的能力，本质上体现为一种自我监控机制。"在董奇教授的视角中，元认知能力被更为全面地划分为三个维度：元认知知识、元认知体验以及新增的元认知监控(Metacognitive Monitoring)。其中，元认知监控特指在整个认知活动进程中，主体所展现出的积极监控与自我调节的动态过程。康中和在元认知能力维度基础上又提出了元认知评价(Metacognitive Evaluation)维度。元认知评价是指学生在完成认知任务以后，通过判断自己的效率和效果，从而可以激发自己未来学习动机的能力。元认知评价在个体做评价时，建立在知识、体验以及监控的基础之上，进而对个体原有的知识和能力进行评估。

通过调研现阶段的理论研究成果，本书将元认知能力初步划分为四个维度：元认知知识、元认知体验、元认知监控和元认知评价，四个构成要素在学习者的认知活动过程中相互影响，紧密关联。元认知知识在学习者进行体验的过程中，发挥着重要的作用，进而实现有效的元认知监控以及评价策略。同时新的元认知体验也会带来元认知知识的更新和补充，这种相互作用的过程同时也不断影响着元认知的监控和评价，从而形成一个动态的元认知体系。

2. 学习策略理论

学习策略(Learning Strategies)是指学习者主动追求的，可以有效提升学习与信息处理效率的规则系统。虽然目前国内外学者对学习策略开展了大量的研究，但是国际心理学界对学习策略的定义仍未达成共识。

掌握并灵活运用学习策略，是学生提升学习效率的重要手段。我国自古便有"学而不思则罔，思而不学则殆"的学习策略理论。现阶段，不同领域学者对学习策略的定义也都不同。史耀芳对学习策略的定义给出了以下三种解释：第一种，学习策略是学习的程序、方法及规则；第二种，学习策略是学习的信息加工活动过程；第三种，学习策略是学习监控和学习方法的结合。葛明贵教授认为，学习策略是较为抽象的、高级的学习能动性体系，学习策略是个体有效学习的保障，内在的认知加工和认知调控系统，外在表现为有效学习的程序、方法、技巧及调控方式。由于学者对学习策略的定义不同，因此对学习策略的结构认知也不相同。黄旭认为，学习策略主要是由元认知、学习方式和学习调控组成的。葛明贵教授认为，学习策略由基础策略和支持性策略两大维度构成，基础策略主要是认知策略，支持性策略包括元认知策略、资源管理策略、动机性信念策略。

这里主要以葛明贵教授的研究观点为主，认为学习策略的实质是为了更加有效地学习，其核心是认知策略，其最高级的表现形式是认知调控策略。即学习策略与元认知之间密切联系，相互影响，共同形成一个整体。

3. 调查问卷选定

本节拟从元认知能力和学习策略两个维度制定学生学习能力调查问卷，并使用合适的模型算法及标签数据，实现学生学习能力评价。

学生元认知能力是一种通用性的能力，可以实现跨情景、跨学科的互通。首先在元认知知识、元认知体验、元认知监控和元认知评价四个维度上，参考已有的成熟调查问卷和相关的文献论述，如《元认知意识问卷》《研究生网络自主学习元认知能力调查问卷》以及《大学生元认知能力正式量表》等，同时结合教师教学经验，制定出学生元认知能力测量量表的各个题项。

其次，学习策略的研究需要以实际求证为导向，以学生个体为基础。同时，学习策略与元认知能力之间密切相关，相互影响，相互促进。因此在学习策略水平测量量表题项选定阶段，主要以葛明贵教授在《大学生学习心理研究》中提出的《大学生学习策略调查问卷》为主。值得注意的是，考虑到混合式教学模式的开展，在调查问卷的两个主要结构单元的部分重要选项中，加入了"在线学习"的情景设置，以期实现在混合式教学模式下，对学生元认知能力及学习策略的准确测量。

综上所述，调查问卷划分为三大部分：第一部分聚焦于调查对象的个体背景信息采集，旨在通过详尽询问受访者的性别、籍贯、高考成绩、所学专业及所属学院等关键要素，以获取其个人背景全面而真实的概览；第二部分则设计为元认知能力水平评估量表，该量表旨在精准测量并反映当前学生在学习进程中所展现的元认知能力现状。此量表由四个维度构成，即元认知知识、元认知体验、元认知监控与元认知评价，每一维度均深度剖析了学生在自我认知、学习体验监控及策略调整等方面的能力水平。量表采用标准化的五点李克特评分体系，具体细分为"完全不符合""通常不符合""有时符合""通常符合"至"完全符合"五个等级，并依次赋予其 1 至 5 分的量化值，以确保评估结果的客观性与科学性。第三部分是学习策略水平测量量表，用以调查当前学生在学习过程中表现出的自身学习策略状况等信息。表 5.10 为经过信度、效度检验筛选后最终形成的正式问卷结构信息。

表 5.10 调查问卷结构信息

问卷模块	题目数量/道
基本信息模块	6
元认知能力模块	23
学习策略模块	16

5.4.2 分类算法

1. 主成分分析算法

主成分分析(Principal Component Analysis，PCA)是一种线性降维技术，其核心目标在于通过实施特定的线性变换，将原始高维数据空间有效地映射至一个低维子空间。PCA在降低数据维度的同时，能够最大限度地维持数据集的信息量，从而实现在保持原始数据特征尽可能完整的前提下，仅依靠少数几个主成分即可高效表示数据的关键信息。因此，PCA 算法的主要工作是在原始空间中依次寻找一组相互正交的坐标轴，以实现数据降维的目的。在学生学习能力评价中拟将收集到的学生调查问卷数据通过 PCA 算法，提取不同题项间的重要特征信息，进而基于此类特征信息进行决策分类。PCA 算法的具体步骤如图 5.7 所示。

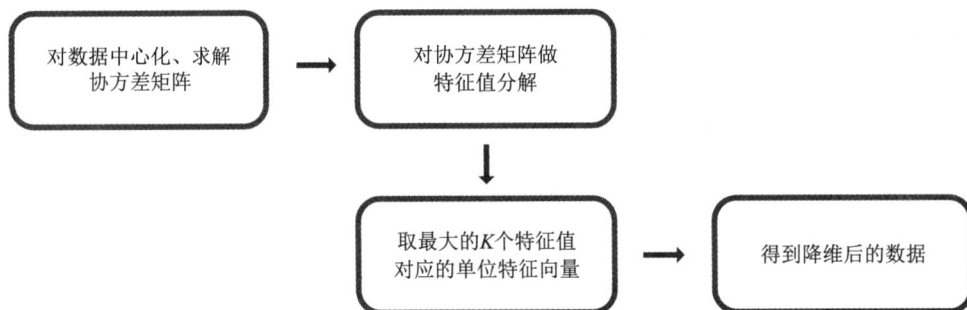

图 5.7 PCA 算法具体步骤

2. K 最近邻算法

K 最邻近算法(K-Nearest Neighbor，KNN)是一种有监督机器学习算法，其核心思想是基于样本之间的距离度量来进行分类。KNN 算法分类流程如下：计算每一个测试样本与训练样本之间的距离。按照距离大小升序排列，并找出最近的 K 个。统计 K 个数据所属类别，评估该样本隶属于某一类别的概率，将概率最高的类别作为该样本的类别。KNN 算法的步骤如图 5.8 所示。

基于离散的学生调查问卷数据获取，具体操作为计算每个调查问卷测试样本到其他样本的距离，并按照距离大小升序排列，进而找到离样本最近的 K 个点，最后比较这 K 个点所属的类别，并依据"少数服从多数"的原则，将学生个体归为 K 个点中占比最高的类别。

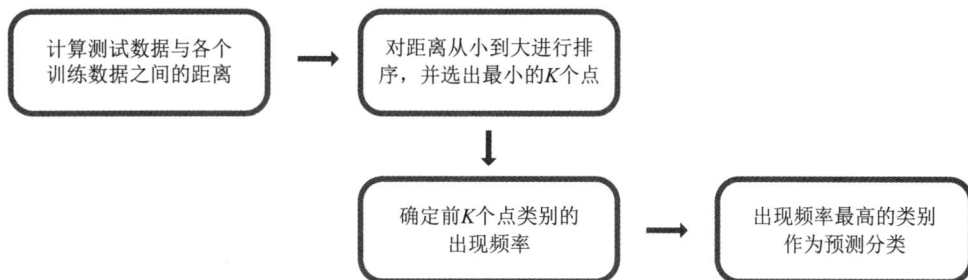

图 5.8　KNN 算法步骤

3. 集成学习算法

所谓集成学习(Ensemble Learning)，顾名思义，就是将多个基学习器的结果采用一定的融合策略集成得到一个更为精确和稳定的结果。其中，有一条隐含的前提：多个基学习器的学习结果需要存在差异性，否则无论采用何种融合策略，都不会得到更好的集成结果。按照对多个基学习器集成策略和融合策略机制的不同，集成学习主要分为三个类型：bagging，boosting，stacking。bagging 主要是通过并行独立地训练多个基学习器，然后采取投票或加权的方式融合多个学习结果；boosting 是采取串行的方式逐一提升学习效果的方法；stacking 是通过将多个基学习器的输出结果作为输入，以实现再训练的过程。由于集成学习算法在效果以及使用率上都是当今机器学习的焦点算法，因此可基于集成学习算法对学生调查问卷数据采用多个基学习器进行训练测试，以期得到较好的结果。

4. 支持向量机算法

支持向量机(Support Vector Machine，SVM)算法是一种机器学习算法，常用于分类和回归问题。算法的核心思想是找到一个最佳分类超平面，以最大化超平面两侧的间隔区域，同时还需确保分类的精度。SVM 算法无局部极小值问题，无须依赖整体数据，同时，SVM 算法还可以解决高维特征空间问题，并且其泛化能力较强。由于 5.4 小节采集得到的学生调查问卷数据有限，并且只针对学生数据展开二分类建模，而 SVM 算法可以有效解决小样本下的二分类机器学习问题，故可采用 SVM 算法对学生调查问卷数据进行处理，以获得最优分类超平面。SVM 算法的具体步骤如图 5.9 所示。

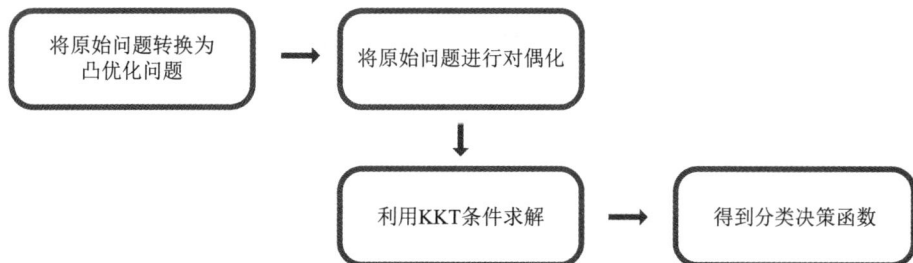

图 5.9　SVM 算法步骤

5. 决策树算法

决策树是一种基于规则的算法，它用一组嵌套的规则进行预测，本质是一个递归的过程。算法首先用样本集 D 建立根节点，并寻找到一个判定准则，进而将样本集分裂成 D1

和 D2 两部分，并为根节点设置判定准则。接下来分别用样本集 D1 和 D2 递归地建立左子树和右子树，如果样本集不能再进行分裂，则把节点标记为叶子节点，同时为它赋值，整个递归过程需要寻找到最佳的分裂标准。可基于决策树的分裂思想，找到学生调查问卷离散数据的最佳分裂点，进而实现分类预测。决策树算法的具体步骤如图 5.10 所示。

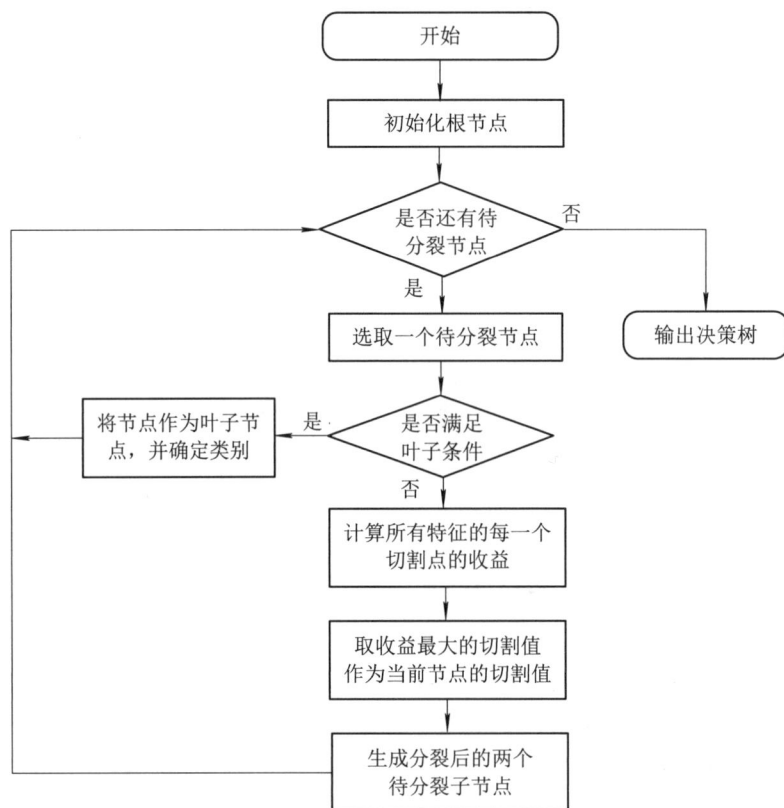

图 5.10　决策树算法步骤图

5.5　基于课堂行为的学生成绩预测系统建设

5.5.1　信度效度检验

利用 SPSS 27.0 软件对非正式的学生学习能力调查问卷的信度及效度进行检验，以确定正式的学生学习能力调查问卷形式。经过第一次问卷收集，共得到 73 份非正式调查问卷结果。

调查问卷的信度评估，是衡量其内部一致性与稳定性的关键过程，旨在分析调查工具在多次使用或不同情境下所产生的结果是否具有高度的一致性和稳定性。一般情况下，大多数研究通过 Cronbach's Alpha 系数对调查问卷的信度进行测量。当系数大于 0.7 时，说明该量表的可靠性较高。反之，若该系数低于此标准，则表明问卷中一致性程度低，可能影响了测量结果的准确性，进而需要对问卷进行必要的修订与完善。此外，由于基本信息如性别、年龄等不在调查问卷的信度检验范围之内，故这里只针对元认知能力模块和学习策略模块进行信度检验。

首先，针对元认知能力模块、学习策略模块分别进行信度检验；然后，针对整体调查问卷进行信度检验，结果如表 5.11 所示。检验结果表明无论从任何一个维度对调查问卷进行分析检验，该调查问卷均满足 Cronbach's Alpha 系数大于 0.7 的条件，即问卷各模块可靠性较高，并且整体问卷的 Cronbach's Alpha 系数大于 0.9。由此可见，调查问卷满足科学性要求。

表 5.11　整体问卷及各模块信度检验结果

模块类型	元认知能力模块	学习策略模块	整体问卷
Cronbach's Alpha 系数	0.901	0.883	0.937

针对调查问卷展开信度检验并通过后，接下来对问卷的效度进行检验。问卷的效度检验主要是针对量表的有效性和准确性进行检验，主要考察每一个题项的能效性，即每一个题项对于量表而言是否具备一定的贡献。一般情况下，大多数研究采用因子分析法对调查问卷进行效度检验。由于这里制定的调查问卷涉及元认知能力和学习策略两方面的内容，两类一级维度下又均存在若干二级维度，故仅采用探索性因子分析法(Exploratory Factor Analysis，EFA)对调查问卷的效度进行检验。

在进行因子分析之前，需首先进行 KMO 和 Bartlett 的球形度检验以确定因子分析对该问卷是否适合。这里仅针对整体调查问卷进行 KMO 和 Bartlett 球形度检验，结果如表 5.12 所示。其中，KMO 值大于 0.6，说明该问卷适合进行因子分析；Bartlett 检验 p 值小于 0.001，拒绝原假设，说明该问卷具有统计学意义，该组数据适合进行分析。接下来，对调查问卷数据进行主成分分析，并基于方差最大化方法，正交旋转求出最终的成分矩阵。依据旋转后的成分矩阵，这里将数值空白以及在多个维度上载荷均高于 0.5，即未通过效度检验的题项进行删除。对于只在成分矩阵中单个维度上的载荷高于 0.5 的题项进行保留。

表 5.12　调查问卷的 KMO 和 Bartlett 检验

KMO 值	Bartlett 近似卡方	显著性
0.704	2361.583	$p<0.001$

5.5.2　样本特征分布情况

使用正式调查问卷，并基于某双一流高校大学部分本科生必修课程展开研究。经筛选将无效问卷剔除后，共计得到有效正式调查问卷结果 75 份。首先对正式问卷下，被调查人员的基本信息进行了特征分布汇总，主要从性别、生源地、专业三个维度展开，调查情况如表 5.13 所示。由于院校性质、院校地域等条件的限制，本次调查数据呈现出以西北地区、工学、男性为主的特点。

表 5.13　调查人员特征分布情况

维度	选项	人数/人	百分比/%
性别	男	52	69.3
	女	23	30.7
生源地	华东	6	8.0
	华北	15	20.0
	华南	6	8.0
	华中	14	18.7
	西北	27	36.0
	西南	5	6.6
	东北	2	2.7
专业	哲学	1	1.3
	文学	2	2.7
	理学	9	12.0
	工学	60	80.0
	管理学	2	2.7
	艺术学	1	1.3

5.5.3　相关性分析及分类结果

接下来对正式调查问卷各学生问卷得分进行统计。为将学生的学习能力与学习过程相结合以实现进一步量化分析，而非简单地使用调查问卷的得分对学生学习能力进行评判，故将学生整学期的全过程平时表现量化成绩作为标签，来训练学习能力评价模型。其中，全过程平时表现量化成绩得分构成为：课堂移动端参与率占比 10%、课堂测试准确率占比 30%、翻转课堂综合表现占比 20%、闭环线上学习评价占比 40%，各模块均采用百分制计分。

为验证上述思路的合理性，首先利用 SPSS 27.0 软件对学生调查问卷得分与学生全过程平时表现量化成绩之间的相关性进行检验分析。由于样本容量较小，故采用夏皮罗-威尔克检验(Shapiro-Wilk Test，S-W 检验)方式对学生全过程平时表现量化成绩与学生调查问卷得分进行正态性检验，结果如下表 5.14 所示。结果表明：全过程平时表现量化成绩与调查问卷得分不同时满足正态分布的要求。故采用斯皮尔曼(Spearman)非参数相关分析方式对学生全过程平时表现量化成绩与学生调查问卷得分进行进一步探究。结果表明：全过程平时表现量化成绩与调查问卷得分之间的 Spearman 相关系数为 0.408，相关性显著。由此可知，学生全过程平时表现量化成绩与学生的学习能力之间存在一定的相关性，并且为正相关。

表 5.14　全过程平时表现量化成绩与调查问卷得分正态性检验

维　　度	测　试　项	
	自由度	显著性
全过程平时表现量化成绩	75	0.009
问卷得分	75	0.192

在验证上述思路的合理性之后，分别使用 5.4.2 小节中的机器学习分类算法对采集得到的学生学习能力调查问卷数据进行分类预测分析。实现对学生学习能力的评价。

为进行对比研究，同时收集了学生对应课程的实验成绩及期末成绩。其中实验成绩以学生理论课程对应实验课成绩为依据，最终得分构成为：实验操作占比 60%，研究性报告占比 20%，虚拟仿真实验占比 20%，无配套实验课程的实验成绩为虚拟仿真实验得分；期末成绩为学生期末闭卷考试实际得分。成绩均采用百分制计分。这里将所有学生的全过程平时表现量化成绩、实验成绩、期末成绩三类成绩，每类成绩以 80 分为界线各自分为 A、B 两类；接下来，将学生调查问卷题项数据作为模型特征输入，并分别将三类成绩作为学生学习能力评价模型的标签进行二分类训练及验证。所有模型均采用十折交叉验证的方式。

经实验对比发现，若以全过程平时表现量化成绩为学生学习能力评价的标签，集成学习模型表现出最佳的效果。各模型二分类准确率如表 5.15 所示，在模型训练过程中，对集成学习模型进行了贝叶斯优化处理，选用 RUSBoost 集成方法，共迭代 100 次。结果显示，集成学习模型的二分类准确率为 78.7%，真阳率(True Positive Rate，TPR)为 0.68，假阳率(False Positive Rate，FPR)为 0.11。混淆矩阵可视化如图 5.11(a)所示，模型受试者工作特征(Receiver Operating Characteristic，ROC)曲线如图 5.11(b)所示。

表 5.15　全过程平时表现量化成绩为标签的各模型二分类准确率

模型	集成学习	KNN	PCA+决策树	PCA+SVM
二分类准确率(%)	78.7	75.4	69.7	70.1

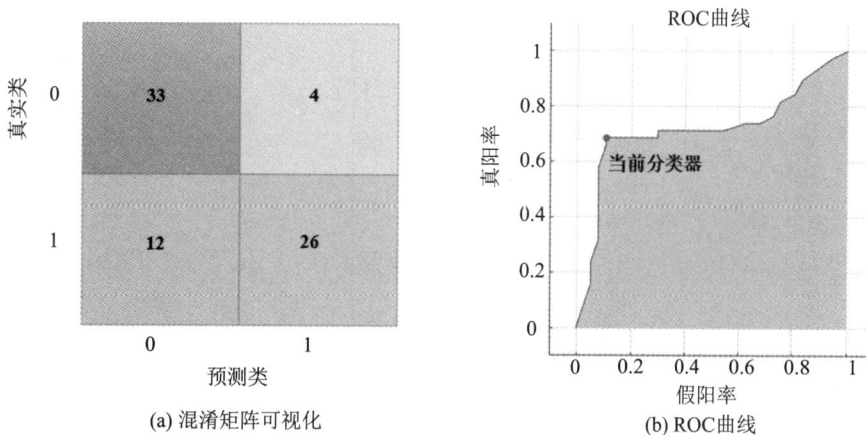

(a) 混淆矩阵可视化　　(b) ROC曲线

图 5.11　全过程平时表现量化成绩为标签的集成学习模型混淆矩阵及 ROC 曲线

若以实验成绩为学生学习能力评价的标签，KNN 模型表现出最佳的效果。各模型二分类准确率如表 5.16 所示，在模型训练过程中，对 KNN 模型进行了贝叶斯优化，共迭代 100 次，结果显示，KNN 模型的二分类准确率为 60.0%。混淆矩阵可视化如图 5.12(a)所示，模型 ROC 曲线如图 5.12(b)所示。

表 5.16　实验成绩为标签的各模型二分类准确率

模型	KNN	集成学习	PCA+决策树	PCA+SVM
二分类准确率(%)	**60.0**	59.3	56.5	52.2

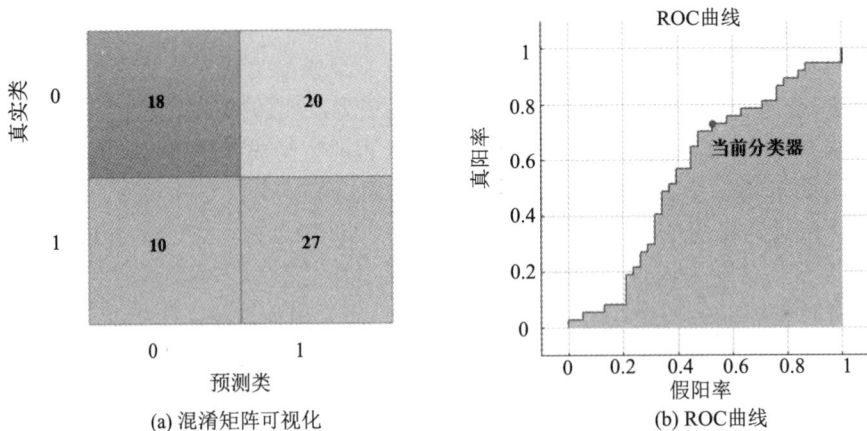

(a) 混淆矩阵可视化　　(b) ROC 曲线

图 5.12　实验成绩为标签的 KNN 模型混淆矩阵及 ROC 曲线

若以期末成绩为学生学习能力评价的指标，KNN 模型表现出最佳的效果。如表 5.17 所示，在模型训练过程中，对 KNN 模型进行了贝叶斯优化，共迭代 100 次，结果显示，KNN 模型的二分类准确率为 73.3%。混淆矩阵可视化如图 5.13(a)所示，模型 ROC 曲线如图 5.13(b)所示。

表 5.17　期末成绩为标签的各模型二分类准确率

模型	KNN	集成学习	PCA+决策树	PCA+SVM
二分类准确率(%)	73.3	71.3	65.1	68.9

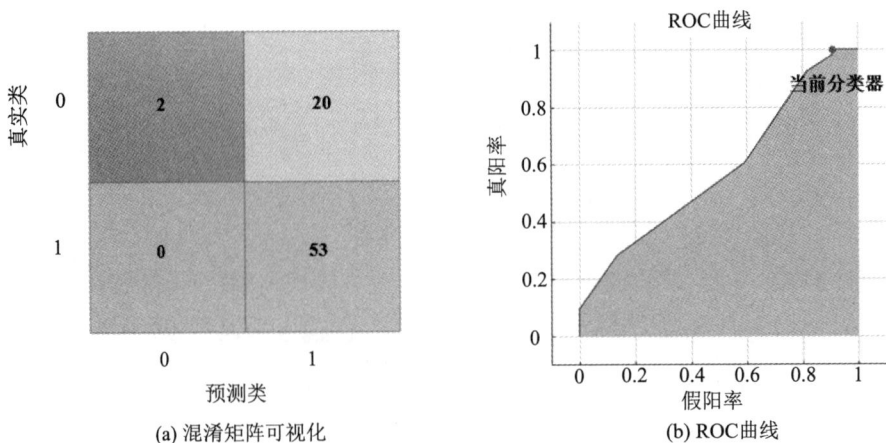

(a) 混淆矩阵可视化　　(b) ROC 曲线

图 5.13　期末成绩为标签的 KNN 模型混淆矩阵及 ROC 曲线

　　由以上实验结果可以看出，在调查对象倾向于西北地区、工科专业、男性为主的条件下，将学生全过程平时表现量化成绩作为学习能力评价模型的标签并使用集成学习模型训练，可以得到最佳的分类效果。

5.5.4　多模态智能化学习评价平台

　　按照本章提到的学习评价方法，学生可在每学期入学阶段填写学生学习能力调查问卷，进而通过学习能力评价模型进行预测评估；在课堂阶段，智慧教室以摄像头设备采集学生学习过程面部视频数据进而通过学习状态评价模型进行专注度识别评价；在本学期即将结束阶段，基于评价特征指标体系，通过综合课前、课中、课后多个过程中的学生行为数据进而使用学习效果评价模型对学生学业成绩进行预测。

　　最终设计实现了"在线学习多模态'三全育人'智能评价平台"，平台依托西安电子科技大学智慧教室场景使用。平台现阶段主要包括课程学习效果智能评价模块、学习能力智能评价模块以及综合能力智能评价模块。平台可实现学生后台数据的上传、预测及可视化功能，进而方便教师了解学生动态，从而更好地调整教学手段及实施分层教学。

　　平台首页界面如下图 5.14 所示。主要介绍了平台产生背景等信息，并对课程学习效果智能评价模块、学习能力智能评价模块以及综合能力智能评价模块的功能进行简要介绍。

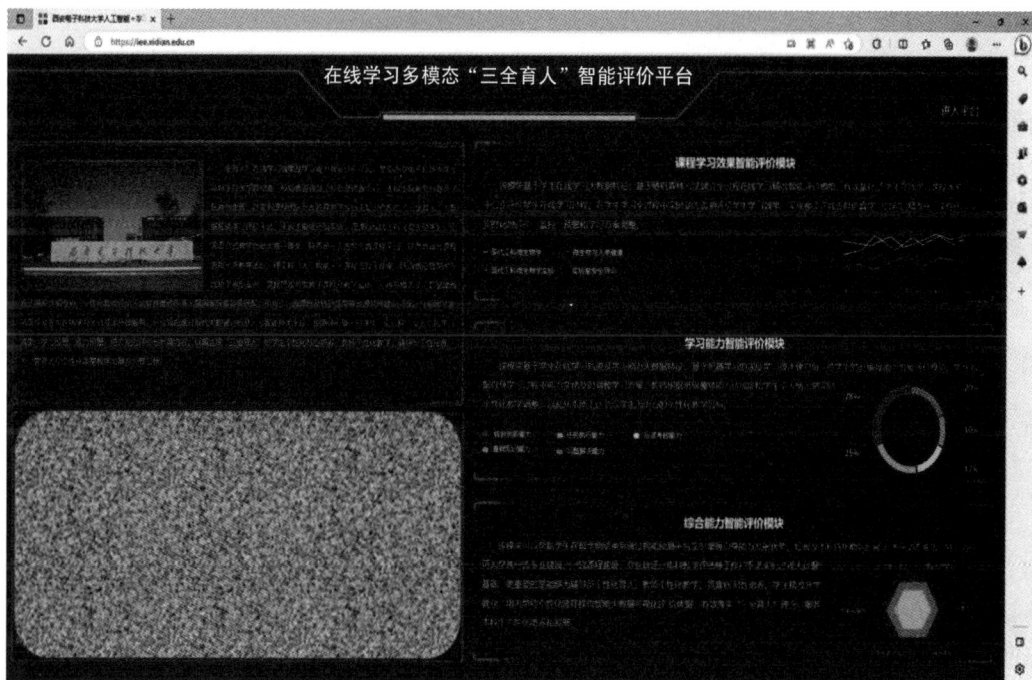

图 5.14　平台首页界面

　　平台登录界面如图 5.15 所示。教师在点击平台认证选项后，即可跳转至西安电子科技大学后台登录界面，在输入教工账号及密码认证成功后，即可跳转至智能评价平台界面。

图 5.15　平台登录界面

进入平台之后，因为已将 PyTorch 深度学习框架、对应版本的 Python 语言以及所需库函数等均配置到后端服务器，同时也已将所设计的算法模型在后端服务器完成训练并保存了最优模型参数，进而可实现新数据输入后，能及时对学生的学习效果及学习能力进行评价预测，并进一步将详细的评价数据在界面进行可视化，教师端可选择对应课程对学生学习效果及学习能力进行查阅，具体如图 5.16 所示。

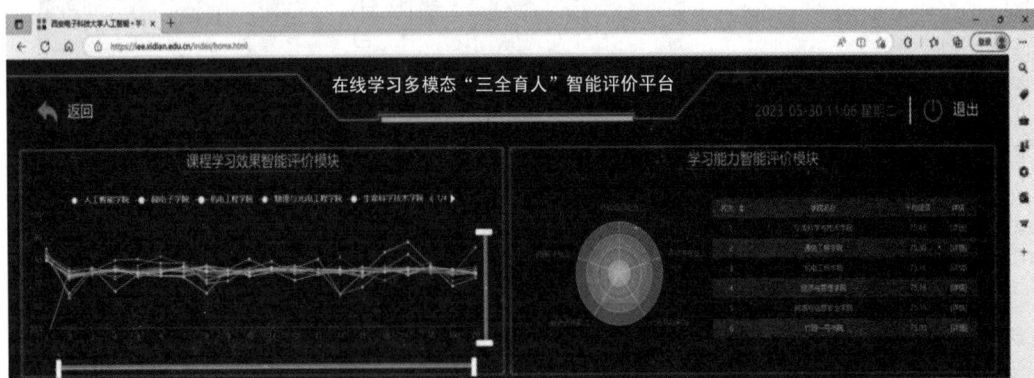

图 5.16　学习效果及学习能力详细界面

为实现评价后的智能预警，平台还加入了各专业课程学习效果智能预警模块，即将模型标签由具体学业成绩转换为二分类成绩，教师端可选择对应课程查阅，进而提醒学生调整当前学习过程，提高学习效率。模块如图 5.17 所示。

图 5.17　学习效果智能预警模块

第6章　双师型智慧教育平台

6.1　双师型智慧教育平台的提出

随着信息技术的迅猛发展和互联网的普及，智能教育技术正逐渐成为教育领域的焦点和热门话题。这些技术通过结合人工智能、大数据分析和教育理论，为学生和教师提供了更加个性化、高效和创新的学习与教学环境。其中，双师型智慧教育平台作为智能教育技术的一种重要应用形式，为学校和教育机构带来了前所未有的教学改革和创新机遇。

在双师型智慧教育平台的开发过程中，主要围绕知识点粒度的 MOOC 资源推荐、智能问答技术、内容检索系统设计、基于 OJ(Online Judge)的程序评测系统以及基于积分的游戏应用这五个关键技术展开。

(1) 知识点粒度的 MOOC 资源推荐。传统的教育模式中，学生往往只能被动接受统一的教学内容，无法根据自身的学习需求和进展情况进行针对性的学习。通过知识点粒度的 MOOC 资源推荐，学生可以根据自身的学习进度和兴趣，选择和学习符合自己需求的教学资源，实现个性化学习的目标。

(2) 智能问答技术。传统的教学中，学生在遇到问题时，常常需要等待教师的解答或者自己独立查找答案。而借助智能问答技术，学生可以通过智能助教系统快速获取准确的答案和解释，提高问题解决的效率和质量。这项技术不仅能够为学生提供个性化的学习帮助，还能解放教师的时间，使他们能够更加专注于知识的传授和学生的指导。

(3) 内容检索系统设计。在海量的教育资源中，学生和教师需要能够迅速准确地找到所需的教学材料和资源。内容检索系统的设计可以帮助用户通过关键词、标签或其他指标，实现高效、准确地搜索和定位所需的教学内容，提升教学资源的利用效率。这样，学生和教师可以更加便捷地获取到适合自己的学习和教学资料，加快知识获取和传播的速度。

(4) 基于 OJ 的程序评测系统。计算机编程教育正在成为现代教育的重要组成部分，而 OJ 系统可以提供实时的程序评测和反馈。设计和实现一个基于 OJ 的程序评测系统，可以帮助学生系统化地学习编程，提高编程能力。通过实践和反馈的结合，学生可以更加深入地理解编程知识和技巧，培养解决问题的能力和创新思维。

(5) 基于积分的游戏应用。游戏化教育是一种结合游戏元素和教育目标的教学方法，能够激发学生的兴趣和主动性。将其应用于双师型智慧教育平台，通过积分、训练、比赛等游戏机制，可激励学生参与学习并提升学习动力。

以上技术的综合应用将为教育教学带来全新的可能性，有效提升学生的学习效果和教师的教学质量。

6.2 知识点粒度的 MOOC 资源推荐

6.2.1 知识点粒度

1. 知识点粒度的定义

在教育领域中，知识点粒度是指教学内容或学习资源所包含的知识量和难易的程度。它反映了学习内容的分割程度，将学习内容划分成不同的知识单元，每个单元都是一个具体的、独立的知识点。知识点粒度可以分为粗粒度和细粒度两种，这取决于知识点所包含的知识量和复杂程度。

2. 知识点粒度对学习效果的影响

在教学过程中，合理的知识点粒度设计对学习者的学习效果和学习体验会产生深远影响。知识点粒度过大意味着一个知识点所包含的知识量较多，难度较高。这样的知识点可能涉及较多复杂的概念和原理，需要学习者具备较高的学科基础和学习能力才能深入理解。对于初学者或学科薄弱的学习者来说，面对知识点粒度过大的知识点，往往会感到无从下手，产生学习上的挫败感。此外，知识点粒度过大还可能导致学习效率低下。学习者需要花费大量时间和精力来学习一个大而复杂的知识点，可能会影响到其他知识点的学习进度，从而影响整体学习效果。

知识点粒度过小意味着一个知识点所包含的知识量较少，难度较低。这样的知识点可能只涉及一个简单的概念或技能，对于学习者来说相对容易掌握。然而，过小的知识点可能导致学习者难以建立完整的知识体系，无法形成系统性的学习。学习者可能会陷入零散的知识点学习中，缺乏整体的学科把握能力。此外，知识点粒度过小还可能导致学习效果不够深入。学习者在较短时间内掌握了一个小而简单的知识点，但对于知识的理解和应用可能较为肤浅，缺乏对知识的深度认识。

合理把握知识点粒度对于提高学习效果和学习体验具有重要意义。首先，适度划分知识点，控制知识点粒度大小，有助于学习者逐步深入理解知识。通过适当地将知识点划分为不同的学习单元，学习者可以有序地掌握知识，逐步形成完整的知识体系。这种渐进的学习过程有利于提高学习者的学习兴趣和学习动力，从而让学习者更好地坚持学习。其次，合理的知识点粒度设计有助于提高学习效率。通过控制知识点密度，避免过大或过小的知识点影响学习效果，学习者能够更加高效地学习和吸收知识。这样的学习体验有助于增强学习者的学习自信，激发学习兴趣，进一步提高学习效率。

3. 知识点粒度在 MOOC 推荐中的应用

在大规模开放在线课程(MOOC)平台上，知识点粒度的概念也得到了广泛应用，尤其是在智能推荐系统中。智能推荐系统根据学习者的学习历史、知识水平和学习兴趣，将学习内容拆解成不同的知识点，然后根据知识点的难易程度和学习者的掌握情况，推荐合适的学习资源和课程。

基于知识点粒度的个性化课程推荐是智能推荐系统的一个重要应用。系统根据学习者的学习历史和知识水平，结合知识点粒度的信息，为每个学习者推荐最符合其需求和能力的课程。对于已经掌握了某些知识点的学习者，推荐系统可以帮助他们找到下一步适合学习的知识点，帮助他们建立系统的知识体系。对于初学者或学科薄弱的学习者，推荐系统可以推荐知识点粒度较小的课程，帮助他们建立起学科基础，逐步提高学习能力。

基于知识点粒度的智能学习路径规划也是 MOOC 推荐中的重要应用。推荐系统根据学习者的学习进度和学习目标，生成个性化的学习路径。在学习过程中，学习者可以根据推荐系统的引导，有序地学习不同的知识点，逐步提高学习能力并加深对知识的理解。智能学习路径规划帮助学习者合理安排学习时间，避免学习过程中的盲目性和随意性，提高学习者的学习效率和学习成效。

知识点粒度在 MOOC 资源推荐中发挥着重要作用。合理把握知识点粒度，有助于提高学习效果和学习体验。基于知识点粒度的个性化课程推荐和智能学习路径规划可以帮助学习者更高效地学习，从而提高学习满意度和学习效果。随着智能教育技术的不断发展，基于知识点粒度的 MOOC 资源推荐将进一步优化，为学习者和教师提供更好的学习和教学支持。

6.2.2　知识点粒度划分原则与方法

将原本庞大且逻辑连贯的完整知识体系拆解为若干相对独立且结构清晰的知识块，是顺应现代学习环境中碎片化趋势的一项重要策略。这些精心构建的知识块旨在灵活融入多样化的学习时间与平台，促进知识的迅速流通与便捷获取。进行知识点粒度划分时，必须遵循科学严谨的原则与方法，而非仅凭时间维度机械地将原本以一节课时间为单位构建的知识体系进行分割。此过程需深入考量知识点间的内在逻辑关联与完整性，确保每个知识块在保持独立性的同时，也能维持其内在逻辑的严密性与知识点的完整性。

1. 知识点粒度划分原则

知识点粒度划分应该同时具备以下几方面的原则：

(1) 知识点的基元性。每个知识点应聚焦于最基本、最本质的事实性内容，确保所选知识点具有不可再分的原子性结构。此原则强调对知识点的直接提取与呈现，避免额外加工，以维护其原始性与纯粹性。

(2) 知识点的同一性。在确立知识点基元性的基础上，其内容组织应紧密围绕一个清晰明确的中心主题展开，即便存在适度的知识拓展，也应严格遵循该主题的内在逻辑与边界限制。如此，划分出的知识点方能体现出高度的精炼性与灵活性，进而加速知识传播，并促进学习者的接收与理解。

(3) 知识点的完整性。每个独立划分的知识点均应具备自我完整的特性，即作为一个独立的学科单元或教学资源，其内容应当相对完整且自成体系。在碎片化学习盛行的时代，这一原则尤为重要，因为它确保了即便在有限的学习时间与快速切换的注意力环境中，学习者也能有效把握每个知识点的核心要义，减少知识断裂与遗忘的风险。

(4) 知识点之间的继承性。在划分知识点时，需前瞻性地设计接口与连接点，以促进不同知识点之间的逻辑关联与后续发展。这允许学习者根据具体的学习需求与情境，灵活组合知识点，构建出适应个人学习路径的知识体系。在碎片化知识泛滥的背景下，此原则对于保障学习者能够形成系统性、连贯性的知识网络具有不可估量的价值。

2. 知识点粒度划分方法

虽然将知识点细粒度化能够显著提升学习者对知识点的接收效率，然而，单纯依赖此方式却难以保障学习者对知识的高效吸收与内化。原因在于，细粒度化的知识点往往削弱了其可扩展性，限制了学习者通过深度思考与整合来生成新知识的能力，同时也妨碍了原本相互关联知识块之间的有效联结。此外，知识碎片化过程中不可避免地伴随着信息损耗，这些遗失的信息片段可能导致原本严谨且自洽的知识体系出现逻辑断裂与解释歧义。因此，在知识点粒度划分的初期阶段，课程建设者就必须从宏观视角出发，采取与划分原则紧密契合的知识点划分与组织策略。这一过程不仅关乎划分后知识点的独立性与针对性，更决定着重组后知识体系的完整性、全面性以及其对于学习者长期学习与知识构建的支持作用。

知识点粒度的划分步骤如下。

(1) 选取核心知识点。在任何课程体系中，均存在一系列构成其基础框架与独特性的核心知识点。这些知识点不仅是课程内容的基石，也是决定该课程独特性的关键要素。因此，在进行知识点划分时，首要任务是确保这些核心知识点的全面识别与精确提炼，既要避免遗漏任何关键要素，又要保持其高度的凝练性与代表性。

(2) 延伸扩展知识点。核心知识点之外，课程内容的丰富性还体现在其可扩展性上。这些扩展知识点往往基于核心知识点的深化与拓展，反映了学科领域的新进展、新技术或新理论。在扩展过程中，虽可能与其他课程存在知识交集，但关键在于维持与本课程核心知识点的紧密联系，确保扩展内容的内在逻辑性与课程特色。

(3) 分类总结。知识点的分类是构建知识体系的重要步骤，可根据不同的学习需求与教学目标，采用多样化的分类标准。从宏观层面，可分为理论性与实践性两大类；微观层面，则可进一步细化为定义、联系、属性、规则、步骤、辅助说明等多个维度，甚至可进一步细分以适应更精细化的教学需求。这样的分类体系有助于学习者更好地把握知识点的内在结构与逻辑关联。

(4) 确定相互间关系。作为同一课程体系的组成部分，各知识点之间必然存在着错综复杂的联系。这些联系构成了知识的网络结构，为学习者的知识定位、扩展与深入学习提供了基础。明确了知识点之间的前导、后续、衍生及并列等关系，有助于学习者在头脑中形成清晰的知识图谱，促进知识的有效整合与运用。

(5) 重新组织学习资源。基于知识点划分与关系构建的成果，需采用科学合理的组织模式对学习资源进行重新编排与整合。这一组织方式应兼顾离散式学习与系统性学习的需求，既便于学习者根据个人兴趣与需求进行按需学习，又能保证学习内容之间的逻辑连贯性，支持学习者进行连续性的深入学习。同时，资源的呈现方式也应注重用户体验与学习效率的提升。

6.2.3　应用知识点粒度资源的案例

当前，国内外涌现出众多线上编程教育与学习平台，它们在内容编排与呈现方式上表现出多样化的特点。具体而言，部分平台如慕课网、学堂在线等，侧重于视频教学资源的开发与提供，通过直观生动的视频讲解，促进编程知识的传递与理解；而 w3school、菜鸟教程等平台则更倾向于以详尽的文字教程为核心，通过条理清晰的文字描述，帮助学习者深入掌握编程理论与技术细节。此外，LeetCode、牛客网等平台则以编程实践为鲜明特色，强调通过解决实际问题与算法挑战，提升学习者的编程技能与问题解决能力。在编程教育与学习的核心功能之外，众多平台也融入社交元素，如设立讨论区、分享板块等，旨在促进学习者之间的交流与互动，构建积极的学习氛围。以牛客网为例，该平台更是在此基础上，进一步拓展了服务边界，整合了招聘服务及视频面试功能，为学习者与业界搭建了更为紧密的桥梁。

可汗学院采用以视频教程为主导，以文本教程为辅的多元化教学模式，其用户体系涵盖了学生、教师及家长等多元角色，旨在满足不同用户群体的学习与管理需求。其教程设计秉持清晰性与简洁性原则，每个教学节点均配以相应的同步练习，以确保知识的即时巩固与应用。可汗学院还引入了知识地图这一创新工具，该地图由精心设计的节点网络构成，节点间通过线条相互连接，直观展现了知识体系的内在结构。具体而言，每个教学模块中的知识点均能在知识地图中找到对应的节点，而节点间的连线则深刻揭示了知识点之间的依赖与递进关系，其中，难度递增的知识点在地图中呈现为更趋向于底部的位置。这种基于知识地图的知识点组织方式，不仅极大地提升了学习路径的透明度，使学生能够从宏观视角把握学习进程，同时也促进了学生对整体知识框架的深刻理解与掌握。

慕课网作为一个专注于 IT 技能提升的在线学习平台，其显著特色在于采用视频教学作为主要教学手段。这一模式赋予了学习者前所未有的灵活性，使他们能够跨越时空限制，高效利用零散时间进行学习活动，从而显著提升了学习的便捷性与效率。相较于传统的线下教学模式，慕课网的在线教学形式极大地简化了教学活动的组织流程，降低了组织难度，为知识的广泛传播与个性化学习创造了有利条件。

菜鸟教程则是以文本为核心呈现方式的编程教育资源库，专注于为学习者提供一系列精炼且系统化的编程基础技术教程。该平台以"简洁、高效"为核心设计理念，通过剔除冗余信息，精准聚焦核心内容，使学习者能够迅速把握知识要点，有效提升学习效率。尤为值得一提的是，菜鸟教程还集成了在线编程练习功能，这一创新举措不仅实现了理论与实践的即时结合，还允许学习者在学习过程中即时检验学习成果，获得即时反馈。这种"学练结合"的教学模式不仅增强了学习的互动性，还显著提升了学习成效与学习满意度，为学习者构建了更加积极、高效的学习体验。

　　LeetCode 作为一个专注于编程实践与技能提升的在线平台，汇聚了丰富多样的编程练习题目。用户在该平台上进行解题时，需通过编写代码以达成特定输出要求或成功通过预设的测试用例集验证。一旦代码通过测试，LeetCode 将自动从时间复杂度和空间复杂度两个关键性能指标出发，对代码进行详尽的评估与反馈。借助 LeetCode 进行系统的编程技能训练，不仅能够显著提升使用者的编程实现能力，还能够在实践中不断巩固并深化其对相关编程知识与技术的理解与掌握，从而达到理论与实践相互促进、相辅相成的良好学习效果。

6.2.4　智能推荐技术

　　智能推荐技术是一种基于人工智能和数据分析的技术，旨在根据用户的个性化需求、兴趣和行为模式，自动为其推荐最相关和有价值的信息、产品、服务或内容。这种技术在各个领域都得到了广泛应用，尤其在电子商务、社交媒体、音乐和视频平台、新闻网站等方面，成为提高用户体验和推动业务发展的重要手段。

　　智能推荐技术的基本原理是通过收集和分析用户的历史数据，如浏览记录、搜索行为、购买记录等，了解用户的偏好和兴趣。根据这些信息，推荐系统可以预测用户未来可能感兴趣的内容，并将相关内容推送给用户。这样的个性化推荐能够大大提高用户满意度和内容利用率，节省用户搜索和筛选信息的时间和精力。

1. 推荐系统分类

　　智能推荐技术涵盖了多种推荐系统的类型，主要包括以下几类。

　　(1) 基于内容的推荐系统通过分析物品(如商品、文章、视频等)的内容特征，以及用户的兴趣偏好，推荐与用户兴趣相匹配的内容。该方法常用于推荐文章、视频、音乐等媒体类型的内容，以及电子商务平台中的商品推荐。

　　(2) 协同过滤推荐是一种利用用户行为数据(如浏览记录、购买记录等)来预测用户兴趣的方法。根据用户的历史行为和其他用户的行为模式，推荐系统可以找到具有相似兴趣的用户，并向目标用户推荐这些相似用户感兴趣的内容。

　　(3) 混合推荐是将多种推荐算法和技术结合起来，以提高推荐系统的准确性和覆盖范围的方法。通过将基于内容的推荐和协同过滤推荐等方法进行组合，混合推荐系统可以更好地满足不同用户和不同场景下的推荐需求。

2. 推荐系统的技术要素

　　智能推荐技术的实现涉及多个关键要素，主要包括以下内容。

　　(1) 数据收集与预处理。推荐系统的首要任务是收集和处理用户的行为数据和内容信息。这包括收集用户的浏览记录、购买记录、评分数据等，以及获取物品的内容特征和属性。预处理这些数据是为了清洗和整理数据，减少噪声和冗余信息，为后续的推荐算法做好数据准备。

　　(2) 用户画像与兴趣建模。在推荐系统中，构建用户画像是一个重要的步骤。通过分析用户的行为数据和个人信息，推荐系统可以了解用户的兴趣和偏好。用户画像的建立可以采用统计分析、机器学习和深度学习等方法，以提取用户的特征和兴趣模式。

（3）物品特征表示。在基于内容的推荐系统中，为物品建立特征表示是关键步骤。特征表示可以通过自然语言处理技术、图像处理技术等方法，将物品的内容转化为计算机可以理解和处理的向量形式。

（4）推荐算法与模型选择。推荐算法是智能推荐技术的核心。不同的推荐算法适用于不同的场景和任务。常见的推荐算法包括基于内容的推荐算法、协同过滤推荐算法、矩阵分解推荐算法、深度学习推荐算法等。选择合适的推荐算法是提高推荐系统效果的关键。

（5）评估与优化。评估推荐系统的性能是保证其有效性的重要手段。通过对推荐结果的准确性、覆盖率、多样性等指标进行评估，可以发现推荐系统中存在的问题，并进行优化和改进。

智能推荐技术是一种强大的工具，可以为用户提供个性化的推荐内容，提高用户体验和满意度。它在电子商务、社交媒体、音乐和视频平台、新闻网站等领域发挥着重要作用。随着人工智能技术的不断进步，智能推荐技术有望在未来实现更加精准、多样化和智能化的发展。通过持续改进和优化，智能推荐技术将为用户提供更好的推荐体验，推动各个领域的发展和进步。

6.2.5　MOOC 资源推荐算法

在慕课资源推荐系统中，隐语义模型(Latent Factor Model，LFM)作为核心推荐机制，其核心理念在于通过挖掘潜在的特征维度来建立用户兴趣与资源内容之间的深层联系。该推荐过程可细致划分为三大环节：首先，将学习资源映射至一系列隐含的分类空间；其次，基于用户的历史行为数据，分析并确定用户对这些隐含分类的偏好程度；最后，根据用户的兴趣分类，从相应分类中精选出最符合用户偏好的学习资源进行推荐。隐语义模型属于基于内容的推荐方法，他们之间的差别在于，基于内容的推荐是评估新物品与当前用户过去喜欢的物品之间的相似度进行推荐，隐语义模型是给物品以及用户打上标签，对其进行分类，根据分类进行推荐。隐语义模型最早在文本分析领域被提出，用以发现文本内容的隐含语义。与该模型相关的模型有隐含类别模型(latent class model)，隐含主题模型(latent topic model)等。隐语义模型的核心是通过隐含特征(latent factor)将用户兴趣与物品联系起来。

首先我们需要将用户数据以及教育资源数据标签化，教育资源标签化即为教育资源特征化，用户兴趣标签化即为用户特征化。对于这种推荐，主要分为四个关键部分：标签库，教育资源标签化，用户兴趣标签化以及隐语义模型推荐。完成了上面四个关键步骤即可实现教育资源的个性化推荐系统。

1. 标签库

标签是链接用户与教育资源的纽带，它可以来自己有内容的标签，网络抓取的流行标签或者对教育资源进行关键词提取。

2. 教育资源标签化

教育资源包含 LOM(Learning Object Meta-data)标准描述的教育资源以及教育论坛中的问题。对教育资源的标签化可以通过对关键词进行提取，当得到关键词之后，遍历每一个标签，计算关键词与此标签的相似度之和，继而取出相似度最高的前 N 个标签即为此教育资源的标签。

3. 用户兴趣标签化

用户兴趣标签化即为从用户的特征中抽取标签，用户的特征种类非常多。主要包括以下几类：

人口统计学特征：包括用户的教育程度、年龄、性别、学习背景、个人偏好、感兴趣的学科等用户在注册时填写的信息。

用户的行为特征：包括用户参与过的讨论，浏览过的网页，做过的练习，有过的提问等用户在学习过程中动态更新的数据。

通过对用户进行上述信息的搜集，可以实现用户的标签化。

4. 隐语义模型推荐

有了教育资源特征以及用户特征，就可以使用隐语义模型 LMF 进行推荐。LMF 通过如下公式计算用户 U 对教育资源 S 的兴趣：

$$\text{preference}(U,S) = \sum_{f=1}^{F} p_{U,k} q_{S,k} \tag{6-1}$$

其中 $p_{U,k}$ 和 $q_{S,k}$ 是模型的参数，其中 $p_{U,k}$ 度量了标签 k 在用户兴趣中所占权重，$q_{S,k}$ 度量了标签 k 在教育资源中所占权重，F 代表选取的特征个数。要得到以上两个参数 $p_{U,K}$ 和 $q_{S,k}$，需要学习有标注数据集，这个数据集中包含每个用户喜欢的物品和不喜欢的物品集合。

这里给出参数递推公式：

$$p_{U,k} = p_{U,k} + \alpha \left(q_{S,k} - \lambda p_{U,k} \right) \tag{6-2}$$

$$q_{S,k} = q_{S,k} + \alpha \left(p_{U,k} - \lambda q_{S,k} \right) \tag{6-3}$$

其中 α 是学习速度，它需要通过反复试验获得。λ 为正则化参数。

6.3　智能问答技术

如今的信息爆炸式发展，不难发现，人们在工作和获取信息的过程中，往往要花很多的精力去查找有关的信息。搜索引擎的出现可以在大量的信息中，根据关键词进行查询，但这种方式却无法直接得到正确的答案，还需通过人工排查。与一般的搜索引擎不同，智能问答技术通过对用户输入的问题进行解析并返回答案，可以帮助用户快速准确地获取想要的内容。

现阶段问答系统大致可以分为以下几类：第一种是检索式问答系统，首先构造一个由问答对构成的问答知识库，再对所提出的问题进行分析，然后在知识库里进行检索并返回对应的答案。第二种是开放对话式问答系统，类似于没有明确目的的谈话，可能在多个话题之间自由切换，相当于用户和机器人之间的闲聊，比如打招呼。第三种是面向任务型问答系统，完成具有明确指向性的任务，比如预订酒店咨询、在线问诊、在线客服等。根据问答系统的复杂程度，还可将问答系统分为单轮问答与多轮问答。单轮问答常用来解决某些简单问题，在此情况下，文本语义主题之间通常不会发生转换，即无需考虑上下文语义之间关联性，没有人称代词指代和关键信息省略等情况发生在当前文本中，也就是说不需要考虑问答中的上下文语义的关键信息。而多轮问答需要考虑人类口语化表述中的指代词和信息缺失等情况，要求系统能根据上下文信息以了解文本的真正意图，从而对系统功能提出了较高要求。由于这种多轮问答形式往往更符合日常生活中咨询、聊天、询问等实际情况，因此如何在系统中解决存在代词指代与信息缺省这类语义上有欠缺的文本语义的理解问题，就更富有挑战性。

构建能理解上下文语义的多轮问答系统具有多方面的技术挑战，其中涉及的主要环节包括如下几个方面：在多轮问答背景下，系统首先需要判断当前文本所围绕的主题是否和上一轮文本讨论的主题一致，也就是当前文本的语义是否需要结合上一轮文本进行语义理解；若当前文本语义是基于上一轮文本表述，则当前文本可能存在人称代词指代或关键信息缺省的情况，系统如何结合上文信息理解指代或缺省文本的语义，也是一大挑战；对于查询答案环节，由于可能存在一种语义多种形式表述的现象，而数据库里只存储单形式表述问答数据，对于多形式文本表述如何在数据库里查询对应答案，同样是挑战。例如：当你向机器询问"什么是 C 语言"，且数据库里存储该问题的答案，机器会查询数据库返回答案，但当你继续询问"它的特点是什么"，机器则需先判断出当前文本和上轮文本语义相关联，进而根据上文信息深入理解"它"字的真实含义；紧接着用户继续询问"什么是计算机"，机器需识别出用户已经换了新主题进行询问，无需结合上文语义理解当前文本；当用户再输入"发明者是谁"，系统则需要结合上文信息理解当前省略了关键词"计算机"文本的语义。又或者下次用户换种形式表述"C 语言是什么"，而数据库里只存储"什么是 C 语言"的答案，机器同样需要理解语义并精确匹配。

智能问答技术通过构建系列智能问答模型解决多轮问答中语义理解问题，其中包括用户文本间语义相关性的识别判断、用户存在代词指代和信息缺省的语义缺失表述对话的重新改写以及相同含义多种形式表述的非结构化文本的实体识别。

6.3.1　文本语义相关性识别模型

文本语义相关性识别模型首先使用 BERT 模型提取文本上下文语义特征，然后使用全连接层线性整合语义特征并映射到样本空间，再通过序列标注方式训练模型，使模型更加注重文本间所表述语义的相关性而非相似性，进而提高文本间语义相关性识别的精确度。

模型整体结构如图 6.1 所示，整个模型结构包括了数据处理层、语义编码层、分类处理层和输出层四个部分。先通过数据处理层加载并分离训练样本的每条数据，并对数据文本进行拼接，设置头部、连接处及尾部标记，得到完整的拼接文本；再通过 BERT 预训练模型对拼接文本进行特征提取和动态语义编码得到完整的文本语义向量；然后通过全连接网络线性整合 BERT 模型提取的分布式特征，并将其映射到样本空间；最后经过输出层处理，得到数据文本间语义的相关性。

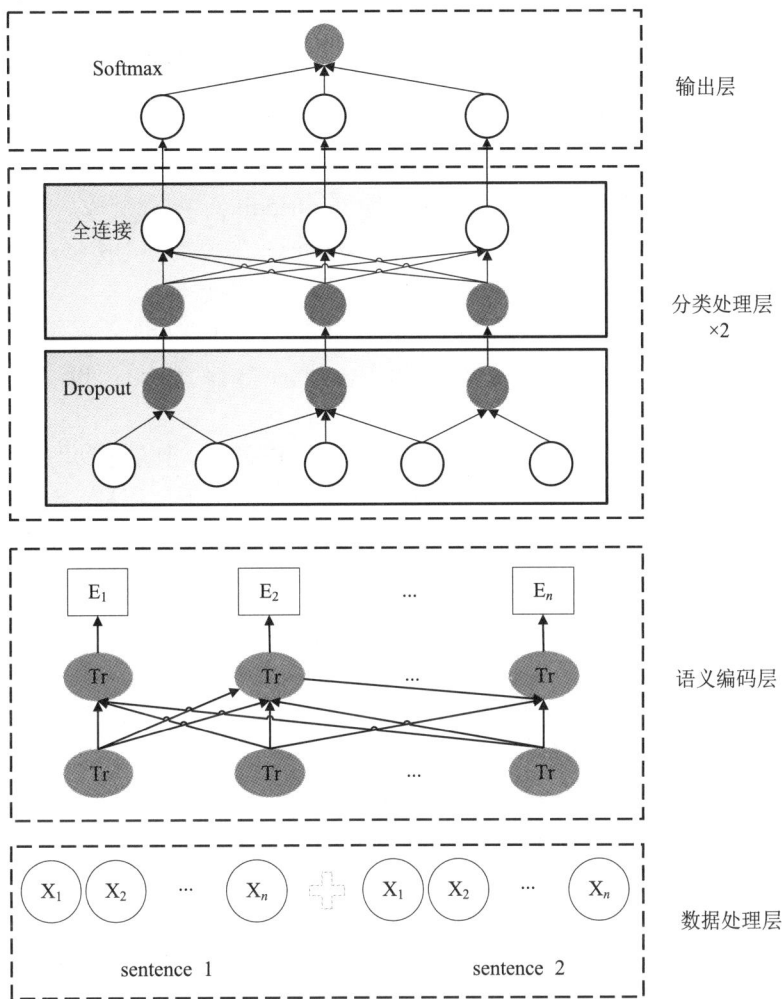

图 6.1　基于 BERT 的文本语义相关性识别模型整体结构

1. 数据处理层

数据处理层负责加载和分离训练样本，并对分离出的两个文本进行拼接，设置头部、连接处及尾部标记，得到完整的拼接文本。该层的工作步骤如下：第一步，读取数据样本并分离正负样本；第二步，打乱读取的数据顺序；第三步，划分训练集和验证集，训练集占比 0.8，验证集占比 0.2；第四步，拼接文本。

训练样本中每条数据格式为(Label，q_1，q_2)，其中 q_1 和 q_2 分别表示语义相关性识别的两个文本，Label 值为 0 或 1，分别对应 q_1 和 q_2 两个文本语义不相关和相关，假设 $q_1 =(x_1$，x_2，…，$x_n)$，$q_2 = (y_1$，y_2，…，$y_m)$，其中 x_i 和 y_j 分别表示 q_1 和 q_2 两个文本中的第 i 个字和第 j 个字，n 和 m 分别表示 q_1 和 q_2 两个文本的长度。将 q_1 和 q_2 两个文本进行拼接，并设置头部、连接处及尾部标记，得到完整的拼接文本 $S = ([cls]q_1$，$[sep]q_2[sep])$，其中第一个单词是[cls]标志，可以用于分类任务，[sep]表示文本分隔符，输出拼接文本 S 作为语义编码层的输入。

2. 语义编码层

语义编码层负责对文本进行编码，使用 BERT 预训练模型对拼接后的文本 S 进行特征提取并编码，得到文本向量 $W =(w_1, w_2, \ldots, w_N)$，其中 w_i 表示文本向量的第 i 个字向量，N 表示文本向量的长度，由于 BERT 强大的特征提取能力和自带的多头自注意力机制，使得编码后的文本向量更加能关注文本的深层次语义。

BERT 模型的 Input Embedding 是由三种 Embedding 共同组成，分别是 Token Embeddings、Segment Embeddings、Position Embeddings，如公式(6-4)所示：

$$Input = TE + SE + PE \tag{6-4}$$

式(6-4)中，Input 表示 BERT 模型的 Input Embedding(输入嵌入)，TE 表示 Token Embeddings(词嵌入)，SE 表示 Segment Embeddings(片段嵌入)，PE 表示 Position Embeddings(位置嵌入)。

BERT 模型是多层的双向 Transformer 的 Encoder，BERT 模型充分利用了 Transformer 的多头自注意力机制，利用注意力机制针对输入序列的不同上下文信息，对其不同的重视程度赋予不同的权重，提取文本内部隐藏的语义信息，使得模型可以深层次的提取文本隐藏的特征。如公式(6-5)所示：

$$output = FNN\big(multiHead\big(Attention\big(Q, K, V\big)\big)\big) \tag{6-5}$$

式(6-5)是 Transformer 中自注意力机制的公式表示，Q 表示 Query，意指查询向量，K 表示 Key，意指键向量，V 表示 Value，意指值向量，这三个向量是由一个单词的嵌入向量映射成的三个相同维度的新向量，这是注意力机制的核心思想，通过计算句子中每个单词与其他单词之间的关联度，并使用该关联度来调整单词在句子中的权重，该单词向量不仅暗示了其自身的含义，还暗示了与之相关的单词的关系。output 表示经过每层 Transformer 的 Encoder 编码的向量，multiHead 表示多头注意力机制，FNN 表示前馈神经网络，在 Transformer 的 Encoder 结构中，使用了多头自注意力机制提取文本中单词的特征信息，并通过前馈神经网络得到这些特征信息的表示。

BERT 模型在结构上是一个多层的双向 Transformer 的 Encoder，最终的向量形式是多层的编码结构进行组合，如公式(6-6)所示：

$$out = Layer\big(output + Layer\big(output\big)\big) \tag{6-6}$$

式(6-6)中，out 表示最终的文本向量，output 表示经过每层 Transformer 的 Encoder 编码的向量。Layer 表示单层的编码结构，BERT 模型会对最初的编码向量进行层层编码，得到最终的编码向量。

3. 分类处理层

分类处理层负责处理提取语义特征后的文本向量，采用卷积的思想，利用全连接网络整合 BERT 模型提取的分布式特征，并将其映射到样本空间。通过不断调整神经网络的权重和偏置值，学习数据文本语义之间的联系，并对文本向量进行降维处理，将文本间语义的联系通过线性函数表示出来。

分类处理层由两个相同的分类单元串联组成，每个分类单元又由 Dropout 层和全连接层组成，Dropout 层通过随机让一些神经网络单元停止工作，防止过拟合现象的发生。全连接层在整个网络模型中起到了"分类器"的作用，对学习到的文本间语义的特征通过线性转换的方式进行整合。如式(6-7)、式(6-8)所示：

$$\text{Classification}(x) = \text{FC}\big(\text{dropout}(w \cdot X + b)\big) \tag{6-7}$$

$$E = \text{Classification}\big(\text{Classification}(x)\big) \tag{6-8}$$

式(6-7)中，Classification 表示经过单个分类单元得到的输出，X 表示分类单元的输入向量，W 表示权重系数，b 表示偏置值，dropout 表示 dropout 函数用于丢失一定比例的神经网络单元，FC 表示全连接网络。式(6-8)中，E 表示经过分类处理层得到的输出向量。

4. 输出层

输出层负责可视化模型训练的结果，当文本向量经过神经网络不断地学习其中的语义特征后，需要将特征向量所代表的结果表示出来。输出层由一层 Softmax 层组成，特征向量经过 Softmax 层归一化处理后，将其映射成 0 或 1，0 代表模型识别出原始两个文本间的语义不相关，1 代表模型识别出原始两个文本间的语义相关。如公式(6-9)所示：

$$L = \text{softmax}(E) \tag{6-9}$$

式(6-9)中，L 表示模型对于训练样本数据中的两个文本间语义的相关性识别结果，E 表示分类处理层的输出向量，softmax 表示对输出向量 E 进行 softmax 归一化处理。

6.3.2 对话改写模型

对话改写模型利用 Transformer 预训练模型深层次地关注文本语义，有效提取文本潜在语义特征，并通过指针抽取文本关键信息替代基于指针网络生成改写文本的思路，提取关键词并替换或插入当前待改写文本进而恢复指代或缺失的信息进行文本改写。通过该方法构建的对话改写模型不仅提升了对话改写的准确性，还解决了以往文本生成方式速度慢的问题。

模型整体结构如图 6.2 所示。整个模型结构包括了数据处理层、语义编码层、指针预测层和输出层四个部分，先通过数据处理层加载并分离训练样本的每条数据，并对数据文本进行拼接，设置头部、连接处及尾部标记，得到完整的拼接文本，再通过 Transformer 的 RBT3 预训练模型对拼接文本进行特征提取和动态语义编码得到完整的文本语义向量，然后再将文本向量输入到指针预测层得到数据文本关键信息的指针地址，包括关键词位置开始指针、关键词位置结束指针、缺省位置指针、指代词位置开始指针和指代词位置结束指针，再将这五个指针地址输入到输出层得到网络改写后的文本。

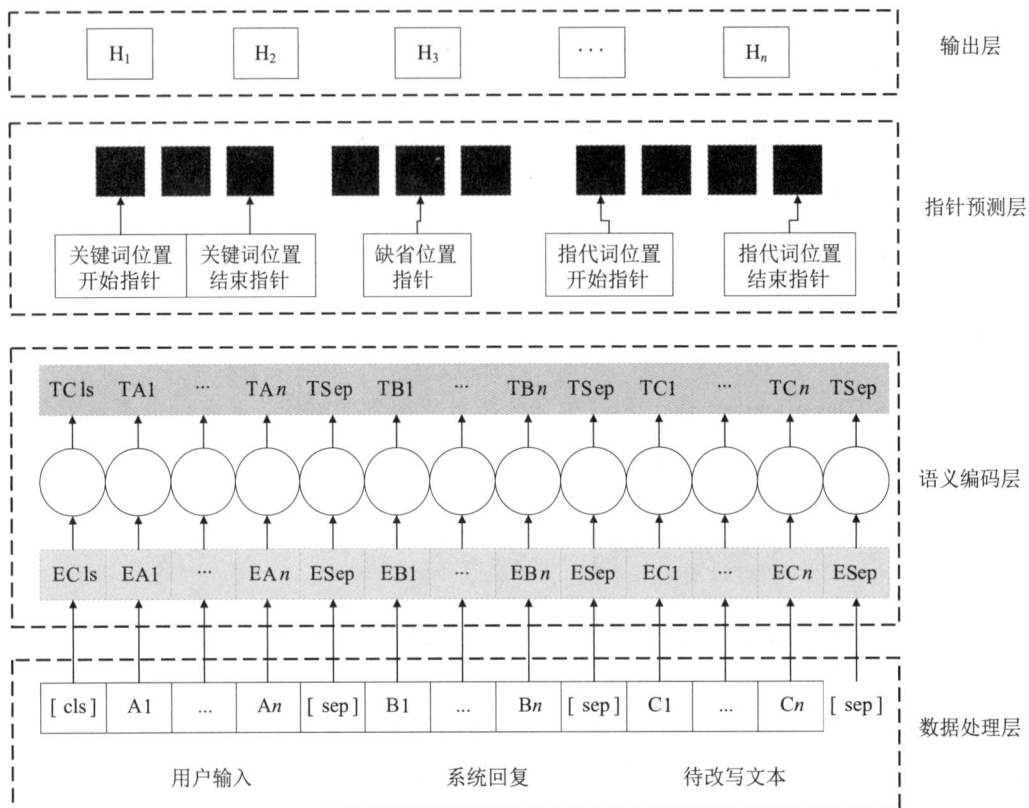

图 6.2 基于 Transformer 指针抽取的对话改写模型结构

1. 数据处理层

数据处理层负责加载和分离训练样本，并对分离出的两个文本进行拼接，设置头部、连接处及尾部标记，得到完整的拼接文本。该层的工作步骤如下：第一步，读取数据样本并分离正负样本；第二步，打乱读取的数据顺序；第三步，划分训练集和验证集，训练集占比 0.9，验证集占比 0.1；第四步，拼接文本。

训练样本中每条数据格式为(a，b，current，right)格式，其中 a 表示用户上一轮输入文本，b 表示系统上一轮的回复文本，current 表示当前待改写文本，right 表示理论正确改写后的文本。将 a、b、current 和 right 四段文本进行拼接，并设置头部、连接处及尾部标记，得到完整的拼接文本 S = ([cls]a，[sep]b，[sep] current，[sep] right[sep])，其中第一个单词是 [cls]标志，用于标记开始位置，[sep]表示文本分隔符，输出拼接文本 S 作为语义编码层的输入。

2. 语义编码层

语义编码层负责对文本进行编码，使用 Transformer 的 RBT3 预训练模型对拼接后的文本 S 进行特征提取并编码，得到文本向量 W =(w_1，w_2，…，w_N)，其中 w_i 表示文本向量的第 i 个字向量，N 表示文本向量的长度，由于 Transformer 强大的特征提取能力和自带的多头自注意力机制，使得编码后的文本向量更能关注文本的深层次语义。

Transformer 模型对输入的文本序列是并行处理的，并不是按照序列顺序从前往后的处理，为了学习句子中单词之间的位置关系和上下文关系，在输入时除了对字本身进行嵌入操作外，还需要额外添加位置嵌入(Position Embedding)，因此对于每一个字向量 w_i，其 Input Embedding 为词嵌入(Word Embedding)和位置嵌入之和，计算公式如式(6-10)所示：

$$I(w_i) = WE(w_i) + PE(w_i) \qquad (6\text{-}10)$$

在式(6-10)中，$I(w_i)$表示字向量 w_i 的 Input Embedding，$WE(w_i)$表示 Word Embedding，$PE(w_i)$表示 Position Embedding。

Transformer 的强大特征提取能力在于其内部结构的多头自注意力机制，通过将每一个字向量的 Input Embedding 映射成三个相同维度的新向量，分别为查询(Query)向量、键(Key)向量、值(Value)向量。通过计算句子中每个单词与其他单词之间的关联度，并使用该关联度来调整单词在句子中的权重，每个单词向量不仅暗示了其自身的含义，还暗示了与之相关的单词的关系。计算方法如公式(6-11)所示：

$$Attention(Q, K, V) = softmax\left(\frac{Qk^T}{\sqrt{d_k}}\right)V \qquad (6\text{-}11)$$

Transformer 的每一个注意力层都会连接着一个前馈神经网络，通过非线性变换，将注意力层的结果映射到更高维度的空间，计算方法如公式(6-12)所示：

$$FNN(x) = \max(0, xW_1 + b_1)W_2 + b_2 \qquad (6\text{-}12)$$

式(6-12)中，W_1 和 W_2 为需要学习的参数，b_1 和 b_2 为偏置项，通过公式可以发现，Transformer 的前馈神经网络是先经过一个线性变换，再经过一个 ReLU 激活函数，然后再经过一个线性变换。

为了防止梯度消失和梯度爆炸，Transformer 对注意力层和前馈神经网络层还进行了残差连接和归一化操作。具体原理是每一层包括了原始输入和上一子层的输出，使得即便子层运算中出现梯度消失和爆炸，依旧能通过原始输入保证整个层的输出不出现问题，计算方法如公式(6-13)所示：

$$Layer = Layer(x + Sublayer(x)) \qquad (6\text{-}13)$$

残差模块的作用主要是解决随着网络深度的增加梯度不稳定的问题，归一化的作用主要是防止梯度消失或者梯度爆炸，加速模型收敛。

3. 指针预测层

指针预测层负责抽取文本关键信息的指针地址，包括关键词位置开始指针、关键词位置结束指针、缺省位置指针、指代词位置开始指针和指代词位置结束指针。模型通过用指针地址提取的关键词替换待改写文本的指代词或插入缺省位置，得到改写后的完整语义文本。

而对于文本关键信息的五个指针地址的抽取，则是通过比较数据文本中当前待改写的文本和理论正确改写后的文本的差异，得出关键词、指代词、缺省位置；根据关键词抽取出用户上一轮输入文本中关键词位置的开始指针和结束指针；根据指代词抽取出当前待改写的文本中指代词位置的开始指针和结束指针；根据缺省位置抽取出当前待改写的文本中缺省位置指针。

上述的指针抽取方法可以完成对于训练数据的序列标注，在模型训练过程中，则需要不断学习文本中关键信息的上下文之间的联系，预测出关键词位置开始指针、关键词位置结束指针、缺省位置指针、指代词位置开始指针和指代词位置结束指针。对于字符 i，其关键信息的位置指针概率分布计算方式如公式(6-14)所示：

$$P(i) = \frac{\exp(wx_i + b)}{\sum_{k=1}^{L} \exp(wx_k + b)} \tag{6-14}$$

式(6-14)中，$P(i)$ 表示对于字符 i 其关键信息的位置指针预测概率，x_i 表示字符 i 对应的输出向量，w 是需要训练学习的参数，b 是偏置值，L 是输入序列的总长度，关键词位置开始指针、关键词位置结束指针、缺省位置指针、指代词位置开始指针和指代词位置结束指针的概率分布计算方式都是如此，得到每个位置的概率分布后，取最大值所处的位置即为预测的各个位置。

4. 输出层

输出层负责输出模型训练的结果，由一层 Softmax 层组成。特征向量经过 Softmax 层归一化处理后，将其映射成 0 或 1，0 代表模型识别出原始两个文本间的语义不相关，1 代表模型识别出原始两个文本间的语义相关。

6.3.3 中文实体识别模型

中文实体识别模型利用 BERT 模型对文本进行特征提取并表征一词多义；利用 BiLSTM 模型获取文本的上下文特征；利用注意力机制，针对输入序列的不同上下文信息，对单词不同的重视程度赋予不同的权重，提取文本内部隐藏的语义信息；利用条件随机场进行解码标注。通过该方法构建的实体识别模型可以表征相同词语在不同语境下的多种含义，充分挖掘文本隐藏的语义特征。

基于多头注意力机制的中文实体抽取模型整体结构如图 6.3 所示，整个模型结构包括了 BERT 层、BiLSTM 层、多头注意力层和 CRF 层四个部分。BERT 层主要负责对文本进行动态语义编码，先对数据文本进行拼接，再通过 BERT 预训练模型对拼接文本进行特征提取和动态语义编码得到完整的文本语义向量，获得含有丰富语义的词向量，并且该词向量具有一词多义的特征；BiLSTM 层主要负责针对文本的上下文特征进行提取，BiLSTM 使用前向和后向双向且独立的 LSTM 网络，处理输入序列的上下文信息，进一步使得语义向量充分结合序列的全局上下文信息；多头注意力层主要负责提取文本内部隐藏的语义信息，利用注意力机制针对输入序列的不同上下文信息，对单词不同的重视程度赋予不同的权重，利用权重系数表示关键作用的特征信息的重要程度，进而提取具有关键作用的特征信息；CRF 层有两个作用，其一是通过 CRF 模型对输出结果进行解码标注，其二是通过给预测的标签添加规则进行约束，为预测结果保驾护航，以保证其合法性，最终对实体进行提取分类。

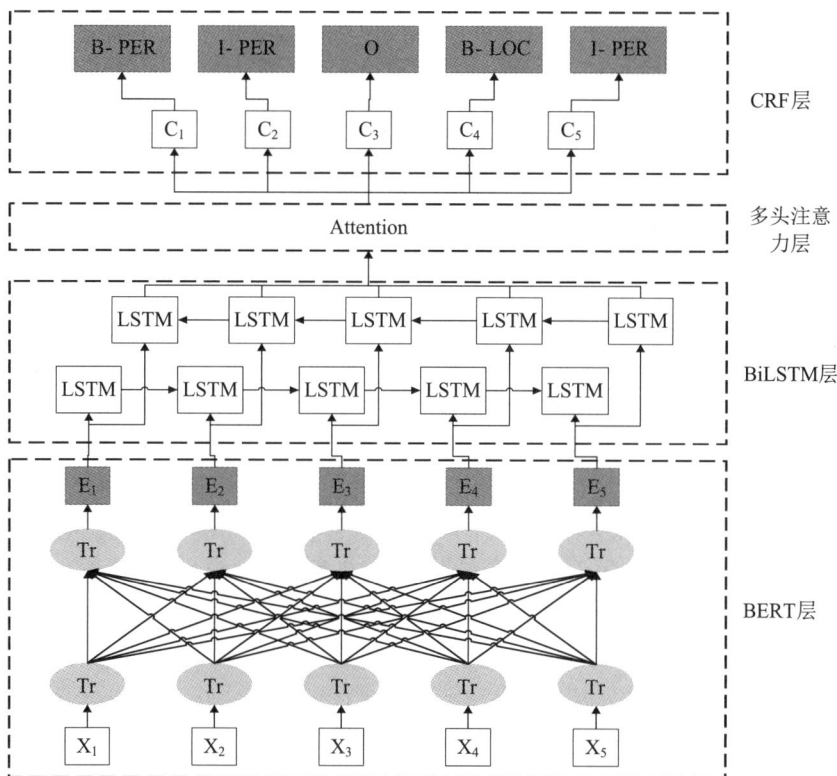

图 6.3 基于多头注意力机制的中文实体抽取模型整体结构

6.3.4 智能问答技术应用实例

以 C 语言课程知识为背景，结合文本语义相关性识别模型、对话改写模型和中文实体识别模型的智能问答系统的整体框架构建如图 6.4 所示。系统先提取其与用户的对话历史信息，接着使用文本语义相关性识别模型判断用户两轮输入文本间语义相关性。若相关，则先使用对话改写模型改写用户存在代词指代或信息缺省的语义缺失文本，再使用实体识别模型辅助答案查询工作；若不相关，则直接使用实体识别模型辅助答案查询工作。

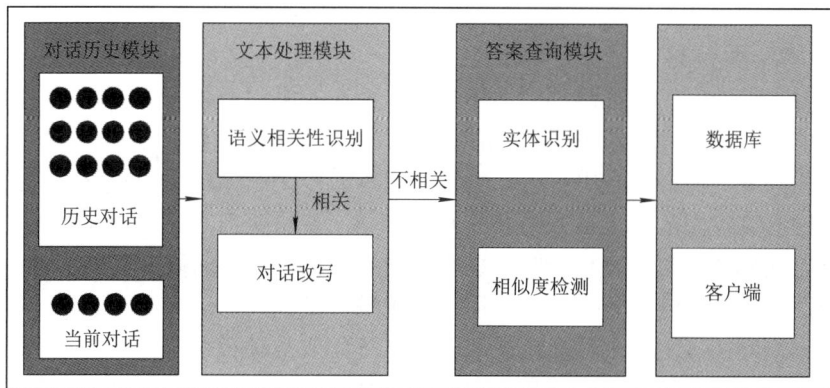

图 6.4 智能问答系统整体框架

　　按照智能问答流程的处理顺序，系统有三大模块，分别是对话历史模块、文本处理模块和答案查询模块。其中对话历史模块负责存储和读取用户与机器的多轮对话历史文本；文本处理模块包含文本语义相关性识别的处理和对话改写的处理，文本语义相关性识别工作负责识别判断用户两轮输入文本间语义是否相关联，对话改写工作负责根据用户与机器的对话历史信息对当前用户存在代词指代或信息缺省的语义缺失文本进行改写，以恢复语义完整的文本；答案查询模块负责针对用户相同含义多种形式表述的文本进行实体抽取，并根据抽取的实体在数据库进行答案匹配。

1. 对话历史模块

　　对话历史模块负责存储和读取用户与系统的多轮对话历史文本，由于该问答系统的设计背景是在多轮问答情景下，且系统对于用户当前输入文本的语义理解需结合上下文信息，所以对于用户与系统的对话历史有必要进行存储和读取。对话历史模块的工作流程如图 6.5 所示。

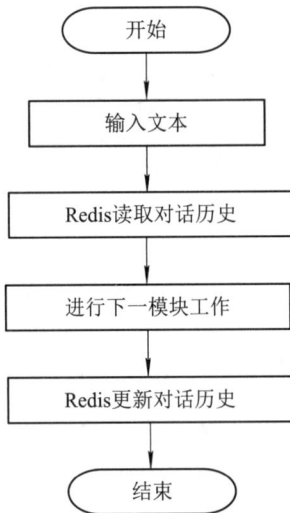

图 6.5　对话历史模块的工作流程

2. 文本处理模块

　　文本处理模块包含文本语义相关性识别的处理和对话改写的处理。

1) 文本语义相关性识别的处理过程

　　在用户与系统的多轮问答过程中，随着问答轮次的增加，系统需要理解用户的每一轮输入文本的语义。在实际情景中，往往存在着用户当前输入文本的语义和用户上一轮输入文本的语义相关联，需要结合用户上一轮输入文本的语义进行理解。系统需要拥有识别判断用户两轮输入文本间的语义是否相互关联的功能，若系统判断用户当前输入文本的语义和用户上一轮输入文本的语义相关联，说明用户当前输入文本的语义需要结合用户上一轮输入文本的语义进行理解；若系统判断用户两轮输入文本间的语义没有联系，则说明用户当前输入文本语义所围绕的主题发生了改变，系统需要及时对用户当前文本的语义理解做出调整。文本语义相关性识别主要负责识别判断用户两轮输入文本间语义是否相关联，其内部工作流程如图 6.6 所示。

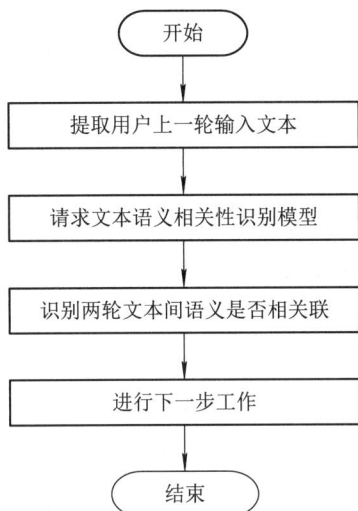

图 6.6　文本语义相关性识别内部工作流程图

　　将用户上一轮输入文本与用户当前输入文本，输入到训练好的文本语义相关性识别模型中，输出用户两轮问答文本的语义相关性预测标签。若预测标签值为 0，则说明用户当前输入文本与上一轮输入文本间的语义无关联，无需改写，直接进行答案匹配工作；若预测标签值为 1，说明用户当前输入文本与上一轮输入文本间的语义相关联，当前文本可能是存在代词指代或信息缺省的语义缺失文本，需要进行改写工作理解当前输入文本的语义。

　　2) 对话改写的处理过程

　　人类的交流普遍存在代词指代和信息缺省的语义缺失的表述形式，具体表现在：指代词，使得语句语焉不详指代不清，没法在上下文缺失的情况下就单一句子理解含义；省略词，导致文本成分缺失，上下文背景信息不完善。若想让系统在与人类的问答中更加智能，则系统需要具备能够结合与用户的对话历史，理解用户存在语义缺失的文本语义的能力。对话改写的处理负责结合用户与系统的对话历史，对用户当前输入的语义缺失文本进行改写，恢复其指代或缺省的信息，帮助机器理解用户的真实意图，其工作流程如图 6.7 所示。

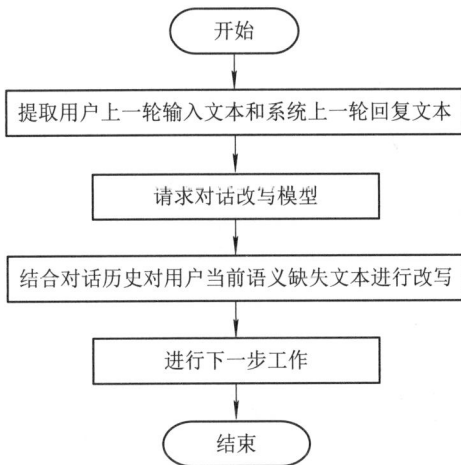

图 6.7　对话改写工作流程图

　　根据对话历史模块提取到的用户与系统的对话历史信息，将用户上一轮输入文本以及机器上一轮回复文本与用户当前输入文本，均输入到训练好的对话改写模型中，输出对用户当前输入文本改写后的完整语义文本。根据改写后的完整语义文本理解用户当前输入文本的语义。

3. 答案查询模块

　　在智能问答的实际情景下，机器对于用户非结构化的口语表述文本的语义理解存在困难，非结构化的口语表述文本体现在用户的多种形式表述文本中蕴含相同含义的情形。人类的表述形式多种多样，而对于系统来说，规定了其对于特定文本与其答案的对应关系后，若用户换种形式表述，机器则很难找到其中的对应关系进行答案匹配。考虑到用户虽然存在相同语义多种形式的表述，但其围绕的文本实体却是不变的，所以答案查询模块负责相对于用户文本进行实体抽取，再通过实体寻找其内部的文本与答案之间的对应关系，其工作流程如图 6.8 所示。

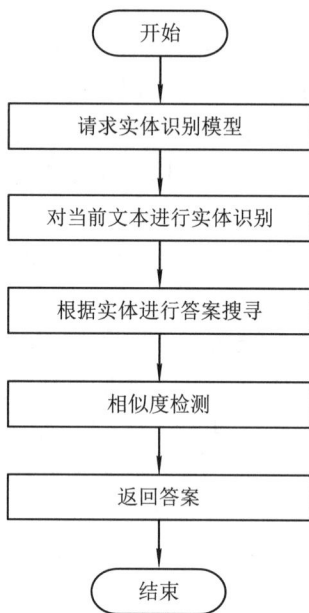

图 6.8　答案查询模块工作流程

　　系统将当前待处理文本送入训练好的中文实体抽取模型中，当前待处理文本指的是经过系统改写后的语义完整文本或者是无需改写的语义完整文本。模型将对当前文本先进行实体抽取，抽取的实体可能存在多个；然后根据抽取的实体去数据库里进行答案搜寻，得到数据库里包含该实体的数据集合；再将集合里的数据和当前待处理文本进行相似度检测，锁定集合中与其语义最相似的数据；最后将答案返回给用户。

4. 结果展示

　　通过对话历史模块、文本处理模块和答案查询模块，智能问答系统可以处理多轮问答过程中对用户输入文本的多种形式语义理解的问题。例如针对用户存在代词指代的文本表述的问答过程示例如图 6.9 所示，其对应的后端处理过程如图 6.10 所示；针对用户存在信息缺省的文本表述的问答过程示例如图 6.11 所示，其对应的后端处理过程如图 6.12 所示；

针对用户相同含义不同表述的文本处理问答示例如图 6.13 所示，其对应的后端处理过程如
图 6.14 所示。

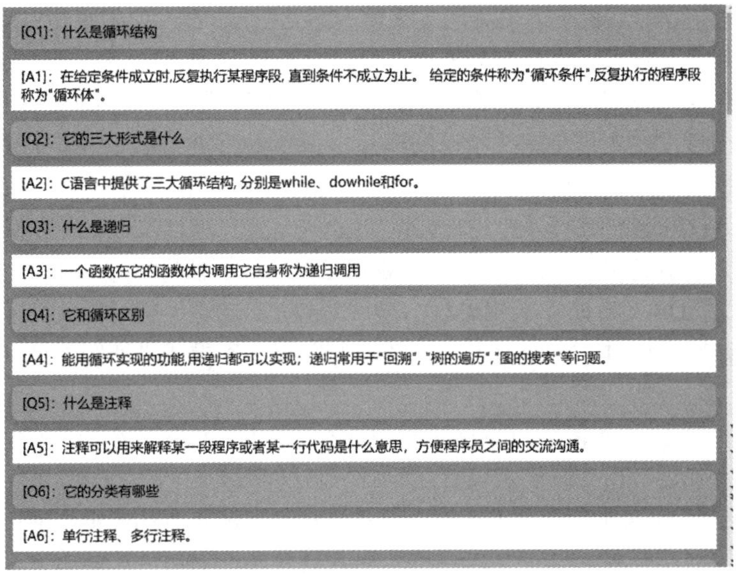

```
[Q1]: 什么是循环结构

[A1]: 在给定条件成立时,反复执行某程序段,直到条件不成立为止。 给定的条件称为"循环条件",反复执行的程序段
       称为"循环体"。

[Q2]: 它的三大形式是什么

[A2]: C语言中提供了三大循环结构,分别是while、dowhile和for。

[Q3]: 什么是递归

[A3]: 一个函数在它的函数体内调用它自身称为递归调用

[Q4]: 它和循环区别

[A4]: 能用循环实现的功能,用递归都可以实现; 递归常用于"回溯","树的遍历","图的搜索"等问题。

[Q5]: 什么是注释

[A5]: 注释可以用来解释某一段程序或者某一行代码是什么意思,方便程序员之间的交流沟通。

[Q6]: 它的分类有哪些

[A6]: 单行注释、多行注释。
```

图 6.9　代词指代问答过程示例

如图 6.9 所示，展示的是用户输入带有代词指代的语义缺失文本，系统经过语义分析
后给出答案的多轮问答程序示例过程。其中 Q_n 表示用户的第 n 轮输入，A_n 表示系统的第
n 轮回复。在图 6.9 中，例如 Q2 文本"它的三大形式是什么"是针对 Q1 文本"什么是循
环结构"进行询问。

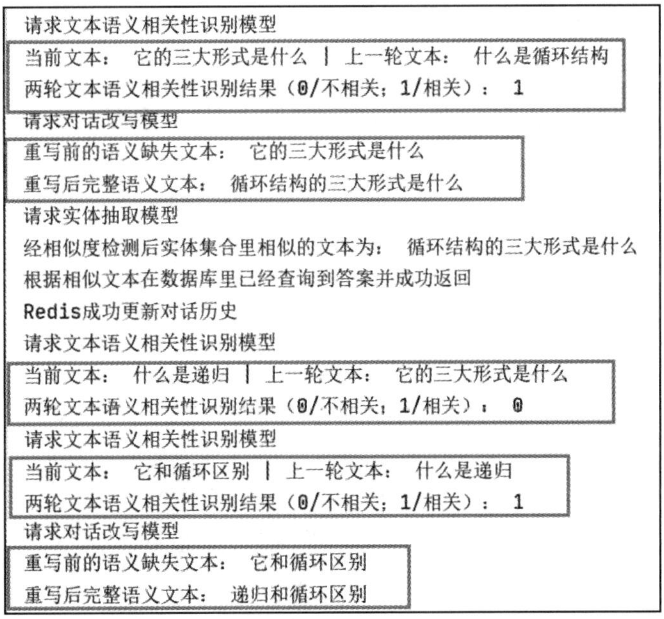

```
请求文本语义相关性识别模型
当前文本: 它的三大形式是什么 | 上一轮文本: 什么是循环结构
两轮文本语义相关性识别结果（0/不相关；1/相关）: 1
请求对话改写模型
重写前的语义缺失文本: 它的三大形式是什么
重写后完整语义文本: 循环结构的三大形式是什么
请求实体抽取模型
经相似度检测后实体集合里相似的文本为: 循环结构的三大形式是什么
根据相似文本在数据库里已经查询到答案并成功返回
Redis成功更新对话历史
请求文本语义相关性识别模型
当前文本: 什么是递归 | 上一轮文本: 它的三大形式是什么
两轮文本语义相关性识别结果（0/不相关；1/相关）: 0
请求文本语义相关性识别模型
当前文本: 它和循环区别 | 上一轮文本: 什么是递归
两轮文本语义相关性识别结果（0/不相关；1/相关）: 1
请求对话改写模型
重写前的语义缺失文本: 它和循环区别
重写后完整语义文本: 递归和循环区别
```

图 6.10　代词指代问答过程后端处理过程

如图 6.10 所示，展示的是系统针对用户存在代词指代的文本表述进行语义理解的后端
详细分析过程，例如 Q1 和 Q2 输入情形，Q1 文本是"什么是循环结构"，Q2 文本是"它

的三大形式是什么"。系统首先请求文本语义相关性识别模型，识别出 Q2 文本是基于 Q1 文本的语义进行表述的，Q2 文本的语义和 Q1 文本的语义相关联，其次 Q2 文本是属于代词指代的语义缺失文本，系统请求对话改写模型对 Q2 进行改写，还原其完整文本表述"循环结构的三大形式是什么"进行答案查询。

例如 Q2 和 Q3 的输入情形，Q2 文本是"它的三大形式是什么"，而 Q3 文本是"什么是递归"。系统请求文本语义相关性识别模型，识别出两轮文本的语义无关联，用户进行了下一个主题提问，直接查询答案并返回。

例如 Q3 和 Q4 的输入情形，Q3 文本是"什么是递归"，Q4 文本是"它和循环的区别"。系统首先请求文本语义相关性识别模型，识别出 Q4 文本是基于 Q3 文本的语义进行表述的，Q4 文本的语义和 Q3 文本的语义相关联；其次 Q4 文本是属于代词指代的语义缺失文本，系统请求对话改写模型对 Q4 进行改写，还原其完整文本表述"递归和循环的区别"进行答案查询。

例如 Q5 和 Q6 的输入情形，Q5 文本是"什么是注释"，Q6 文本是"它的分类有哪些"。系统首先请求文本语义相关性识别模型，识别出 Q6 文本是基于 Q5 文本的语义进行表述的，Q6 文本的语义和 Q5 文本的语义相关联；其次 Q6 文本是属于代词指代的语义缺失文本，系统请求对话改写模型对 Q6 进行改写，还原其完整文本表述"注释的分类有哪些"进行答案查询。

从上述问答情形可以证明，基于 BERT 特征映射的文本语义相关性识别模型可以用于解决在多轮问答中，机器是否需要结合用户上文本语义理解当前文本语义的识别判断问题；以及基于 Transformer 指针抽取式对话改写模型可以用于解决在多轮问答中，机器针对代词指代语义缺失文本的语义理解问题。

如图 6.11 所示，展示的是用户输入存在信息缺省的语义缺失文本，系统经过语义分析后给出答案的多轮问答过程示例。

图 6.11　信息缺省问答过程示例

　　如图 6.12 所示，展示的是系统针对用户存在信息缺省的文本表述进行语义理解的后端详细分析过程。

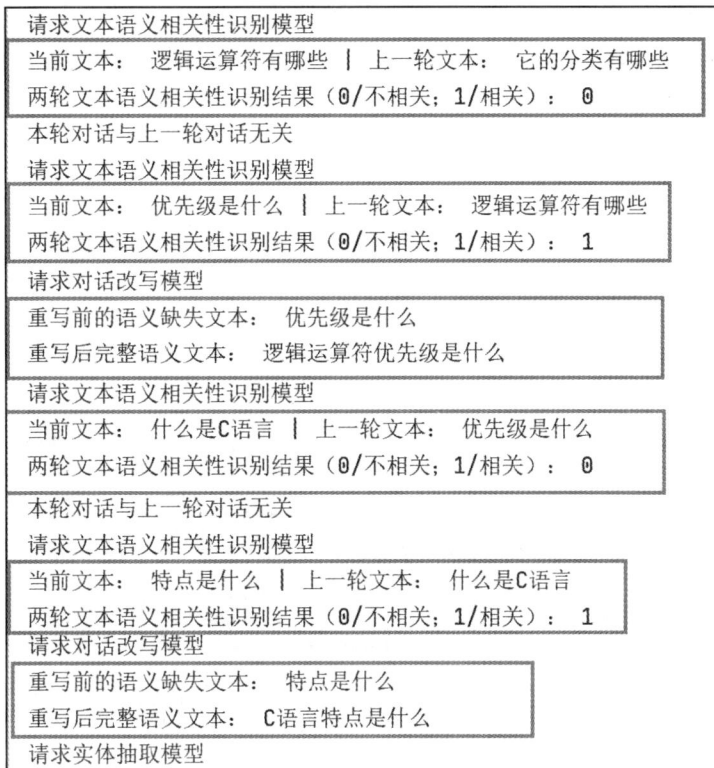

```
请求文本语义相关性识别模型
┌─────────────────────────────────────────────────┐
│ 当前文本：  逻辑运算符有哪些  │ 上一轮文本：  它的分类有哪些 │
│ 两轮文本语义相关性识别结果（0/不相关；1/相关）：  0 │
└─────────────────────────────────────────────────┘
本轮对话与上一轮对话无关
请求文本语义相关性识别模型
┌─────────────────────────────────────────────────┐
│ 当前文本：  优先级是什么  │ 上一轮文本：  逻辑运算符有哪些 │
│ 两轮文本语义相关性识别结果（0/不相关；1/相关）：  1 │
└─────────────────────────────────────────────────┘
请求对话改写模型
┌─────────────────────────────────────────────────┐
│ 重写前的语义缺失文本：  优先级是什么 │
│ 重写后完整语义文本：  逻辑运算符优先级是什么 │
└─────────────────────────────────────────────────┘
请求文本语义相关性识别模型
┌─────────────────────────────────────────────────┐
│ 当前文本：  什么是C语言  │ 上一轮文本：  优先级是什么 │
│ 两轮文本语义相关性识别结果（0/不相关；1/相关）：  0 │
└─────────────────────────────────────────────────┘
本轮对话与上一轮对话无关
请求文本语义相关性识别模型
┌─────────────────────────────────────────────────┐
│ 当前文本：  特点是什么  │ 上一轮文本：  什么是C语言 │
│ 两轮文本语义相关性识别结果（0/不相关；1/相关）：  1 │
└─────────────────────────────────────────────────┘
请求对话改写模型
┌─────────────────────────────────────────────────┐
│ 重写前的语义缺失文本：  特点是什么 │
│ 重写后完整语义文本：  C语言特点是什么 │
└─────────────────────────────────────────────────┘
请求实体抽取模型
```

图 6.12　信息缺省问答过程后端处理过程示例

　　例如 Q7 和 Q8 的输入情形，Q7 文本是"逻辑运算符有哪些"，Q8 文本是"优先级是什么"。系统首先请求文本语义相关性识别模型识别出 Q8 文本是基于 Q7 文本的语义进行表述的，Q8 文本的语义和 Q7 文本的语义相关联；其次 Q8 文本是属于信息缺省的语义缺失文本，系统请求对话改写模型对 Q8 进行改写，还原其完整文本表述"逻辑运算符优先级是什么"进行答案查询。

　　例如 Q8 和 Q9 的输入情形，Q8 文本是"优先级是什么"，而 Q9 文本是"什么是 C 语言"。系统请求文本语义相关性识别模型，识别出两轮文本的语义无关联，用户进行了下一个主题提问，直接查询答案并返回。

　　例如 Q9 和 Q10 的输入情形，Q9 文本是"什么是 C 语言"，Q10 文本是"特点是什么"。系统首先请求文本语义相关性识别模型，识别出 Q10 文本是基于 Q9 文本的语义进行表述的，Q10 文本的语义和 Q9 文本的语义相关联；其次 Q10 文本是属于信息缺省的语义缺失文本，系统请求对话改写模型对 Q10 进行改写，还原其完整文本表述"C 语言特点是什么"进行答案查询。

　　例如 Q11 和 Q12 的输入情形，Q11 文本是"什么是冒泡排序"，Q12 文本是"排序思路是什么"。系统首先请求文本语义相关性识别模型，识别出 Q12 文本是基于 Q11 文本的语义进行表述的，Q12 文本的语义和 Q11 文本的语义相关联；其次 Q12 文本是属于信息缺省的语义缺失文本，系统请求对话改写模型对 Q12 进行改写，还原其完整文本表述"冒泡排序排序思路是什么"进行答案查询。

从上述问答情形可以证明，基于 BERT 特征映射的文本语义相关性识别模型可以用于解决在多轮问答中，机器是否需要结合用户上文文本语义理解当前文本语义的识别判断问题；基于 Transformer 指针抽取式对话改写模型可以用于解决在多轮问答中，机器针对信息缺省的语义缺失文本的语义理解问题。

如图 6.13 所示，展示的是用户输入相同含义不同形式表述的文本，系统经过语义分析后给出答案的多轮问答过程示例过程。

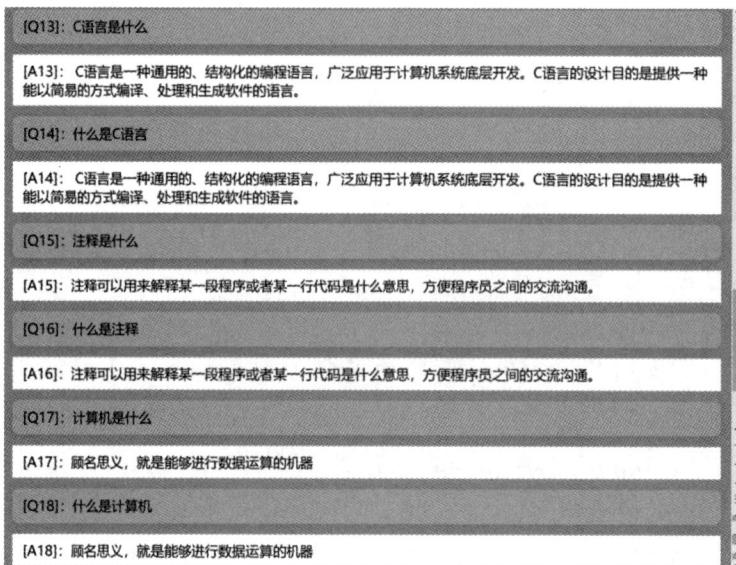

图 6.13　相同含义不同表述问答过程示例

如图 6.14 所示，展示的是系统针对用户输入相同含义不同形式表述的文本进行回复的后端详细分析过程。

图 6.14　相同含义不同表述问答过程后端处理过程

例如 Q13 和 Q14 的输入情形，Q13 文本是"C 语言是什么"，Q14 文本是"什么是 C 语言"。Q13 文本语义和 Q14 文本语义是相同的，但两者是不同形式的表述文本，系统在数据库查询答案时，先请求实体抽取模型对文本进行实体抽取，再根据实体查询出包含该实体的答案文本集合，再将集合中的文本和当前查询文本进行语义相似度检测，在集合中锁定语义最相似的数据，最后返回答案，后续的 Q15 和 Q16，以及 Q17 和 Q18 的问答处理过程与其类似。

从上述问答情形可以证明，融合注意力机制的 BERT 实体识别模型可以解决在多轮问答中机器针对用户相同含义多种形式表述的文本的语义理解问题。

6.4　内容检索系统设计

6.4.1　内容检索简介

随着信息表现形式的多样化和数字化的快速发展，人们所能获取的文本、视频和图像等文件数量迅速增长。如何有效地对这些文件进行高效的管理和准确的检索变得越来越重要。传统的检索方式忽略了图像和视频文件中大量重要的信息，如图像和视频中的文本，因此利用这些文本来提高检索效率具有巨大的潜力。内容检索平台的设计是为了提高文件检索的效率，通过图像文本检测和识别技术，识别出图像和视频中的文字，从而实现对文件更加准确的检索。

6.4.2　文本检测技术

图像文本检测技术是指对图像或视频中的文本区域进行检测的技术，它在实际应用中具有重要意义，可以用于图像搜索、文本翻译、自然语言处理等多个领域。图像文本检测技术的主要挑战在于图像中的文本情况复杂多变，如多语言环境、字体尺度变化、背景干扰严重等都具有较大的不确定性。

近年来，随着深度学习技术的发展以及其在图像文本检测中取得的巨大突破，图像文本检测受到越来越多的研究者关注。目前，主流的图像文本检测算法可以粗略地分为两类：一类是基于回归的图像文本检测算法，该类算法受到通用目标检测的启发，通过预测包裹文本的文本框来定位文本。另一类是基于分割的图像文本检测算法，该类算法可以很好地定位文本位置，对于任意方向的文本检测效果也很好。文本检测中包含以下几个关键模块。

1. 特征提取模块

输入图像首先通过 ResNet50 进行特征提取，ResNet50 可以分为 5 个阶段，如图 6.15 所示。每个阶段都会对图像下采样，最后把从第二个阶段到第五阶段的输出特征进行特征融合。其中把第二个阶段到第五个阶段的输出分别记为 C_2、C_3、C_4、C_5，特征图的大小

分别是原图大小的 $\dfrac{1}{4}$，$\dfrac{1}{8}$，$\dfrac{1}{16}$，$\dfrac{1}{32}$。

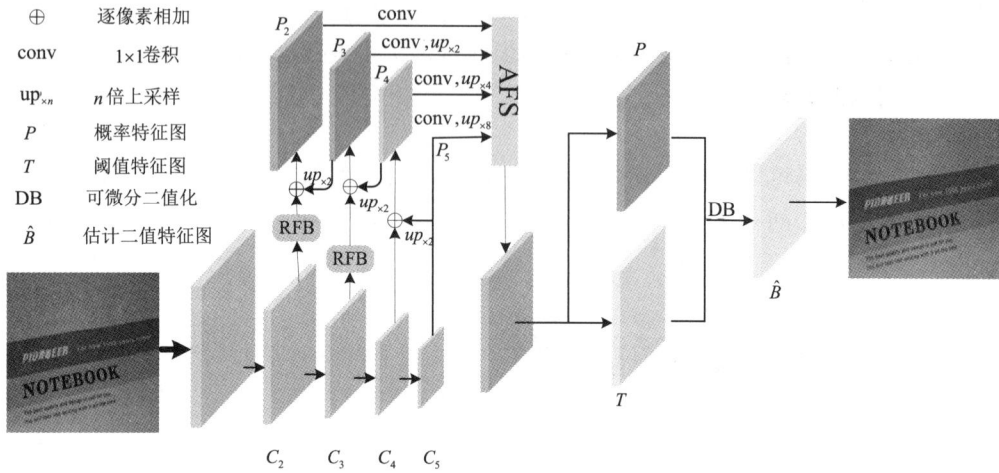

图 6.15　ResNet50 网络结构图

2. 特征融合模块

将 ResNet50 提取的 C_2、C_3、C_4、C_5 特征进行逐一的融合，对每个特征图，首先让 C_i 和 C_{i+1} 通过上采样得到的特征图逐像素相加得到输出，然后把 C_i 特征图也进行上采样操作参与 C_{i-1} 的运算。特征融合分别得到 P_2、P_3、P_4、P_5 四个 64 通道的不同尺度的特征图。公式表示为：$P_5 = \mathrm{conv}(C_5)$，$P_4 = \mathrm{conv}(C_4) \oplus \mathrm{up}_{\times 2}(P_5)$，$P_3 = \mathrm{conv}(C_3) \oplus \mathrm{up}_{\times 2}(P_4)$，$P_2 = \mathrm{conv}(C_2) \oplus \mathrm{up}_{\times 2}(P_3)$，其中 conv 表示 1×1 卷积运算，$\mathrm{up}_{\times 2}$ 表示两倍上采样操作，"$\oplus$"表示逐像素相加。

3. 感受野模块

文本图像中存在着很多尺度较小的文本实例，为了检测出这些文本实例，一个可行的方法是增加特征图的感受野。在卷积神经网络中，增加神经网络的深度可以增加特征图的感受野，感受野越大模型也就越容易获得更高的精度。但随着网络深度的增加，增加的计算开销也是不可忽视的。RFBNet 提出的多分支卷积的结构可以不增加网络深度提高特征图的感受野，从而获得更高的精度。受 RFBNet 的启发，设计了如图 6.16 所示的感受野模块。

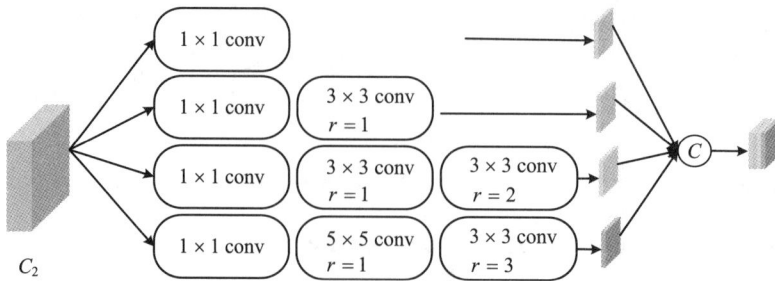

图 6.16　感受野模块

在主干网络输出特征图的 C_2、C_3 之后，添加感受野模块来扩大特征图的感受野，使其能更好地检测小尺度文本。C_2、C_3 特征图通过感受野模块的运算后，得到的特征图尺寸大小和输入特征图尺寸大小一致，因此输出特征图还需要经过 1×1 卷积运算，减少计算量。

4. 自适应特征选择模块

对于文本检测任务，图像中除了有文本实例信息外，还有背景信息。文本检测旨在检测出图像中的文本实例，但卷积层的输出特征图没有考虑各通道之间的依赖关系，每个通道对检测结果的贡献是一致的。这种方式导致图像的背景会干扰算法对文本实例的检测，从而降低算法的检测精度。注意力机制可以有效地缓解背景信息干扰文本检测这一问题。通过注意力机制能有效地对特征图中的重要特征加权，从而达到抑制背景信息的作用。

自适应特征选择模块的结构如图 6.17 所示。主干网络提取到 C_2、C_3、C_4、C_5 四个特征图，首先通过 FPN 特征融合得到 P_2、P_3、P_4、P_5 四个 64 通道的不同层次的特征图。这四个特征图包含不同尺度下的文本特征信息，把 ECA 注意力模型添加到每个特征图后面，使这四个特征图可以学习各个通道之间的依赖关系，最后把得到的四个输出特征图拼接在一起用于文本检测。自适应特征选择模块首先由 P_2、P_3、P_4、P_5 四个特征图通过 ECA 注意力模型，得到 $\tilde{P}_2$、$\tilde{P}_3$、$\tilde{P}_4$、$\tilde{P}_5$ 四个加权的特征图，然后通过 Concat 操作使四个特征图在通道上聚集形成一个特征图 X。图 6.17 中 C 表示 Concat 操作。

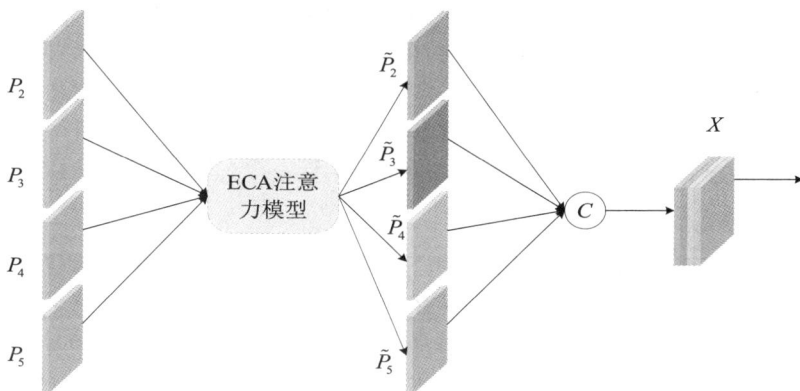

图 6.17　自适应特征选择模块结构

ECA 模型是一种轻量级注意力机制，其结构如图 6.18 所示。

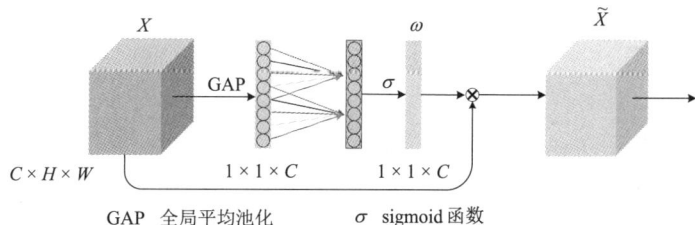

GAP　全局平均池化　　σ　sigmoid 函数

图 6.18　ECA 模型结构

5. 可微分二值化

二值化对于预测文本有很大的帮助，标准二值化通过设置一个阈值 t 对像素分类，大于等于 t 的像素点置 0，小于 t 的像素点置 1。最后值为 1 的区域表示文本区域。但标准二值化的阈值是手工设置的，无法放到网络中优化学习。而可微分二值化使用一个可微分的函数替代传统二值化函数，使得阈值能在网络中优化学习。可微分二值化的公式如(6-15)所示。

$$\hat{B}_{i,j} = \frac{1}{1 + e^{-k\left(P_{i,j} - T_{i,j}\right)}} \tag{6-15}$$

其中 $\hat{B}_{i,j}$ 表示近似二值特征图；k 表示放大倍数，设置为 50；$T_{i,j}$ 表示从网络中学习到的阈值特征图上 (i,j) 点的值；$P_{i,j}$ 表示从网络中学习到的概率特征图上 (i,j) 点的值。可微分二值化不仅可以准确定位文本区域，还可以帮助区分两个距离很近的文本实例。

6.4.3　文本识别技术

图像文本识别是计算机理解图像内容必不可少的一环，同时图像文本识别在现实世界中，如自动化文档处理、图像检索和自动驾驶等领域也有大量的应用。传统的文本识别通过人工设计的特征提取算法来对文本进行识别。例如，通过对图像进行垂直或水平投影，可以提取出字符的形状和大小信息，进而对字符进行分类。传统的文本识别算法需要手工设计特征提取算法和分类器，并且传统算法对光照、噪声等因素敏感。近年来，随着深度学习的发展，基于深度学习的文本识别算法逐渐成为主流。基于深度学习的文本识别算法可以分为两类：第一类是基于 CNN-RNN-CTC 框架的识别算法，该类方法首先使用卷积神经网络(CNN)提取图像特征，然后使用循环神经网络(RNN)对特征序列编码，最后使用连接时序分类(Connectionist Temporal Classification，CTC)[16]解码器对编码后的特征解码得到文字序列；第二类是编码器-解码器(encoder-decoder)[17]框架，该类方法通过编码器把图像特征编码为特征向量，然后解码器将特征向量转换为文字序列。编码器和解码器都是由 RNN 网络或 CNN 网络构成的，解码器中通常还包含注意力机制，以便模型更准确的输出识别序列。

图像中的文本具有特殊性，经常会出现文本变形、字体变化和背景干扰严重等现象，为了使算法更好的识别出图像中的文本，可在 SVTR[18]的基础上进行改进，文本识别网络结构如图 6.19 所示。该算法的网络结构是一个三级下采样的网络，网络风格和 Swin Transformer 类似。主要由 Patch Embedding 模块、Mixing Blocks 模块、Merging 模块、Text Attention(文本注意力)模块和 Combing 模块组成。由于特征图的宽维度包含丰富的文字信息，下采样会造成较多的信息丢失，因此网络中只对特征图的高维度进行下采样。

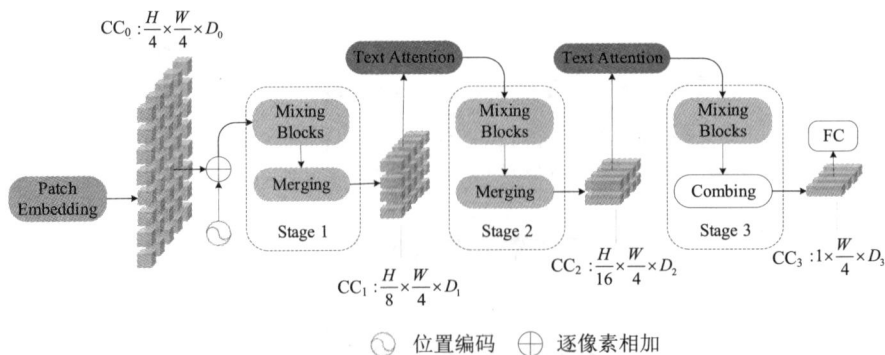

图 6.19　文本识别网络结构

1. Patch Embedding 模块

由于 Transformer 的输入是序列的，因此要把原始的二维图像转换为一系列一维的数据。对于图像，最直接的转换方式是每个像素作为一个输入，这种方式能准确地建模每个像素之间的关系，但不能承受额外的计算开销。另一种方法是把图像按 $w \times w$ 的大小划分成一个 Patch 作为输入，这样就可以减小计算量。每个 Patch 表示字符的一部分，被称为字符组件。可采用卷积的方法获取 Patch。假设原图表示为 $X \in R^{H \times W \times 3}$，通过两个步长为 2 的 3×3 的卷积且每个卷积后面都跟随一个 Batch Norm 层，原图像变为大小为 $CC_0 \in R^{\frac{H}{4} \times \frac{W}{4} \times D_0}$ 的特征向量。虽然这种方法相比直接窗口划分的方法增加了一点计算量，但是通过卷积和 Batch Norm 层让 Patch 有交叠特征和渐进式通道扩张的特点，得到更具代表性的字符组件，有利于更准确地识别文本。

2. Mixing Blocks 模块

由于大量不同的字符之间只有轻微的不同，因此要区分开这些相似的字符需要字符组件级别的特征，如字符的笔画信息，它能编码字符的形态特征和字符不同部分之间的相关性。除此之外，还需要编码字符与字符间的相关性或者文本和非文本的相关性。这里用两个不同的模块提取需要的特征，分别是 Global Mixing 模块和 Local Mixing 模块。Global Mixing 模块通过多头自注意力层来实现。该模块可以处理图像文本中的全局特征，即能建模字符组件之间的依赖关系。此外，它还能弱化非文本特征，强化文本特征。Local Mixing 模块通过自注意力机制层实现，和卷积类似，Local Mixing 模块采用一个大小为 7×11 的滑动窗口，通过自注意力机制来获得局部特征。Local Mixing 模块可以有效提取字符的形态特征，如字符的笔画特征，且能够建立字符内部特征之间的联系。完整的 Mixing Blocks 模块结构体如图 6.20 所示。

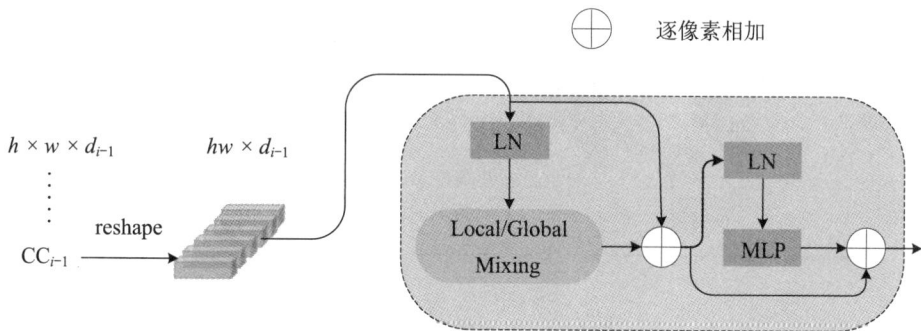

图 6.20　Mixing Blocks 模块结构

Mixing Blocks 模块的输入是前一个阶段的输出特征图，尺寸大小为 $h \times w \times d_{i-1}$，首先通过 reshape 操作转换为特征序列 $hw \times d_{i-1}$，然后输入到 Mixing Blocks 模块，依次经过一个 LN(Layer Norm)层和由多头自注意力层组成的 Local/Global 多层感知器(Multilayer Perceptron，MLP)模块，同时输出和输入的特征序列相加后再经过一个 LN 层和 MLP 模块后和残差特征相加作为输出。其中 Local Mixing 和 Global Mixing 通过堆叠的方式在 Mixing Blocks 模块重复出现，且 Local Mixing 在 Global Mixing 前面。

3. Merging 模块

Merging 模块是以降低特征图的分辨率来获得更低的计算量和更多的特征数，这里在每个 Mixing Blocks 后进行 Merging 下采样。首先将 Mixing Blocks 输出的特征序列 $hw \times d_{i-1}$ 通过 reshape 操作转换为原来的尺寸 $h \times w \times d_{i-1}$，然后通过一个步长为 2 的 3×3 卷积将高度维度两倍下采样为 $\dfrac{h}{2}$，宽维度不变，最后通过 Layer Norm 得到输出特征 $\dfrac{h}{2} \times w \times d_{i-1}$。

4. 文本注意力模块

文本注意力模块被用在网络结构的第一个阶段和第二个阶段的输出特征图上，这样增强了输出特征图像中的文本特征，同时抑制了图像中的背景等信息，达到提高文本识别准确率的目的。

图像中的背景信息会导致文本的错误识别，尤其是对于图像拍摄质量较低以及背景信息和文本信息比较相似的情况。在这些情况下，要使模型能增强文本区域的特征，同时抑制背景信息特征才能提高文本的识别准确率。卷积神经网络中的注意力机制可以学习各通道之间依赖关系，能抑制图像中的背景信息，从而提高文本识别的准确率。文本注意力模块也是注意力机制中的一种，在文本注意力模块中，实际上是进行一个特征筛选的过程，增强具有语义信息的特征，同时抑制冗余和杂乱的信息。文本注意力模块中使用 3×1 卷积和 sigmoid 激活函数学习权重给特征图加权，文本注意力模块的结构如图 6.21 所示。输入特征图 X 首先经过一个 3×1 卷积得到一个尺寸和输入特征图一致，但通道数为 1 的中间特征图，然后通过 sigmoid 激活函数得到 $0 \sim 1$ 的输出权重 ω，最后权重 ω 和输入特征图 X 逐像素相乘得到加权特征图 $\tilde{X}$。

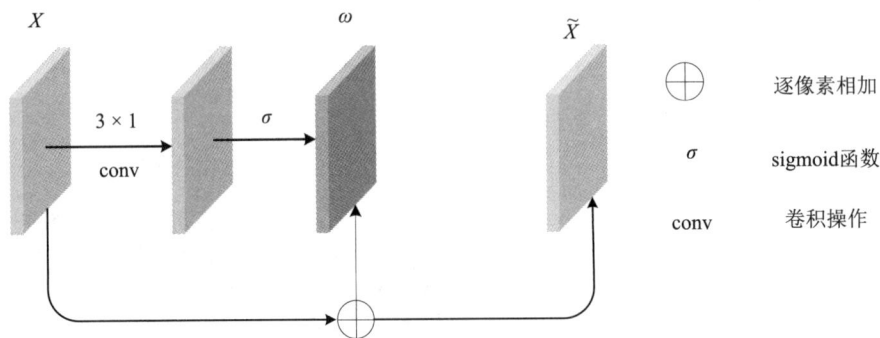

图 6.21　文本注意力模块结构

5. Combing 模块

该模块的作用是把输入的特征图转换为特征序列，首先大小为 $\dfrac{H}{16} \times \dfrac{W}{4} \times D_2$ 特征图依次通过池化层、全连接层、非线性的激活函数和 dropout，把特征图转换为 $1 \times \dfrac{W}{4} \times D_3$ 的特征序列，特征序列的总长度为 $\dfrac{W}{4}$，其中特征向量的长度为 D_3。

6.4.4 内容检索平台

内容检索平台是基于 B/S 架构开发的一套可以对文件进行全文检索的检索软件。该软件可以解决文件分散，文件生命周期不可控的问题，同时可以对文件进行高效的检索。该软件主要设计了文件检索、文件上传、下载、预览、删除和用户权限管理等功能。整个系统的总体结构如图 6.22 所示。

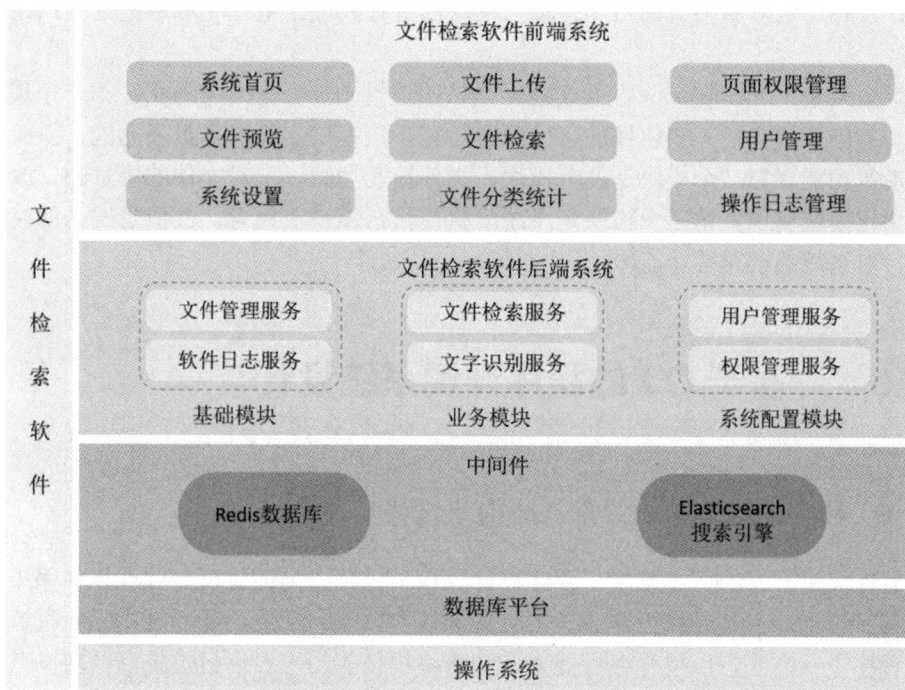

图 6.22　文件检索软件总体结构图

内容检索平台的功能分为前端系统的页面实现以及后端系统业务流程处理实现，前端系统的页面实现完成的是用户看得见的功能，用户通过点击按钮实现对相关功能的使用，但前端并不真正地实现这些功能。后端系统要完成对业务流程的处理和实现，一个或多个业务流程的处理组成一个功能的实现。

前端系统有两方面的功能，一个是用户进行检索的集成窗口，另一个是管理员对文件和其他用户的管理。前端系统并不直接对底层数据库进行操作，前端系统仅负责对操作的传递和翻译。具体而言，前端系统把用户输入的数据发送给后端系统，后端系统处理数据，把处理后的数据返回前端显示。前端系统是软件和用户之间的桥梁，它是软件中至关重要的一环。

前端系统的页面设计实现采用 Vue 框架，在部署运行时借助 Node.js 来运行。Vue 框架的组件化设计大大提高了软件页面设计的效率，同时，它还可以对要显示的数据进行双向绑定，这些功能都是 Vue 框架的核心特性。在表单处理方面，数据的双向绑定大大提高了前端页面的开发效率。Vue 框架也能支持前端系统的单独开发，在开发完成后只需接入后端系统提供的应用程序编程接口(API)就可以对软件进行部署测试。

前端系统主要实现与用户的交互，并配合后端系统完成文件检索软件的各种功能。前端系统主要包括以下页面，系统首页实现对用户的访问控制，文件上传、文件预览、文件检索、文件分类统计等页面实现文件的上传下载和展示，文件的修改、删除和查询等功能。页面权限管理、系统设置、用户管理、操作日志管理等页面实现系统的维护管理和安全性保障。

后端系统处于整个软件的中间层，它的上层是接收用户操作的前端系统，下层是保存数据的数据库以及中间件。后端系统通过不同的接口接收前端的输入，后端系统根据输入的要求，从底层数据库中查询出满足输入的数据进行处理，处理完成后把处理结果返回前端系统。

后端系统采用 spring boot 框架实现，其按照逻辑功能分为三个模块。第一个模块是基础模块，基础模块包括一些软件的基础配置功能，该模块实现的是报表功能，系统监控和系统管理等功能。第二个模块是业务模块，文件检索功能以及对文件的增、删、改、查等功能都由该模块实现。第三个模块是系统配置模块，该模块包含一些消息发送的接口，访问控制，对系统的设置等功能。

6.5　基于 OJ 的程序评测系统设计

6.5.1　OJ 程序评测使用的背景、原因及优势

随着计算机教育的持续发展，程序设计课程早已经成为计算机专业课程体系中的核心课程，程序设计能力是计算机专业学生必备的基本技能。学生需要通过实际编程操作掌握语法和程序设计方法，以提升编程能力。随着编程技能的重要性日益提高，对高效、公平的编程评测需求也逐步上升，传统的人工评测方式存在效率低下、主观性强、耗费大量人力等问题，难以满足大规模编程教育的需求。

当前，许多院校将程序评测平台(Online Judge，OJ)视为编程教学的重要工具，并利用其进行程序设计课程的实验教学和教学改革。OJ 平台最初用于国际大学生程序设计竞赛(ACM/International Collegiate Programming Contest，ACM/ICPC)的自动判题和排名，是一种用于自动评测用户代码正确性的在线工具，在提升学生编程能力、算法水平以及整体学术表现方面发挥着关键作用。OJ 平台包含大量难度不同的编程题目，学生可以在线提交程序，平台能够快速评判程序的正确性并及时反馈给学生。

OJ 程序评测平台的使用具有诸多优势。首先，OJ 平台的使用大大缩短了程序判定的时间，它通过自动化评测大大提高了评估效率，能够在短时间内处理大量的代码提交，减轻了教师的教学负担，节省了教师人工评审的时间和人力成本。其次，OJ 平台的评测环境是标准化的，确保每个学生在相同条件下进行代码测试，从而保证了评测的公平性和一致性。此外，OJ 平台提供即时反馈，帮助编程学习者迅速发现并纠正错误，掌握编程语言的语法、程序设计的思路和算法，进而提高逻辑分析能力，提升学生的编程兴趣，这对于提升学习效率和编程技能非常重要。研究表明，学生完成的在线编程题目数量与其在编译原理、数据结构等计算机专业核心课程中的成绩呈正相关关系。同时，OJ 平台能够

记录并分析大量数据，帮助教师了解学生学习的总体情况，从而优化教学方法，促进教学水平的提升。最后，OJ 平台具备高扩展性，能够支持多种编程语言和题目类型，满足不同层次和需求的编程教育要求。因此，OJ 程序评测平台在现代编程教育中扮演着不可或缺的重要角色。

6.5.2　OJ 程序评测的基本原理

OJ 程序评测平台是一种在线程序评测平台，主要用于自动评测用户提交的编程代码。OJ 平台通过一系列预设的测试用例，来检验提交程序在正确性、运行效率以及资源消耗等多个方面的表现。OJ 平台包括以下几个核心模块：用户接口模块、题库管理模块、评测引擎模块以及结果反馈模块。

用户接口模块为用户提供了友好的交互界面，用户可以通过该界面浏览题库、选择题目、提交代码并查看评测结果。OJ 平台提供在线编辑器和调试工具，以方便用户编写和调试代码。

题库管理模块负责管理 OJ 平台中的所有编程题目，包括题目的描述、输入输出要求、样例测试用例以及隐藏测试用例。题库管理模块还负责题目的分类和难度分级，以便用户根据自身水平选择合适的题目进行练习。

评测引擎模块是 OJ 平台的核心，负责实际的代码评测工作。评测引擎模块通过调用编译器将用户提交的源代码编译成可执行程序，并在沙箱环境中运行该程序以确保系统安全。评测引擎会针对每个测试用例运行用户程序，并记录程序的输出、运行时间和内存消耗等信息。

结果反馈模块负责将评测结果反馈给用户。评测结果通常包括编译结果、测试用例通过情况、运行时间、内存消耗等信息。通过这些反馈，用户可以了解程序的正确性和效率，进而改进和优化代码。

OJ 程序评测平台的评测流程一般分为题目选择、代码提交、编译运行、结果判定和结果反馈几个步骤，评测机制如图 6.23 所示。

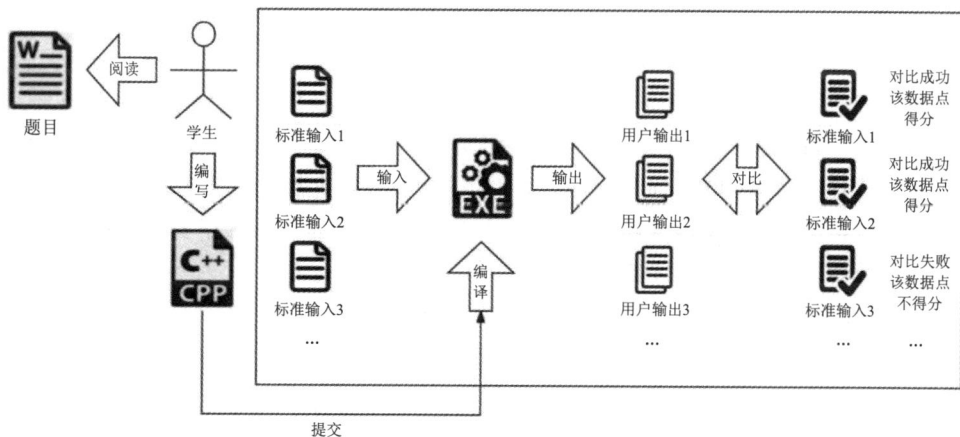

图 6.23　OJ 程序评测平台评测机制

用户通过 OJ 系统的用户界面浏览题库，并选择一个题目进行解答。每个题目包含题目描述、输入输出要求、样例测试用例以及其他相关信息。

用户在完成题目解答后，通过 OJ 系统的用户界面提交代码。提交的代码将被传送到 OJ 系统的服务器，并存储在服务器的指定目录下。

评测引擎模块首先会调用相应的编译器，将用户提交的源代码编译成可执行程序。如果编译过程中出现错误，编译器会返回错误信息，评测流程到此结束，并将错误信息反馈给用户。如果编译成功，评测引擎会在沙箱环境中运行可执行程序，以保证系统的安全性和评测的公平性。

评测引擎模块会针对题目的每个测试用例运行用户程序，并记录程序的输出、运行时间和内存消耗等信息。评测引擎会将程序的输出与预设的标准输出进行比对，以判定程序的正确性。评测结果一般分为以下几类：

(1) 正确(Accepted)：程序输出与标准输出完全一致，且在规定的时间和内存限制内完成。

(2) 错误答案(Wrong Answer)：程序输出与标准输出不一致。

(3) 超时(Time Limit Exceeded)：程序运行时间超过题目规定的时间限制。

(4) 内存超限(Memory Limit Exceeded)：程序使用的内存超过题目规定的内存限制。

(5) 运行错误(Runtime Error)：程序在运行过程中发生崩溃或异常。

(6) 编译错误(Compilation Error)：程序未能成功编译。

评测结果生成后，OJ 系统会将结果反馈给用户。用户可以通过用户界面查看详细的评测结果，包括每个测试用例的运行情况、错误信息以及运行时间和内存消耗等。

6.5.3　OJ 支持的编程语言及编译器

考虑到用户多样性、不同语言的特性及应用场景等因素，OJ 平台一般提供对多种主流语言与编译器(或解释器)的支持。

1. 多语言支持的意义

1) 教育意义

多语言编程能力培养：OJ 平台支持多种编程语言，有助于学生在不同的语言环境中提高编程技能，适应不同的编程任务和工作场景，并且在解决同一问题时使用不同语言，能够帮助学生深刻理解不同语言的优缺点和适用场景。

教学实践：教师可以设计针对不同语言的编程问题，帮助学生扩展自己的技术和培养学生对于不同问题应当使用何种语言解决的认知与理解能力，多种语言编程能够更全面地反映学生的编程能力和问题解决能力。

2) 竞赛需求

公平竞赛环境：编程竞赛通常允许参赛者使用多种编程语言。OJ 平台的多语言支持确保了所有参赛者在同一平台上公平竞争。尽管使用不同语言，OJ 平台通过标准化的评测机制，确保对所有提交代码的评测标准一致。

灵活性与多样性：多语言支持机制鼓励参赛者根据题目需求选择最合适的语言，实现最佳的解决方案，参赛者可以在不同语言之间探索和创新，寻找更高效、更简洁的代码实现方式。

3) 用户体验

个性化选择：用户可以根据自己的语言偏好选择最熟悉的语言进行编程，降低学习和使用门槛，提高用户体验，同时也可以学习和练习其他编程语言，提升自身竞争力。

平台拓展性：OJ 平台可以根据用户需求和技术发展，灵活地增加对新语言和新编译器的支持，保持平台的前沿性和竞争力。

2. 平台支持的编程语言

表 6.1 是常见的 OJ 平台上支持的编程语言及其相应的编译器/解释器：

表 6.1 编程语言及编译器/解释器对照表

编程语言	编译器/解释器
C	GCC (GNU Compiler Collection)
C++	G++ (GNU Compiler Collection)
Java	OpenJDK，Oracle JDK
Python	CPython(Python 2 和 Python 3)
JavaScript	JavaScript 引擎
C#	Mono，.NET Core
Go	Go(golang)

3. 多语言支持的实现

为了实现对多种语言和编译器的支持，OJ 平台通常采用容器化技术。以 Docker 技术为例，通过 Docker 镜像分享库，OJ 平台为每种语言和编译器创建对应的镜像，这些镜像预先安装了所需的编译器、解释器和相关的库，不同的容器为使用不同语言和编译器或解释器的程序的运行提供支持。

用户程序从提交到运行可以分为五个步骤：

(1) 用户在 OJ 平台中提交程序；

(2) OJ 平台的服务器接收用户代码后存储至工作目录并创建任务；

(3) 任务分配系统将评测任务分配给空闲的可运行 Docker 容器的评测工作节点；

(4) 评测工作节点接收到任务后先根据用户所选语言和编译器选择 Docker 镜像，之后创建并启动 Docker 容器；

(5) Docker 容器对程序的源文件进行编译并生成对应的可执行文件后运行或直接解释执行。

从用户的角度看来，仅是简单地将代码提交给服务器后服务器直接运行。实际上对于编译型语言，服务器可以分离成编译容器和运行容器。编译容器完成上述的五个步骤后，将可执行文件导出到它与运行容器的共享存储中，评测工作节点启动运行容器从该共享存储位置读取该文件并执行。这种方法可以有效地将编译与运行过程分离，提高安全性与可管理性。而对于解释型语言，则只需要在单一容器中即可完成包含程序运行在内的所有操作。

由于 Docker 容器提供了进程与资源的隔离，每个容器都可以独立运行，不会互相影响。因此，步骤 4)与步骤 5)可以帮助 OJ 平台实现对多种语言和编译器的支持。

6.5.4　OJ 评测多用户并发的技术支撑

OJ 平台在日常运行时基本上不会有突然的大量编译运行请求，但若要基于平台举办比赛或考试等活动，则平台在短时间内收到的编译运行请求将会激增。因此，处理好可能会面对的高并发场景对平台来说至关重要。

OJ 评测多用户并发的主要技术支持如下。

1. 分布式计算

分布式计算是提高 OJ 平台计算效率和系统处理能力的重要技术支撑，在 OJ 系统中，其通常在以下两个方面起到重要作用。

1) 分布式存储

为了确保用户程序解决问题时的全面性，OJ 系统通常会设置较多且有时较为特殊的测试用例。为了减轻计算压力，通常可以将评测数据(测试用例、用户代码等)分布存储在不同的节点上，这样可以有效提高服务器的数据处理效率并避免单个服务器过载。

2) 故障检测与恢复

在采用分布式计算的 OJ 平台中，系统可以引入故障检测和恢复机制，这样即使分布式集群中有一个节点因意外问题出现故障，系统也可以自动将任务转移至其他节点来完成，这无疑可以极大提高系统的稳定性和可靠性。

2. 负载均衡

负载均衡是指将传入的网络流量根据集群中各节点处理能力的不同分配到各节点进行处理，以确保每个节点所承受的负载均衡，充分利用每个节点的处理能力，减少系统平均处理时间，从而提高系统整体的性能和稳定性。

在 OJ 平台中，负载均衡的实现分为软/硬件负载均衡以及负载均衡算法选择。

1) 软/硬件负载均衡

硬件负载均衡：系统使用专用的硬件设备即负载均衡器来完成流量分发的工作，硬件负载均衡设备具有良好性能和高可靠性，适合用于高并发场景。

软件负载均衡：软件解决方案灵活性高，配置简单且成本较低，流行的解决方案为 Nginx，但软件负载均衡本身就会为系统带来额外开销，在处理大规模高并发请求时可能会出现性能不足的情况。

软件或硬件都可以有效解决负载均衡的问题，对于 OJ 平台这类平时流量不算很大的系统，使用软件负载均衡方法可以有效节约成本。

2) 负载均衡算法

负载均衡算法是流量分配的核心，可以分为静态负载均衡算法和动态负载均衡算法。

常见的静态负载均衡算法有轮询算法和加权轮询算法。

(1) 轮询算法：按照请求的顺序依次分配给各个节点，实现简单，适用于负载均匀的场景。但不能根据各个节点处理能力的差异对请求进行调整，因此可能会造成某些节点过载而有些节点却有浪费性能的情况。

(2) 加权轮询算法：基于轮询算法，为各个节点分配一个权重，权值更高(即处理能力更强)的节点会被分配更多的请求。此算法克服了轮询算法的一大缺点，但是仍旧无法根据实时负载进行调整。

动态负载均衡算法解决了静态负载均衡算法无法根据实时负载情况进行调整的缺点，常见的动态负载均衡算法有最少连接数算法、加权最少连接数算法和响应时间算法。

(1) 最少连接数算法：通过实时监控每个节点的连接数优先将请求分配给当前连接数最少的节点，缺点是实时监控服务器状态的算法较为复杂。

(2) 加权最少连接数算法：在最少连接数算法的基础上加入权重的分配，权重高的节点在相同负载情况下会优先接收请求，缺点是在实时监控服务器状态的基础上还要维护权重，复杂度较高。

(3) 响应时间算法：通过实时监测各个节点的响应时间，将请求分配给响应时间最短的节点，适用于对实时性要求较高的请求。缺点是需要实时监控和计算，实现复杂。

3. 负载均衡策略

在实际应用中，软件和硬件负载均衡、静态和动态负载均衡算法都可以结合使用以处理可能遇到的更加复杂的情况。

1) 不同场景负载均衡

在 OJ 平台中，面对日常流量较为均衡的情况，一般可以使用轮询算法或加权轮询算法来解决请求分配问题，配合分布式计算中的任务分发即可获得不错的性能。

而在比赛或考试等大规模高并发场景当中，可以使用最少连接数或加权最少连接数算法。这些算法能够根据服务器实时负载情况动态调整请求分配，在避免单一服务器过载的同时，还可以一定程度上提高响应速度以保障用户体验和保证高峰期间平台的稳定性。

2) 高并发处理

在面对的并发请求规模过大时，可以采取二级均衡负载的方法，利用软/硬件负载均衡的各自优点进行结合。利用硬件负载均衡的高性能，以硬件负载均衡器为前端入口，处理大规模并发请求，并利用软件负载均衡的灵活性在内部进行二级负载均衡，将流量进一步分配到具体的计算节点。这种组合可以在面对大规模并发场景时在灵活处理内部流量分配的同时保持较高的性能。

而在一般的规模不大的 OJ 平台中仅使用软件负载均衡方法就能够处理绝大部分场景，并且不需要过高的成本。

6.5.5　OJ 评测管理平台建设

西电智慧教育平台的在线评测系统部分，是平台不可或缺的重要组成部分。通过自动化的评测机制，OJ 系统为学生提供编程练习的机会，并给予即时反馈，从而提升学生的编程能力和解决问题能力。OJ 系统由多个模块组成，其中最为关键的包括题库模块、评测模块、考试模块和统计分析模块。以下将详细介绍各个模块的功能和建设情况。

1. 题库模块

题库模块是 OJ 系统的核心组成部分,提供了全面的题目管理和评测功能。教师可以方便地创建、编辑和管理编程题目,设置题目的基本信息,包括名称、难度、类别、所属课程、时间限制、内存限制等,并且可以根据多种查询条件快速查找题目。系统自动统计每道题目的提交次数和正确次数,帮助教师评估题目的难度和学生的掌握情况。题目上传和管理页面如图 6.24 所示。

此外,每道题目附带题目描述文件,详细描述了题目的背景、要求和具体输入输出格式,提供了示例帮助学生理解题意。教师能够设定多种评判规则,如大小写敏感性、空行处理方式等,以确保评测的准确性。最重要的是,教师可以为每道题目设置多个详细定义的测试数据,包括输入和预期输出,为不同测试用例设定分值,体现不同测试用例的重要性,确保评测的全面性。

题库模块目前已覆盖基础编程语言、数据结构、算法、离散数学等多个领域。每道题目都经过严格的审核和测试,确保题目描述准确,测试用例覆盖全面。在题库模块的建设过程中,采用了高效的数据库设计和优化技术,确保题目检索的快速响应。题目上传和管理界面如图 6.24 所示,设计简洁直观,用户体验良好。

图 6.24　题目上传和管理界面

2. 评测模块

评测模块是 OJ 系统的核心功能之一,支持多种编程语言,能够对学生提交的代码进行自动化评测和结果反馈。该模块详细记录每次提交的信息,包括学生信息、提交时间、运行时间、评判结果等,便于教师和学生了解评测的具体情况,如图 6.25 所示。模块支持多种编程语言,包括 C、C++和 Java,确保满足不同课程和题目的需求。同时,系统能正确处理不同语言的编译和运行,提供可靠的评测结果。学生可以通过查看详细的评测结果,查看每一个测试用例的运行时间、编译输出等信息,方便进行细致的分析和调试。提交管理页面如图 6.25 所示。

评测模块采用分布式架构设计,支持高并发请求处理,确保系统在高负载下仍能稳定运行。评测环境采用容器化技术,与实际开发环境保持一致,确保评测结果的真实性和可靠性。评测模块在安全性方面进行了深入设计,防止代码注入、资源滥用等安全问题。评测模块的建设过程中,通过多次性能优化和压力测试,提升了系统的响应速度和稳定性。

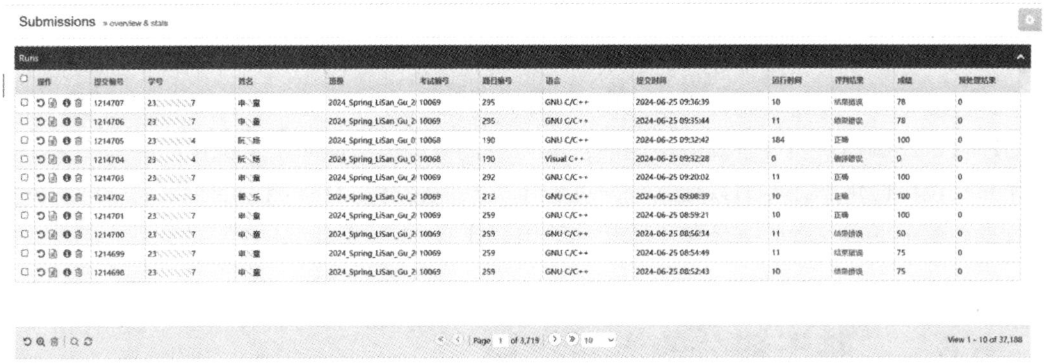

图 6.25　提交管理界面

3. 考试模块

考试模块提供了全面的考试管理功能，使教师能够灵活地组织和管理在线考试。教师可以通过该模块轻松创建、编辑和删除考试，自定义考试标题、描述、时间设置等，以适应不同课程的教学需求。同时，该模块支持多种编程语言，教师可以根据课程要求选择适合的语言，并为考试指定参与班级和题目，确保考试的针对性和合理性。考试结束后，系统提供详细的成绩和排名信息，展示每个学生的提交数、通过数和总成绩，并附带成绩分析，为教师的教学评估和反馈提供有力支持。

考试模块的设计注重灵活性和可配置性，能够满足不同课程和考试类型的需求。数据库的设计考虑到考试数据的复杂性，能够支持多种考试设置和成绩分析需求。对考试过程中可能出现的作弊行为进行了有效防范，包括限制提交次数、监控提交时间等措施。经过大量模拟考试的测试，确保系统在实际考试中的稳定性和可靠性。系统可根据用户反馈和实际使用情况，持续优化考试模块的功能和性能。

4. 统计分析模块

统计分析模块提供了多维度的数据分析和展示功能，帮助教师和学生全面了解教学和学习的效果。通过班级分析，教师可以查看指定日期区间内班级的错题数、通过数和提交数，从而了解班级整体的学习状况和存在的问题。能力分布功能则揭示了学生在不同题目类型上的掌握情况，帮助教师识别学生的薄弱环节，并据此制定有针对性的教学计划。此外，学生分析功能允许教师查看个别学生的做题情况，有助于学生自我评估和教师个性化指导。班级排名和考试榜单的展示则激发了学生的学习动力，鼓励他们积极参与并提升解题能力。

统计分析模块采用大数据分析技术，对大量评测数据进行处理和分析。系统生成的学习报告和统计图表为教师和学生提供了有价值的参考信息，有助于针对性地调整教师的教学策略和学生的学习计划。数据可视化工具采用了先进的图表库，界面美观，操作简便，用户体验良好。统计分析模块在建设过程中，注重数据的准确性和实时性。通过高效的数据存储和处理技术，确保统计结果的准确性和及时性。系统支持多种数据导出格式，方便教师进行进一步的分析和研究。在模块的设计过程中，充分考虑了数据隐私和安全，确保用户数据的保密性和安全性。定期的安全审计和性能优化，进一步提升了系统的可靠性和安全性。

智慧教育平台的 OJ 部分通过题库模块、评测模块、考试模块和统计分析模块的协同工作，为师生提供了一个功能完善、高效便捷的编程学习和评测环境。各个模块在功能设计和建设过程中充分考虑了用户需求和使用体验，不断优化和完善。题库模块提供了丰富多样的题目，评测模块实现了高效准确的自动评测，考试模块保障了考试过程的公平公正，统计分析模块提供了详尽的数据分析和可视化工具。未来，OJ 评测管理平台将继续引入最新技术和教学理念，进一步提升系统功能和用户体验。

6.6　　基于积分的游戏应用

深度强化学习近十年来得到了飞速发展，特别是在游戏领域，深度强化学习算法取得了令人瞩目的成绩。通过分析智慧教育平台的使用情况和国内外针对深度强化学习算法在游戏领域的研究进展，西电的智慧教育平台探索了通过游戏与在线教育平台相结合的方式，提升教育的质量和趣味性。下面将详细介绍智慧教育平台是如何利用平台特性将游戏嵌入系统中的。

6.6.1　积分游戏的设计思路

深度强化学习(Deep Reinforcement Learning，DRL)[19]是深度学习(Deep Learning，DL)和强化学习(Reinforcement Learning，RL)的结合，深度强化学习是一种让智能体(Agent)与环境进行交互学习，从而使其能够自主学习和决策的一种方法。深度强化学习算法的发展历程可以分为三个阶段：第一阶段是强化学习和深度学习的独立发展阶段，两个领域之间几乎没有交叉；第二阶段是两个领域开始交叉，研究人员开始探索将深度学习应用于强化学习中；第三阶段则是深度强化学习算法的全面发展，涌现了众多经典算法和应用案例。

近年来，随着计算机计算能力的提升和网络中数据量的增加，深度强化学习在图像识别、语音识别、自然语言处理、游戏 AI 等领域得到了广泛应用。技术的更新提高了游戏开发的效率和模型训练的速度，但在如今的游戏产业中，仍然存在着一些问题，例如游戏内机器人和 NPC 的研发非常复杂，而且训练出的游戏模型在游戏中效果不佳；在使用深度学习进行传统的模型训练时，模型无法获取到已经训练好的样本，而且获取样本的代价很大，导致深度学习算法无法在游戏领域施展拳脚。这些复杂的开发过程都需要依靠大量有经验的开发人员协助，最终造成游戏研发成本过高等问题。

结合了深度学习和强化学习的深度强化学习的横空出世，让智能体在环境中进行探索来学习策略，解决了模型在训练中没有经验样本也可以进行训练的问题。前些年，DeepMind 团队基于深度强化学习研发的 AlphaGo 在不使用任何标记数据的情况下，在围棋比赛中以 4-1 的比分战胜了世界冠军李世石；随后 DeepMind 团队又提出了 AlphaGo 的改进版本 AlphaGo Zero，AlphaGo Zero 以无监督的方式进行学习，通过"自己与自己下棋"的方式来训练模型，并在用时很短的情况下战胜了 AlphaGo；通过自我博弈的方式，AlphaGo Zero 进一步提高了算法的性能，它不仅仅在围棋比赛中击败了 AlphaGo，还同时在日本象棋、国际象棋等多种游戏中击败了当时世界上最强大的程序；另外，Open AI 研发的 Dota Five 则在 Dota 游戏中击败了世界上很多强大的战队，其游戏能力超过人类玩家的顶尖水平；而 DeepMind 团队研发的 Alpha Star 在星际争霸游戏中也击败了很多职业玩家。这些平台的研发是深度强化学习历史上的里程碑事件，它们证明了深度强化学习在没有数据支撑的情况下也有良好的训练能力。

在往后的几年内，各种基于深度 Q 网络(Deep Q-Network，DQN)算法的改进算法相继提出，并在试验中获得了很好的效果，其中双重深度 Q 网络(Double DQN[20])算法通过创建了两个结构相同但参数不同的模型来实现训练，将模型的动作选择和产生的价值估计分开，解决了 DQN 算法中出现的对价值估计过高的问题；而竞争深度 Q 网络(Dueling DQN[21])算法将值函数分为状态价值函数和优势函数两部分，在网络的层面对 DQN 算法进行改进，有效提升了训练的速度；优先经验回放深度 Q 网络(Prioritized Experience Replay Deep Q-Network，PER-DQN[22])算法在实现过程中，对保存在经验回放队列中的经验数据赋予不同权重，每一次训练可以让当前训练的模型有更高概率选择更好的经验样本，从而提升模型的训练速度和能力；分布式深度 Q 网络(Distribution DQN[23])可以通过得到输出价值的分布，以分布的形式区分经验之间的关系，提升模型的训练速度；噪声深度 Q 网络(Noisy DQN[24])算法则通过引入了噪声，增强了模型在未知环境中的探索能力；多步深度 Q 网络(Multi-step DQN[25])算法则使得模型在训练的初始阶段的价值估计更精确，有效提升了模型的训练速度；彩虹深度 Q 网络(Rainbow DQN)算法则整合了上述算法，且同时具有了上述算法的优势，在训练中呈现出更好的训练效果，这一结果说明 DQN 算法以及 DQN 算法的改进算法在很大程度上有一定相关性，为更进一步的理论发展提供了支持。

智慧教育平台(如图 6.26 所示)共有上万名用户，智慧教育平台上线后，得到了广大师生的一致好评。学生登录平台后可以通过观看老师上传的教学视频进行在线学习，也可以通过智慧教育平台设置的闯关答题模块，对上课所学的知识进行温习和巩固。另外，智慧教育平台还设置有在线编程训练，学生可以通过训练提高自己的编程能力，这一系列的学习活动会帮助学生获取自己的学习积分。

图 6.26　智慧教育平台

在智慧教育平台使用的过程中，平台设计者需通过利用平台资源来提高平台的用户体验。设计者通过近年来在游戏领域中广泛使用的深度强化学习，将基于深度强化学习的游戏模式引入智慧教育平台中，来加强智慧教育平台的趣味性；用户在使用宠物游戏平台时，只需根据自己获取的学习积分选择不同游戏训练模式训练私人游戏宠物，训练结束后即可进行游戏；另外宠物游戏平台为了维持用户对平台的使用兴趣，设计了多种游戏模式和训练模式；学生通过上述学习活动，即可获得一定的学习积分，学习积分的多少很大程度上反映了学生学习情况的好坏。

此外，用户可以通过在线学习获取学习积分，从而解锁更多强大的深度强化学习模型来进行训练。平台还实现了多种游戏方式，例如单人模式和匹配模式。另外智慧教育平台宠物游戏中的每个用户的宠物模型完全由训练后的模型自行控制进行比赛，用户不用操作游戏，即可看到自己的宠物模型在游戏中取得了更优异的成绩，既避免用户因为游戏消耗太多时间和精力，也可以促进用户对智慧教育平台的使用，进一步激发用户在智慧教育平台上学习的兴趣，从而达到提升智慧教育平台用户学习积极性的目的。此外，很少有在线教育平台嵌入游戏，智慧教育平台宠物游戏的实现必定能吸引更多本校、外校的用户对智慧教育平台的兴趣。

6.6.2 积分游戏的实现原理

为了让用户更好地体验深度强化学习在游戏中的应用，并更好地使用用户获取的学习积分，智慧教育平台宠物游戏模块使用游戏的方式对积分进行可视化。智慧教育平台为每一位用户创建了一个宠物模型，每一个宠物模型可以被当作一个智能体(Agent)，Agent 在游戏中的表现体现了用户学习积分数量以及学习情况。Agent 强化学习原理如图6.27 所示。

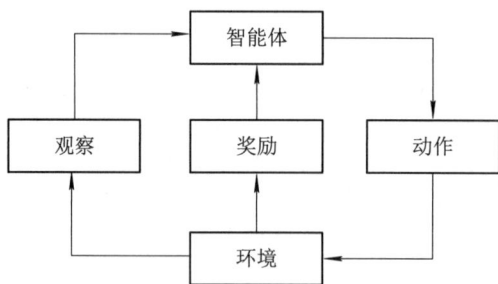

图 6.27　Agent 强化学习原理

系统让每个用户宠物模型通过深度强化学习训练模型 Agent，宠物模型的训练及比赛环境是 Flappy Bird 游戏环境，如图6.28 所示。用户通过在网页中点击训练按钮，即可训练自己的宠物模型，训练后的宠物模型在游戏中的表现能够达到匹配用户积分的水平，每个模型训练结束即可自动进行保存，为用户的下一次训练做好准备。

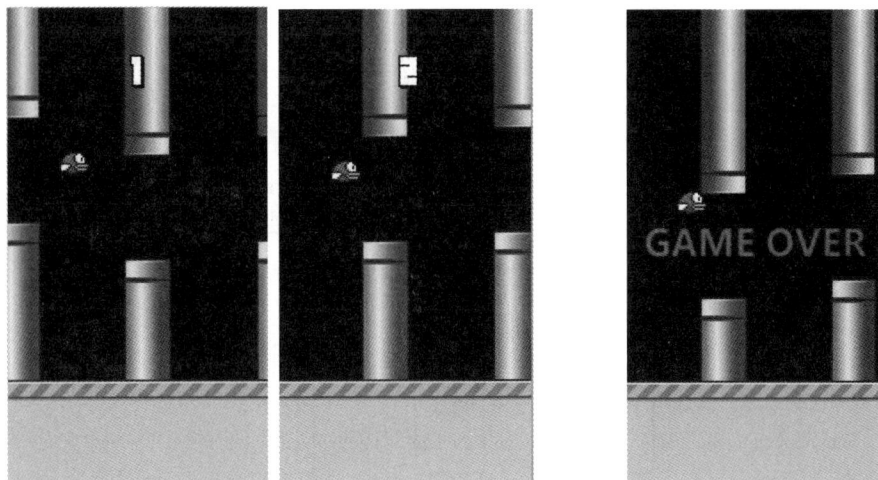

(a) 游戏进行场景　　　　　　　　(b) 游戏结束场景

图 6.28　Flappy Bird 游戏环境

　　在 Flappy Bird 游戏训练中，DQN 模型采用了卷积神经网络，其网络结构如图 6.29 所示。网络的输入为固定像素的图像，网络第一层为卷积层，采用 ReLU 激活函数进行激活；第二层卷积层、第三层卷积层也采取了 ReLU 激活函数进行处理；第四层和最后一层的全连接层则输出模型在当前环境下的动作个数。

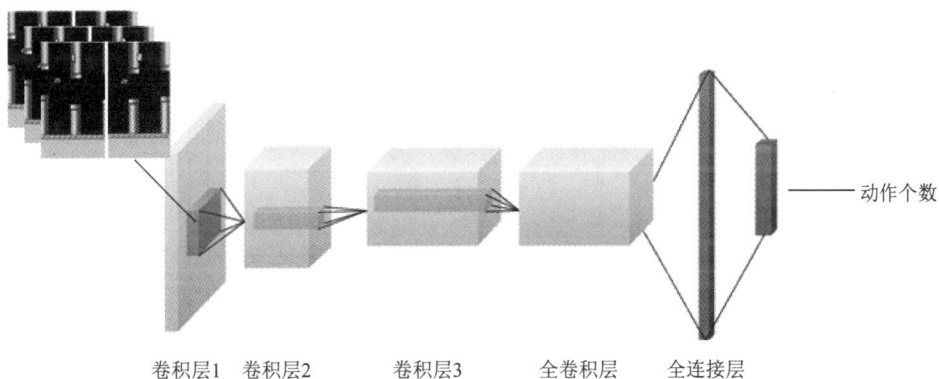

卷积层1　卷积层2　　　卷积层3　　　　全卷积层　　　全连接层

图 6.29　DQN 模型网络结构

　　在训练过程中，训练方法采用了 DQN 网络模型结合优先经验回放的方式，在宠物游戏平台的训练中，基于优先经验回放的训练方式一方面可以加快 DQN 算法的收敛速度，另一方面也可以提高 DQN 训练时的稳定性，减少过拟合或欠拟合情况的出现。优先经验回放通过优先级采样的方式，将训练中产生的经验存入优先经验回放队列，并对每条经验设置抽样概率，再根据抽样概率设置每一条经验的学习率。由于经验优先级的存在，在实验中采用非均匀抽样的方式，设置抽样概率可以让模型在训练中获取更好策略的概率增加，使得更加关键的训练数据能够更频繁地被使用。

　　另外，平台还实现了基于 Double DQN 算法、Dueling DQN 算法、C51 算法和 A3C 算法的训练方式，为平台用户提供了更多训练选择。

6.6.3　积分游戏的实现

宠物游戏平台主要分为三部分，分别是训练模块、比赛模块和数据可视化模块，如图 6.30 所示，三个模块结合起来可以形成一个完整的平台架构。

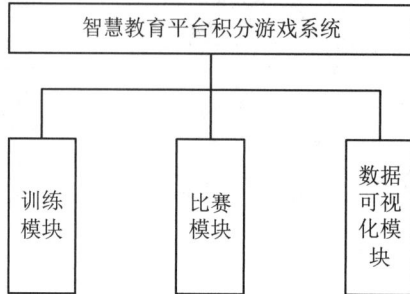

图 6.30　宠物游戏模块划分图

针对上述三个模块，平台的开发架构主要包括三层：底层是数据存储层，主要用于存储平台数据；第二层是业务逻辑层，用于比赛模块和训练模块的设计；第三层是表示层，主要用于展示第二层所实现的业务。平台的总体架构如图 6.31 所示。

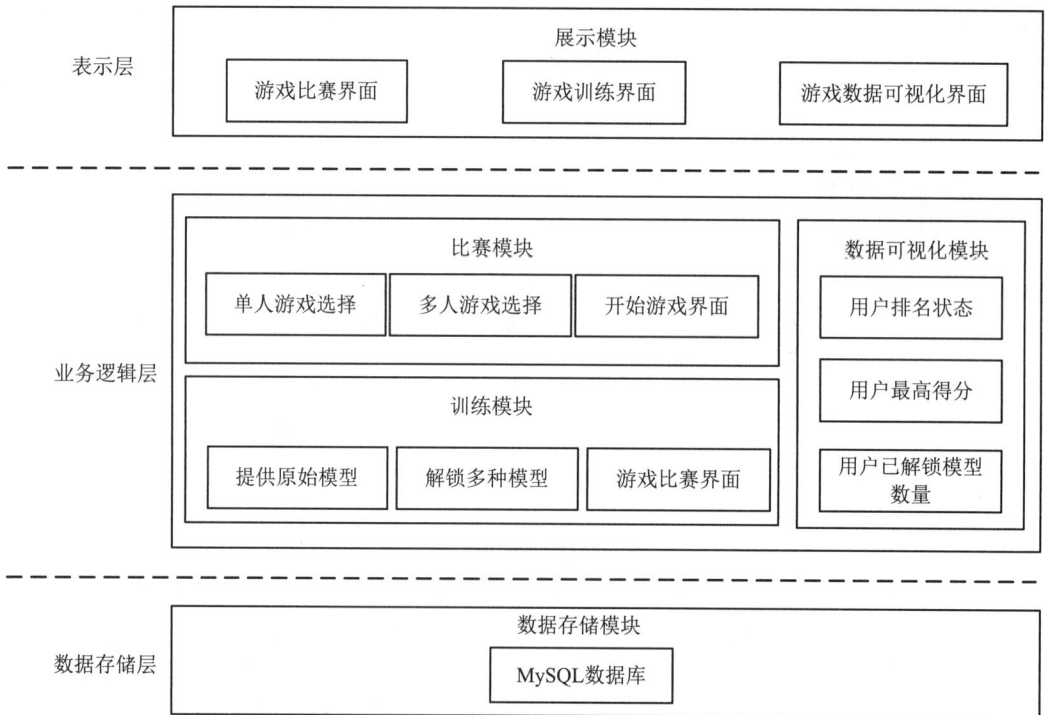

图 6.31　宠物游戏平台总体架构图

通过对比试验，上述五种算法的训练效果为：A3C > C51>Dueling DQN >Double DQN > DQN。为了达到用户的学习积分越多则用户的宠物模型在游戏中表现越好这一目的，实现了表 6.2 提供的算法模型解锁逻辑。

表 6.2　各分段人数及可解锁的算法模型

积分/分	人数/个	可以解锁的算法模型
0	59	DQN
1～100	4000	Double DQN
101～5000	3463	Dueling DQN
5001～15 000	3516	C51
大于 15 000	364	A3C

用户初始得到一个使用 DQN 算法训练的游戏模型。随着用户积分的增加，用户可以解锁相应的深度强化学习积分模型，解锁后用户可以使用更高级的深度强化学习算法训练的模型来进行游戏，当积分为 0 时，平台可供用户选择的算法模型如图 6.32 所示。

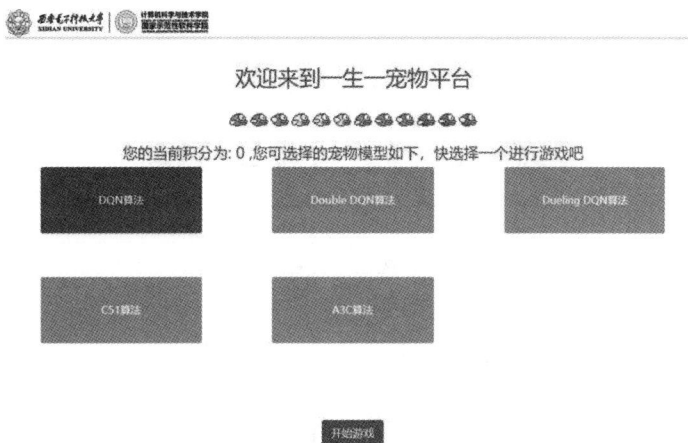

图 6.32　积分为 0 时的算法选择界面

当用户积分大于 15 000 分后，当前的界面显示了所有可供选择的算法模型，如图 6.33 所示。

图 6.33　积分大于 15 000 时的算法模型选择界面

　　用户选择一个算法，例如 A3C 算法，平台将使用 A3C 算法进入游戏选择界面，游戏主要分为两种模式，一种是单人模式，另一种是匹配模式。单人模式中，用户可以单击单人模式按钮，进行单人游戏；而匹配模式中，则是当前用户与其他用户进行匹配对战，在匹配对战中赢得更多分数。选择游戏模式界面如图 6.34 所示。

图 6.34　选择游戏模式界面

　　通过上述设计，一个基于积分的宠物游戏平台基本设计完成。将使用深度强化学习实现的游戏模型嵌入到教育平台，可以达到吸引用户使用的目的，同时为其他有意将游戏引入教学平台的开发者提供了基本的设计思路和参考方案。

第7章　基于语音信号处理的多语言慕课生成

7.1　多语言慕课生成概述

随着互联网的普及和全球化的趋势，慕课(MOOC)作为一种新兴的教育模式正变得越来越受欢迎。然而，由于语言的限制，许多慕课课程仅仅局限于特定的语言群体，无法真正实现全球范围的普及和共享。基于语音信号处理的多语言慕课生成系统的出现为这一问题提供了有力的解决方案。

在基于语音信号处理的多语言慕课生成系统中，语音识别技术、语言翻译技术和TTS(Text-to-Speech)语音合成技术是构建多语言慕课生成系统所必需的关键技术。

对语音识别技术而言，语音信号的特征提取方法是语音识别的基础。目前已有一些常用的语音识别模型，包括隐马尔可夫模型(Hidden Markov Models，HMM)和深度学习模型，如循环神经网络和卷积神经网络。

在语言翻译中，经常会使用的机器翻译技术包括统计机器翻译和神经机器翻译。

TTS 语音合成技术涉及文本到语音的转换过程和声学模型的生成方法两个核心内容。一些常用的模型，如循环神经网络、长短时记忆网络和 Transformer 模型常被用于 TTS 语音合成。

利用语音识别技术将语音转换为文本，并通过语言翻译技术将文本翻译成不同的语言，再通过 TTS 语音合成技术将翻译后的文本转化为自然流畅的语音。最后，将这些技术整合到一个多语言 MOOC 生成系统中，从而为学习者提供以多种语言展示的高质量教育内容。

7.2　语音识别技术

在多语言慕课生成中，语音识别技术是一个重要的组成部分。语音识别是一种将语音信号转换为文本或命令的技术，它是一项涉及信号处理、机器学习和自然语言处理的复杂任务，可以应用于语音助手、语音命令控制、语音转写、自动语音识别等多个领域。

语音识别技术通常分为以下几个基本步骤。

(1) 音频采集：首先需要使用麦克风或其他音频设备采集语音信号。这些信号通常是模拟信号，需要进行模数转换以获得数字音频。

(2) 预处理：对采集到的音频信号进行预处理，包括去除噪声、增强语音信号等。常见的预处理技术包括滤波、语音活动检测、语音增强等。

(3) 特征提取：从预处理的语音信号中提取有意义的特征供后续处理。常见的特征提取方法包括倒谱系数(Cepstral Coefficients)、梅尔频率倒谱系数(Mel-Frequency Cepstral Coefficients，MFCC)、线性预测系数(Linear Predictive Coding，LPC)等。

(4) 建模：使用机器学习或统计模型来训练语音识别系统。常见的建模方法包括隐马尔可夫模型和深度学习模型，如深度神经网络、循环神经网络等。

(5) 解码：在解码阶段，使用训练好的模型对特征进行分类，将其转化为文字或命令。解码方法可以是基于搜索的方法，如维特比算法(Viterbi Algorithm)，也可以是基于神经网络的端到端方法。

(6) 后处理：对解码结果进行后处理，包括词法分析、语法分析和语义分析等，以提高识别准确性和语义理解。

7.2.1 语音信号的特征提取

几乎任何涉及语音识别、声纹识别、语音合成的系统，第一步就是对输入的语音信号的声学特征进行提取。通过提取语音信号的相关特征，可以得到与实现具体任务相关的有用信息，同时排除如背景噪声和情绪等不相关因素。

人类发声的过程涉及体内发声器官产生的初始声音，并通过舌、牙齿等物体形成的声道的形状进行滤波，从而产生各种语音。基于此原理，传统的语音特征提取方法利用数字信号处理算法，可以更精确地提取相关语音特征，从而有助于后续的语音识别。常见的语音信号特征提取方法包括以下几种。

(1) 短时能量(Short-Term Energy)。短时能量是语音信号在一小段时间内的能量总和。它可以用于检测语音信号的边界和活动程度。

(2) 过零率(Zero Crossing Rate)。过零率是语音信号通过零点的次数。它可以用于检测语音信号的周期性和浊音边界。

(3) 倒谱系数。倒谱系数是一种在声谱域和倒谱域之间进行转换的特征表示。它可以捕捉语音信号的频谱包络信息。

(4) 梅尔频率倒谱系数。梅尔频率倒谱系数是在倒谱系数的基础上引入了梅尔滤波器组的特征表示。它更加符合人类听觉系统对音频信号的感知。

这些特征提取方法可以将原始的语音信号转换为一组特征向量，从而方便后续的语音识别模型进行处理和分析。

以下对 MFCC 特征提取算法及 LogFBank 特征提取算法进行简单说明。

1. MFCC 特征提取算法

梅尔频率倒谱系数是一种常用的声学特征提取算法。该方法通过对非线性梅尔刻度的对数能量频谱进行线性变换，得到语音信号的特征。

MFCC 特征提取算法的主要步骤如图 7.1 所示。

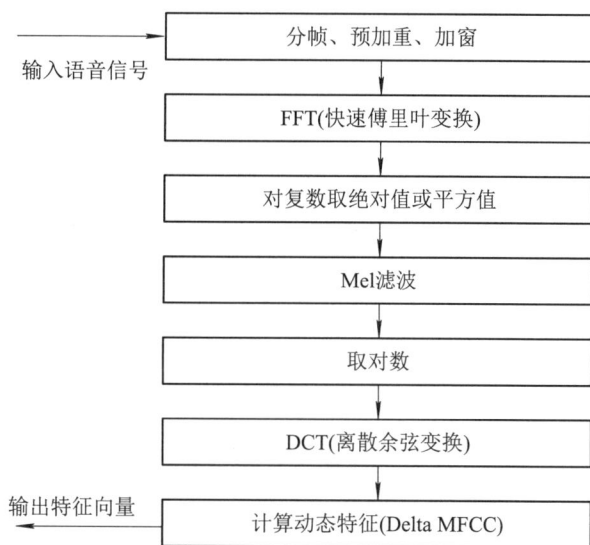

图 7.1　MFCC 特征提取算法主要步骤

（1）分帧。由于存储于计算机硬盘中的原始 wav 音频文件长度不固定，需将其划分成若干等长的小段以便后续处理，这一过程即为分帧操作。基于语音信号快速变化的特性，每帧时长通常设定在 10～30 ms 之间，旨在确保每帧内包含足够的周期信息且避免信号剧烈变化。鉴于数字音频的采样率差异，不同音频文件中每帧对应的向量维度也随之发生变化。为了避免时间窗边缘导致的信息遗漏问题，在从信号中提取每一帧时，通常需要设置相邻帧之间的重叠区域。具体而言，时间窗的偏移量一般取其时长的一半长度，即每次偏移均在前一帧后移其一半时长的位置作为下一帧的起始点。这种设计的好处在于有效降低了相邻帧间特性变化的程度。通常情况下，我们选择时间窗长度为 25 ms，时间窗的偏移量为 10 ms。

（2）预加重。由于声音信号从声门发出并经口唇辐射时会存在衰减，因此在进行快速傅里叶变换后，高频信号的成分较少。因此，对语音信号实施预加重处理，其主要目的是加强语音信号中高频部分的信号强度，从而提高高频信号的分辨率。

（3）加窗。在分帧过程中，直接将连续的语音信号分割为多个片段可能会导致截断效应，产生频谱泄漏。为了消除每个帧的短时信号在其两端边缘处出现的信号不连续问题，可进行加窗操作。在 MFCC 特征提取算法中，通常采用汉明窗、矩形窗或汉宁窗等不同的窗函数进行加窗处理。

（4）快速傅里叶变换。在经历了一系列处理步骤后，语音信号仍然保持为时域信号，但时域中可直接获取的语音信息量较少。为了实现对语音特征的准确提取，在此阶段需要将每个时间窗内的信号从时域转换为频域。可采用离散傅里叶变换对语音信号进行处理，然而考虑到传统离散傅里叶变换算法计算开销较大，工程应用中经常采用快速傅里叶变换来实现频率域的转换。由于 MFCC 算法通过分帧后得到的每个时间窗都是短时信号片段，因此这一步采用了短时快速傅里叶变换。

（5）计算幅度谱（对复数取模）。在完成快速傅里叶变换（FFT）之后，得到的语音特征是一个复数矩阵，它是一个能量谱。由于能量谱中的相位谱包含的信息量极少，我们通常舍弃这些信息，仅保留幅度谱来提取语音特征。

(6) Mel 滤波。通过 Mel 滤波器组(由 20 个三角形滤波器组成)可以实现对 MFCC 特征和基于滤波器组(Filter Bank，FBank)的特征的提取。这一步骤将线性频率转换为非线性的 Mel 频率分布，从而更好地反映人类听觉系统对声音的感知特性。

(7) 取对数。在得到上一步的 FBank 特征之后，需要将数值再进行一次对数运算。

(8) DCT。DCT 是 MFCC 相对于 FBank 特有的一步特征提取运算。在上一步完成取对数计算之后，还需要对得到的 N 维特征向量进行 DCT。

(9) 计算动态特征。上述方法仅捕捉了 MFCC 的静态特性，为了更全面地描述语音信号，在特征提取过程中还需要使用静态特征的差分计算动态特征。通过结合静态特征及其相邻帧的动态特征变化，可以显著提升语音识别系统的性能表现。

2. LogFBank 特征提取算法

LogFBank 特征提取算法类似于 MFCC 算法，但会在 FBank 特征提取的基础上进一步处理。LogFBank 特征提取算法与 MFCC 特征提取算法的主要区别在于是否需要执行离散余弦变换(DCT)这一步骤。具体来说，完成 FBank 特征提取后，LogFBank 直接对频域特征进行对数变换得到最终结果。相比之下，其计算复杂度显著降低，同时保持了较高的相关性。

随着深度学习技术的发展，尤其是 DNN 和 CNN 模型的应用日益普及，FBank 以及 LogFBank 特征之间的高度相关性得以更有效地利用。深度学习模型能够更好地利用这些特征之间的相关性，从而显著提高语音识别系统的准确率和减少词错率(Word Error Rate，WER)。

7.2.2 常用的语音识别模型

1. 声学模型

语音识别中的声学模型是用于对语音信号进行建模和分类的模型。声学模型的目标是将语音信号映射到相应的文本或命令。

下面介绍几种常见的声学模型。

1) 隐马尔可夫模型

隐马尔可夫模型(HMM)是一种常用的声学模型。在语音识别中，HMM 被用于建模语音信号和语音单元(如音素)之间的关系。HMM 基于一个状态序列，每个状态与一段观测到的语音特征相关联。首先通过在训练阶段对 HMM 模型进行参数估计，然后使用维特比算法进行解码，将输入的语音特征序列映射到最可能的文本序列。

2) 深度神经网络

深度神经网络(DNN)是一种基于神经网络的声学模型。它由多个神经网络层组成，可以进行端到端的特征提取和分类。在语音识别中，DNN 被用于将输入的语音特征映射到相应的文本或命令。DNN 通常使用大量的标注数据进行训练，以学习语音特征和文本之间的复杂映射关系。

3) 卷积神经网络

卷积神经网络(CNN)是一种主要用于图像处理的神经网络模型，但在语音识别中也得到了一定的应用。通过对语音信号的时频表示(如声谱图)进行卷积操作，CNN 可以捕捉局部的频谱特征。它在语音识别中常常与其他模型结合使用，如作为特征提取器和前端处理的一部分。

4) 循环神经网络

循环神经网络(RNN)是一种递归结构的神经网络，具有循环连接。在语音识别中，RNN 经常用于处理时序数据，如连续的语音特征序列。它可以建模上下文信息，捕捉语音信号的时间相关性。常见的 RNN 变体包括长短时记忆网络和门控循环单元。

这些声学模型可以单独应用或结合在一起，形成更复杂的系统，以提高语音识别的准确性和性能。随着深度学习的发展，深度神经网络在语音识别中的应用逐渐增多，而传统的 HMM 模型则与神经网络模型结合使用，形成了混合系统(Hybrid Systems)。在混合系统中，通常会将 DNN 或 CNN 用作声学模型的前端，用于提取语音特征。这些特征经过预处理后，再与 HMM 模型相结合进行解码。混合系统的优势在于 DNN 或 CNN 可以更好地学习语音特征的表示，而 HMM 模型则提供了有效的解码算法。

近年来，随着深度学习技术的快速发展，端到端的声学模型也引起了广泛的关注。端到端声学模型直接从语音信号中学习转录文本的映射关系，省略了传统系统中特征提取和解码的步骤。其中一个著名的端到端模型是端到端自注意力转录模型。该模型通过自注意力机制来学习语音信号中的时序关系和语义信息，实现了高效的语音识别。

2. 语言模型

语音识别中的语言模型是用于对语音识别结果进行修正和优化的模型。它利用语言的统计规律和上下文信息，对语音识别的结果进行语法、语义和上下文的分析，以提高识别的准确性和自然度。

下面介绍几种常见的语言模型。

1) n-gram 语言模型

n-gram 语言模型是一种基于统计的语言模型，它通过计算相邻词之间的概率来建模语言的统计规律。n-gram 指的是连续的 n 个词或字符，常见的是单个词的概率(unigram)、相邻两个词的概率(bigram)和相邻三个词的概率(trigram)等。n-gram 语言模型可以根据历史上下文预测当前词的概率，用于对语音识别的结果进行修正和评估。

2) 统计语言模型

统计语言模型是基于概率和统计的方法，通过建立一个词序列的概率模型来表示语言的结构和规律。统计语言模型可以基于 n-gram 模型，也可以使用更复杂的技术，如最大熵模型、隐马尔可夫模型等。这些模型可以利用大规模的文本数据进行训练，从而对不同词序列的出现概率进行建模。

3) 神经网络语言模型

神经网络语言模型是使用神经网络进行语言建模的方法。它可以利用神经网络的非线性能力来学习更复杂的语言结构和上下文信息。常见的神经网络语言模型包括循环神经网络(RNN)、长短时记忆网络(LSTM)、门控循环单元(GRU)和变压器模型(Transformer)。这些模型在大规模文本数据上进行训练，可以学习到词之间的复杂关系，提供更准确的语言概率估计。

语音识别中的语言模型可以与声学模型相结合，形成整体的语音识别系统。语言模型通过对识别结果的后处理,可以纠正错误、优化句子结构、解决歧义问题,并提高识别结果的准确性和自然度。语言模型的选择和训练方法取决于应用场景、可用数据和计算资源等因素。

7.3 语言翻译技术

语言翻译技术是一项旨在实现不同语言之间无缝交流和理解的重要技术。随着全球化的加速和跨文化交流的日益增多,语言翻译的需求变得越来越迫切。传统的人工翻译过程费时费力,而现代的语言翻译技术通过自动化和智能化的方法,极大地提高了翻译的效率和准确性。

语言翻译技术涵盖了多个方面,从基于规则的传统方法到基于统计模型和神经网络的现代方法。统计机器翻译(Statistical Machine Translation,SMT)和神经机器翻译(Neural Machine Translation,NMT)是当前主流的翻译技术,它们利用大量的平行语料和强大的计算能力,实现了自动化的语言翻译。此外,迁移学习和预训练模型的应用也为语言翻译带来了新的突破,提高了翻译质量和效率。

语言翻译技术的发展不仅对个人用户有着重要意义,使得人们能够轻松地阅读、理解和交流来自不同语言的信息,也对全球商务、科技创新、文化交流等领域产生了深远的影响,为构建更加多元和互联的世界做出更大的贡献。

7.3.1 机器翻译技术的基本原理

机器翻译是语言翻译技术中的一个重要分支,指利用计算机和自动化方法来实现语言翻译的过程。机器翻译的目标是通过计算机利用大规模的语料库和翻译模型自动化地将源语言文本转换为目标语言文本,减少或替代传统的人工翻译过程。机器翻译的方法可以包括基于规则的翻译、统计机器翻译和神经机器翻译等。

1. 机器翻译的过程

机器翻译主要分为以下几个阶段。

1) 数据收集和准备阶段

(1) 收集和清理:收集并清理平行语料,包括源语言和目标语言之间的句子对或文本对。

(2) 数据预处理:进行数据预处理,如去除噪音、标准化文本格式等。

2) 文本预处理阶段

(1) 分词:将源语言和目标语言文本划分为单词或子词。

(2) 词性标注:为每个单词或子词标注其词性信息。

(3) 命名实体识别:识别和标注命名实体(如人名、地名、机构名等)。

3) 特征提取阶段

(1) 词向量表示:将每个单词或子词表示为向量形式,捕捉其语义信息。

(2) 语言模型:建立源语言和目标语言的语言模型,用于计算句子的概率。

(3) 翻译模型特征:提取用于描述源语言和目标语言之间翻译对应关系的特征。

4) 翻译模型训练阶段

(1) 构建训练数据集：将预处理的平行语料分为训练集、验证集和测试集。

(2) 训练翻译模型：使用训练集进行模型训练，优化模型参数。

(3) 调整模型超参数：通过在验证集上调整模型超参数来提高模型性能。

5) 解码和生成阶段

(1) 输入源语言句子：将待翻译的源语言句子输入到已训练的翻译模型中。

(2) 解码器搜索：利用搜索算法，在可能的目标语言词序列中寻找最优翻译结果。

(3) 目标语言句子生成：生成机器翻译的目标语言句子。

6) 后处理阶段

(1) 重排序：根据语序和上下文信息对生成的目标语言句子进行重新排序，提高翻译流畅度和准确性。

(2) 语法调整：对翻译结果进行语法调整，确保符合目标语言的语法规则。

(3) 拼写检查：检测并修正翻译结果中的拼写错误。

7) 评估与调优阶段

使用自动评估指标，如 BLEU(Bilingual Evaluation Understudy)、TER(Translation Edit Rate)等评估机器翻译质量。根据评估结果，进行模型调优，包括调整参数、增加训练数据。

2. 机器翻译所采用的模型与框架

在机器翻译中，词向量模型和编码器-解码器框架发挥了至关重要的作用。

1) 词向量模型

计算机用 0 和 1 二进制来存储数据，无法直接理解文本或其他数据。然而对于人类而言，语言文字依靠符号表示辨别，因此需要一种方式将这种符号表示转换为计算机能够识别处理的数学表达。

One-hot 编码是最经典的词向量表征方法，它将单词映射成维度为词汇表大小的多维向量，其中只有该词所在位置对应的一项特征为 1，其余所有位置都是 0。这种方式的优点是简单易懂、便于计算，然而当词表大小增长时单词的特征空间也会随之变大，这会带来维度灾难；而且这种方式由于每个向量之间都是正交，单词间的相关信息无法被表示。

2013 年，Mikolov 等谷歌研究员提出了词向量模型 word2vector，该模型主要包括 CBOW 模型和 Skip-gram 模型，前者是"多对一"的，后者则是"一对多"的。通过 word2vector 模型的训练可以生成对每个词的向量表示。

假设给定一个长度为 s 的句子，词序列 words = $(w_1, w_2, \cdots w_s)$，滑动窗口大小为 k，单词 w_i 的向量表示为 $\boldsymbol{W}_i$。

CBOW 语言模型利用上下文来预测当前词语，即给定一个词的上下文滑动窗口内的单词，预测这个词出现的概率。其示意图如图 7.2 所示，预测窗口的大小是 $k = 2$，目标词 w_i 的周围有 4 个词，CBOW 语言模型的目标函数如式(7-1)所示。

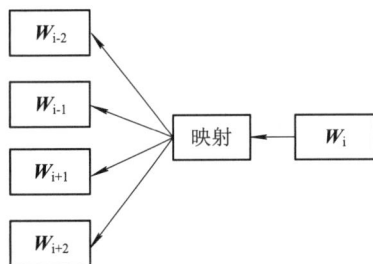

图 7.2　CBOW 语言模型示意图

$$L(\theta) = \prod_{i=1}^{s} P(w_i \mid w_{i-k}, \cdots, w_{i-1}, w_{i+1}, \cdots, w_{i+k}) \tag{7-1}$$

　　skip-gram 语言模型使用了与 CBOW 相反的思路。该语言模型建立于这样的思想之上：假定给定一组独立的词，其上下文窗口中的词也是相互独立的。因此，skip-gram 语言模型可以使用中心词预测其上下文窗口内多个词的概率，其示意图如图 7.3 所示。在 skip-gram 语言模型中，若窗口大小为 2，需要预测 w_i 的前面 2 个词和后面 2 个词。其目标函数如式 (7-2)所示。

$$L(\theta) = \prod_{i=1}^{s} \prod_{-k \leqslant j \leqslant k} P(w_t \mid w_t, \theta) \tag{7-2}$$

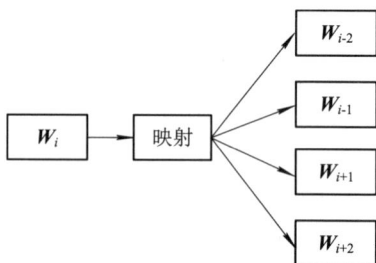

图 7.3　skip-gram 语言模型示意图

　　与 One-hot 编码相比，word2vec 算法不仅具有更低的词向量维数，同时能够更好地表达单词的含义，计算的时间复杂度和空间复杂度也比较小。

2) 编码器-解码器框架

　　2014 年，Ilya Sutskever 等人提出了基于编码器-解码器(Encoder-Decoder)框架的神经机器翻译模型，也被称为序列到序列架构。目前大部分的神经机器翻译模型都是基于编码器-解码器框架。其本质上是将一个序列映射成另一个序列，利用深度学习神经网络在编码器端将输入文字转换成一个中间向量，在解码器端将该中间向量重新转换成文字输出，这一过程是由编码器和解码器两个环节构成的。图 7.4 展示了编码器-解码器框架的结构。

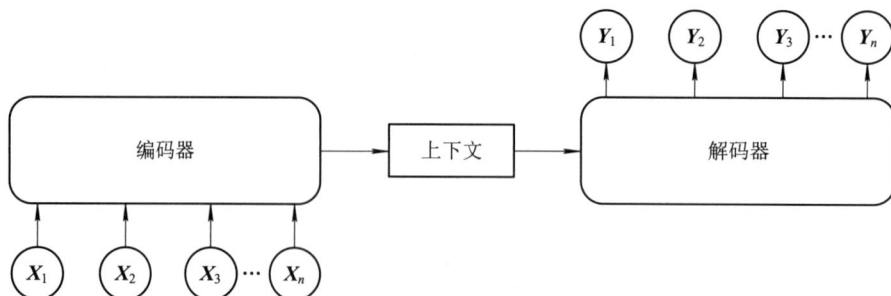

图 7.4　编码器-解码器框架结构

　　编码器-解码器(Encoder-Decoder)结构包括编码器和解码器两个部分。

　　编码器的功能是对输入信息进行加工，将不定长的源语言输入序列通过映射变换成固定长度的上下文向量，该向量包含了输入序列的信息。编码器架构由词向量层与一系列中间网络层精密构建而成。在处理输入单词序列时，该序列首先通过词嵌入层进行转换，被映射为一系列富含语义信息的词向量，然后词向量经过编码器生成当前时刻的隐藏状态。具体来说，编码器使用激活函数后计算得到隐藏状态，见式(7-3)，其中 f 为激活函数。编码器使用神经网络中的隐藏节点保留了当前时刻的隐藏状态和上一时刻的上下文向量，用于下一时刻的计算。假定输入序列的时刻数是 T，最后一个时间步的隐藏状态被视为蕴含了整个输入序列综合信息的核心表示。然后，使用权重矩阵 V 对当前时刻的隐藏状态 h_t 进行非线性变换，最终生成一个既紧凑又富含序列信息的固定长度向量 c，如式(7-4)所示。

$$h_t = f(h_{t-1}, \boldsymbol{x}_t) \tag{7-3}$$

$$c = \tanh(\boldsymbol{V}h_T) \tag{7-4}$$

根据上述公式，当前隐藏状态 h_t 由当前词向量 $\boldsymbol{x}_t$ 和上一时刻的隐藏状态 h_{t-1} 决定，最后时刻的隐藏状态 h_T 有所有时刻隐藏状态的参与，包含了全部序列的信息，因此编码器能够使用经 h_T 变换得到的向量 c 保存上下文信息。

解码器也是由神经网络组成的，不同的地方在于解码器多了一个输出层，负责预测最高概率序列的分布及输出。编码器的输出包含了整个输入序列的信息，因此解码器在初始状态下将使用编码器最后一个时间步的隐藏状态作为输入 y_0。在解码器中，每一步的预测结果 y_{t-1} 都会被用作下一步的输入，而当前时刻的隐藏状态 s_t 则是由上一时刻的输出 y_{t-1}、语义向量 c 和上一时刻的隐藏状态 s_{t-1} 共同计算出的，如式(7-5)。解码器的输出层根据当前时刻的隐藏状态 s_t 和上一时刻的输出 y_{t-1} 生成目标语言输出和其概率分布。通过循环这个过程，解码器逐步生成出整个目标语言序列。

$$s_t = f(y_{t-1}, s_{t-1}, \boldsymbol{c}) \tag{7-5}$$

$$p(y_t) = \alpha(y_{t-1}, s_t) \tag{7-6}$$

式(7-7)为目标序列 $y = (y_1, y_2, \cdots, y_n)$ 的概率。序列 y 与前 $n-1$ 个解码器输入相关，也与包含了编码器输入序列信息的上下文向量 c 相关。

$$p(y) = \prod_{t=1}^{n} p(y_t | y_1, y_2, \ldots, y_{n-1}, \boldsymbol{c}) \tag{7-7}$$

7.3.2　常用的机器翻译模型

常用的机器翻译模型包括以下几种。

1. 统计机器翻译

统计机器翻译(SMT)是一种基于统计模型的机器翻译方法。它使用大量的双语平行语料进行训练，通过建立词汇和短语之间的对应关系来进行翻译。常见的统计机器翻译模型包括基于短语的模型和基于句法的模型。

2. 神经机器翻译

神经机器翻译(NMT)是一种基于神经网络的机器翻译方法。它使用深度神经网络模型进行源语言到目标语言的直接翻译，不需要像 SMT 那样进行显式的特征提取和对齐过程。常见的神经机器翻译模型包括循环神经网络、长短时记忆网络和 Transformer 模型。

3. 联合训练模型

联合训练模型(Joint Training Models)是一种将语音识别和机器翻译模型结合起来进行联合训练的方法。它可以同时处理语音识别和翻译任务,将语音信号直接翻译成目标语言文本。这种模型通常使用神经网络进行建模。

4. 集成模型

集成模型(Ensemble Models)是通过结合多个独立的翻译模型来提高翻译质量和鲁棒性的方法。通过对多个模型的输出进行加权融合或投票决策,可以得到更准确的翻译结果。

除了以上提到的模型,还有一些其他的机器翻译方法和模型,如基于注意力机制的模型、迁移学习等。

7.4　TTS 语音合成技术

7.4.1　TTS 语音合成的过程

TTS 语音合成是将文本转换为语音的过程,主要涉及以下几个步骤。

1. 文本处理

文本处理(Text Processing)就是对输入的文本进行预处理,包括分词、词性标注和句法分析等,以便进行后续的语音合成处理。

2. 声学建模

声学建模(Acoustic Modeling)就是建立文本和声学特征之间的映射关系。常用的声学模型包括基于统计的方法如 HMM、高斯混合模型(Gaussian Mixture Model,GMM)以及基于神经网络的方法,如深度神经网络(DNN)和循环神经网络(RNN)。

3. 声音合成

声音合成(Speech Synthesis)就是根据文本和声学模型,生成相应的语音波形。可以通过先合成音素、音节或基频等单元,然后将它们拼接在一起来实现。

4. 后处理

后处理(Post-processing)就是对生成的语音进行后处理,以提高音质和自然度,包括声音平滑、去噪、音调控制等。

7.4.2　常用的 TTS 语音合成模型

常用的 TTS 语音合成模型包括以下几种。

1. 基于规则的模型

基于规则的模型(Rule-based Models)使用事先定义的规则和语言知识来合成语音。它们通常包括文本到音素的转换和音素到语音的合成规则。

2. 基于统计的模型

基于统计的模型(Statistical Models)使用大量的语音数据进行训练，通过学习文本和对应语音之间的统计关系来合成语音。常见的统计模型包括 HMM 和 GMM。

3. 神经网络的模型

基于神经网络的模型(Neural Network Models)在 TTS 语音合成领域取得了显著的进展。常见的神经网络模型包括循环神经网络(RNN)、长短时记忆网络(LSTM)和 Transformer 模型。

4. WaveNet 模型

WaveNet 模型是一种基于深度卷积神经网络的生成模型，它可以直接生成高质量的语音波形。WaveNet 模型通过学习声音波形的概率分布来进行语音合成。

这些模型在 TTS 语音合成中被广泛使用，并且随着深度学习和神经网络的发展，基于深度卷积神经网络的模型，如 WaveNet 模型等在 TTS 领域取得了很好的效果。

除了以上提到的模型，还有一些其他的 TTS 语音合成方法和技术，如 SampleRNN、Deep Voice 和 Parallel WaveGAN 等。

在实际应用中，通常会根据具体需求选择适合的 TTS 模型。一些模型更注重合成语音的自然度和音质，而另一些模型则更注重合成速度和效率。同时，也可以结合多种模型进行联合训练或串联使用，以提高语音合成的质量和效果。

总体而言，TTS 语音合成技术在多语言慕课生成中起到了重要的作用。不断的研究和发展使得 TTS 技术在合成语音的自然度、流畅度和逼真度方面不断提升，为多语言慕课生成提供了更好的技术支撑。

7.5　基于语音信号处理的多语言 MOOC 生成系统

基于语音信号处理的多语言 MOOC 生成系统是一种利用语音处理技术和机器翻译技术，将课程内容从一种语言翻译成多种目标语言，并生成相应的语音讲解的系统。该系统可以使 MOOC 在全球范围内更容易被不同语言背景的学习者理解和接受。

1. 多语言 MOOC 生成系统的整体设计

多语言 MOOC 生成系统旨在创建多语言的慕课教学内容，为多语种的学习者提供多样化和个性化的教学体验，其中包括文字、语音和视频等元素。该系统的整体设计包括以下五个模块。

(1) 文本处理模块。该模块负责对输入的文字内容进行处理，包括分词、词性标注、句法分析等，以便后续的语言处理和翻译。

(2) 语音识别模块。该模块使用语音识别技术，将语音信号转换为文本。它可以处理不同语种的语音输入，并将其转换为对应的文字内容。

(3) 机器翻译模块。该模块使用机器翻译技术，将输入的文字内容从一种语言翻译成另一种语言。这使得系统能够生成多语言的教学内容，以满足不同语种的学习者需求。

(4) TTS 语音合成模块。该模块使用 TTS 技术，将翻译后的文字内容合成为语音。通过语音合成，系统能够生成不同语种的语音教学材料，以提供语音辅助学习的功能。

(5) 视频生成模块。该模块将合成的语音与其他元素(如图像、动画等)结合，生成多媒体教学视频。视频生成过程中，语音信号处理技术可以用于音频处理、音频同步等。

整体而言，多语言 MOOC 生成系统的设计旨在实现从文字到语音的转换，以提供多语种的教学内容。它使用了文本处理、语音识别、机器翻译、TTS 语音合成和视频生成等技术，确保生成的教学材料具有多样化和多语言支持的特点。

2. 系统开发的阶段

系统具体开发可分为以下几个阶段。

1) 数据准备阶段

(1) 收集并整理源语言的课程内容，包括文本、音频和视频等形式。

(2) 收集和准备平行语料，即源语言和目标语言之间的翻译对应数据。

(3) 收集和准备语音数据库，包括源语言和目标语言的语音数据。

2) 语音信号处理阶段

(1) 对语音数据进行预处理，包括音频去噪、音频增强、音频分段等操作，以提升语音质量和可识别性。

(2) 提取语音特征，如 MFCC、过零率等，用于表示和分析语音信号。

3) 机器翻译阶段

(1) 使用平行语料训练机器翻译模型，将源语言的课程内容翻译成目标语言。

(2) 使用统计机器翻译方法(如短语翻译模型)或神经机器翻译方法(如编码-解码模型)进行翻译，生成目标语言的翻译文本。

4) 合成语音生成阶段

(1) 将翻译后的目标语言文本输入到语音合成系统中，生成目标语言的语音。

(2) 语音合成可以采用基于规则的方法，也可以使用基于神经网络的方法，如端到端的 TTS 模型。

5) 后处理和优化阶段

(1) 对生成的目标语言语音进行后处理，如语速调整、音量均衡等，以获得更好的听觉效果和用户体验。

(2) 可以使用音频编辑工具对语音进行剪辑和修饰，使其符合课程内容和教学需求。

6) 多语言支持和交互界面设计开发阶段

(1) 扩展系统支持多种目标语言，使其能够生成多语言版本的 MOOC。

(2) 设计和开发用户交互界面，以支持用户选择和切换不同语言版本的课程内容和语音讲解。

以英文 MOOC 为例，其生成流程如图 7.5 所示。首先 Web 前端负责用户端视频上传和播放 MOOC 视频，Web 后端则接收上传的视频，进行存储，然后通知后续的后台服务进行视频的一系列处理流程。

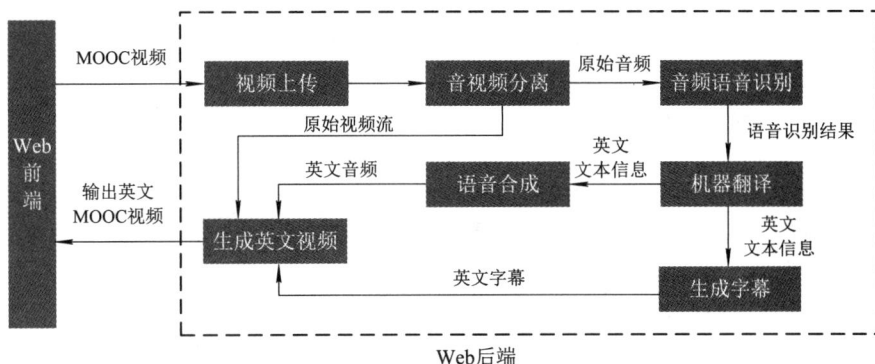

图 7.5　英文 MOOC 生成流程

用户首先在 Web 前端上传需要翻译的中文慕课视频，然后点击界面按钮进行翻译。视频首先会被进行音视频分离，剥离得到原始音频，随后交由负责语音识别处理的模块进行语音识别，得到切分片段和起止时间的语音识别结果。这个结果再交由负责机器翻译的模块，依据时间片段进行从中文到英文的翻译，翻译得到的结果将与语音识别得到的时间片段对应。带起止时间的英文文本会在下一个步骤中分别被用于生成英文字幕和英文语音合成，最后将英文字幕、原始视频流与英文音频流混合的视频一起存储，待用户观看时播放英文 MOOC 视频。

3. 系统各模块功能

以英文 MOOC 生成为例，系统各模块依赖关系如图 7.6 所示，整个系统主要包括 8 个部分，下面详细介绍它们的功能。

(1) Web Server。该模块主要是面向用户的 Web 服务，用户使用该模块上传中文慕课视频、查看英文视频添加慕课视频信息，主要包括慕课视频名称和课程所对应的领域。

(2) 数据库。该模块主要用于存储每一条视频的相关信息，包括视频的保存地址、视频字幕文件地址等。

(3) 音视频分离服务。该模块使用音视频媒体资源处理工具 ffmpeg 对视频进行处理，分成音频部分和视频部分，音频部分后续用于语音识别得到字幕文件。

(4) OSS(Object Storage Service，对象存储服务)。该模块基于简单存储服务 (Simple Storage Service，S3)协议进行资源文件存储的服务，用于原始视频、剥离后的中文音频、生成的英文音频、生成的英文字幕、合成的英文视频的存储。

(5) 语音识别/机器翻译服务。该模块由语音识别与机器翻译两个部分组成。其中，语音识别部分调用算法模型 API 服务，识别音频流中的人声得到中文字幕文件，将字幕文件送入机器翻译模块；机器翻译模块对字幕文件按照片段进行翻译，并写入到英文字幕文件。

(6) 生成字幕服务。该模块接收上一个模块处理的结果，生成字幕，并存储到 OSS 等服务中。

(7) 语音合成服务。语音合成部分调用算法模型 API 服务，接收英文字幕文件，合成英文音频。

(8) 音视频合成服务。该模块接收合成的英文音频结果，使用音视频媒体资源处理工具 ffmpeg 将英文音频与原视频的视频流混合成英文版视频，并存入 OSS。

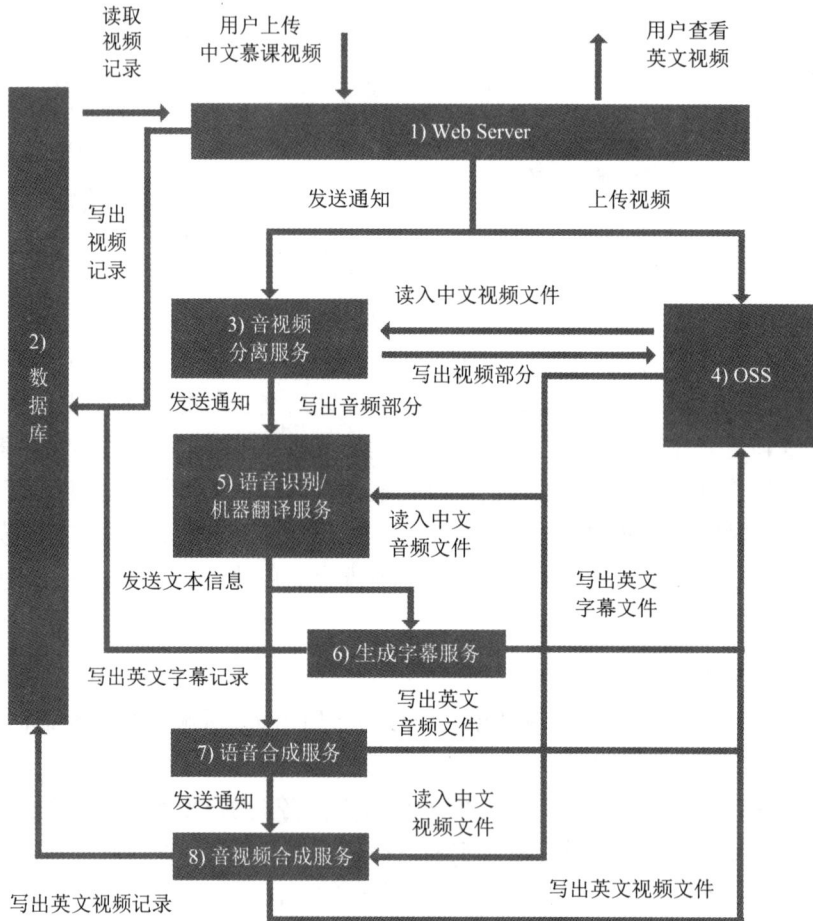

图 7.6　系统各模块依赖关系

第8章　基于虚拟教师形象的MOOC资源生成

8.1　虚拟教师形象在教学视频中的应用

教学视频作为重要的线上学习资源已被广泛使用，受到学习者的欢迎。受限于教学时间、教学形式、以及软硬件的影响，当前的线上学习视频资源以在线直播、录播以及慕课(MOOC)为主。国内外当前已经构建了诸如中国大学生 MOOC 以及 Coursera 等公开在线教育平台。国内各高校教师推出了诸多教学视频开放给学习者学习，各高校也在大力发展线上线下混合式教学，因此教学视频的质量尤其重要。教与学是师生的互动过程，传统的课堂教学是一对多讲授模式，教师面对多名学生讲授知识和自己的见解。为了再现传统的授课课堂，MOOC 视频制作时往往有三种方式：第一种是录屏视频，这是最简单的方式，且录课教师不会有很大的压力，成本可以忽略不计；第二种是课程和教师形象分别录制的授课视频，这类视频课程包含了教师的形象，能够在一定程度上提高学生的关注度，但此类型视频采用教师形象视频和课程录屏分离的录制方式，这就导致教师的动作和课程内容的割裂、教师的动作和情绪极其单调，且需要后期剪辑融合视频；第三种是教师直接录制的课程视频，这类课程最符合学生对课堂的期待，也最贴近传统的课堂，但是这类课程需要授课教师录制之前做大量的准备工作，教师授课时因为紧张可能产生一些错误，加大了后期剪辑的工作量。一门好的视频教学课程的制作成本远远高于线下课程以及屏幕录屏课程。通常来说，一门有教师出镜的教学视频录制时间往往超过课程课时的 2 倍，录制以及后期剪辑往往需要专业技术人员处理，会产生高昂的制作费用。

很多研究者针对教师形象对教学效果的影响进行了深入研究。研究表明，当前国内外在线教育平台中的教学视频超过 90%是包含教师形象的。从学习者角度，研究者 Tu 基于社会存在感理论，提出教师形象可以使学习者产生真实课堂的互动感，增强学习者学习过程中的社会存在感，从而提高学习者的学习效果。当前主流研究都认可"教师形象可以提高学习效果"这个结论；当然也存在少数研究者认为，与无教师形象的视频相比，有教师形象的教学视频会增加认知负荷，影响学习效果；也有研究者从教师角度提出了教师出镜会让教师处于紧张和焦虑状态，会对教学效果产生不良影响。杨九民借助可穿戴式脑波仪收集学习者在观看教学视频过程中的脑电波，检测学习者的注意力变化；皮忠玲对教师出镜时授课动作进行了深入研究，研究结果均表明适当的注视、指点手势可以提高学习者的注意力，从而提高学习者的学习效果。

大量研究表明，无教师出镜的视频教学效果要远远低于有教师出镜的视频，有教师出镜的视频教学效果要远远低于有适当教学交互动作视频。然而，有教师出镜的 MOOC 视频制作的时间成本和费用成本相较于录屏 MOOC 视频高很多。因此，研究基于虚拟教师形象的教学视频制作方法具有很高的应用价值。

8.2 基于教师二维形象的课程视频制作

8.2.1 课程视频生成方案

以无教师出镜的录屏视频为基础，配合教师形象照片或短视频，生成二维(two dimensional，2D)虚拟教师教学视频，从而达到降低教师课程制作成本、提高教学视频教学效果的目的，具体制作流程如图 8.1 所示。该课程视频制作方案已经部署于西安电子科技大学智课平台。

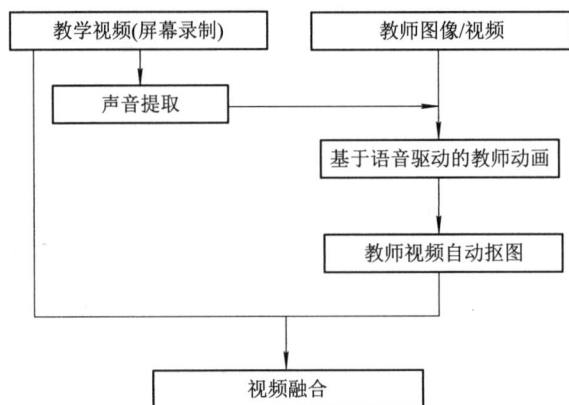

图 8.1　2D 虚拟教师教学视频制作流程

首先，从屏幕录制的视频中提取声音，然后基于语音驱动教师动画形象生成连贯的教师授课视频，接着对教师授课视频进行自动抠图，得到无背景的教师授课视频，最终将教师授课视频和屏幕录制视频进行融合完成课程视频制作。

参考传统 MOOC 制作方案，绝大多数课程录制时教师没有肢体行为动作，只保留了面部动作。于是如何基于 2D 图像生成面部动作视频成为了关键。当前已有一些优秀的研究成果能够实现语音驱动面部动画，如 MakeItTalk[26]，Wav2lip[27]等。MakeItTalk 不仅能够生成口唇动画，还可以实现复杂的面部表情和眨眼等动作，但是该算法只能处理 256 × 256 尺寸的人脸图像，无法完成更高分辨率的人脸面部生成任务。Wav2lip 能够处理更多分辨率的图像，但是 Wav2lip 只对口唇动画进行了生成。使用 Wav2lip 基于授课语音对教师图像和短视频中的教师进行口部动画生成，结果如图 8.2 和图 8.3 所示。图 8.2(a)是输入照片，基于该图像生成了教师的授课视频；图 8.3(a)是输入的短视频序列，在生成教师授课视频时重复利用该序列进行长时授课视频生成，最终得到了图 8.3(b)的效果。教师的授课视频生成后,自动抠图并与原屏幕录制课程视频融合得到最终的课程视频,如图 8.4 和图 8.5 所示。基于 2D 图像的生成方案总体较为简单,仅需要用户提供一张面部清晰的个人图像即可,但是生成的视频较为呆板。基于短视频的生成方案,则需要提前录制 1~2 s 的短视频,提前录制视频的要求要比拍照要求高很多,处理的时间也更长,不过生成的课程视频更加自然,效果更好。

(a) 输入的教师形象照片

(b) 语音驱动的口型视频截图

图 8.2　基于照片的视频生成样例

(a) 输入的教师形象短视频序列

(b) 语音驱动的口型视频截图

图 8.3　基于短视频的视频生成样例

图 8.4　基于照片的课程视频生成

图 8.5　基于短视频的课程视频生成

8.2.2　教师访谈实验

为验证课程制作方法是否被授课教师所接受，设计了一个授课教师访谈实验。实验针对 30 名大学教师开展了访谈，所有的教师均具备硕士以上学历。采访前首先向受访教师介绍了上述的课程视频生成方法，在受访者充分理解课程视频生成方法的基础上，设计了 10 个问题来收集受访教师的意见。访谈主要内容如表 8.1 所示。Q1 和 Q2 是关于受访者录制课程视频经历的问题；Q3 是关于不同视频的教学效果；Q4～Q6 是关于对受访者的心理影响；Q7～Q9 是关于他们对智慧教育和 8.2.1 小节提出方法的看法；Q10 征求进一步的意见。

表8.1 访谈内容

编号	问题
Q1	您制作过课程视频，例如 MOOC、微课视频吗？
Q2	上述课程视频是如何制作的？
Q3	与录屏视频相比，您认为在镜头前录制的课程会提高教学效果吗？为什么？
Q4	与录屏视频相比，您认为在镜头前录制课程会更有压力吗？为什么？
Q5	与录屏视频相比，您认为在镜头前录制课程会增加教学难度吗？为什么？
Q6	与录屏视频相比，您认为在镜头前录制的课程会耗费更多精力备课吗？为什么？
Q7	您愿意在您的课程中引入人工智能教学方法吗？为什么？
Q8	与镜头前录制的课程视频相比，您认为使用我们的方法生成的课程视频的教学效果会更差吗？为什么？
Q9	您想应用我们的方法来生成课程视频吗？为什么？
Q10	还有什么意见吗？

通过访谈获得了一系列的问答对，访谈结果如表 8.2 所示。访谈结果显示所有受访者都有制作视频课程的经验。受新冠疫情的影响，近三年直播和录制视频课程的比例有所增加。未来一段时间线下教学和线上视频教学将并存。从 Q2 的回答中可以看到，屏幕录制和镜头录制是主要的课程视频制作方式，93.33%的受访者有在镜头前录制课程视频的经历。结合 Q3 的回答，所有受访者都认为带有教师图像的课程视频会提高教学效果，这与教育学的研究结论一致。从 Q4～Q6 的回答中，可以看出，与屏幕录制相比，30 名受访者中有 25 名认为面对镜头录制课程压力更大；30 名受访者中有 28 名认为在镜头前录制课程增加了教学难度；30 名受访者中有 26 名认为在镜头前录制课程需要更多精力备课。30 名受访者中只有 2～5 人认为这两种方法对他们来说是相通的。由此可见，绝大多数教师认为在镜头前讲课比屏幕录制更难。与传统的线下教学不同，视频教学不允许出现错误。为了制作出更好的课程视频，教师往往需要多次重复录制。Q7 的回答显示，大多数受访者能够接受人工智能技术在教学中的应用，并认可智慧教育的研究意义。在观看了使用 8.2.1 小节方法生成的课程视频后，没有人认为生成的课程视频的教学效果会比在摄像机前录制的视频差 (Q8)。对 Q9 的回答显示，30 名受访者中有 28 人想尝试我们的方法。Q10 是一个开放性问题。有效答案只有 8 个，其中的 5 个是关心学生是否接受通过我们的方法生成的课程视频。这个问题将在下一节讨论。对于回答中提出的是否能更智能的问题，例如自动生成讲义和自动语音合成，仍有待探索。

表 8.2 访 谈 结 果

编号	回答	频率
Q1	是的，我制作过	30
Q2	屏幕录制视频	2
	屏幕录制视频，镜头前录制课程	21
	镜头前录制课程	7
Q3	是的，我认为这样可以吸引学生的注意力	23
	是的，适当的姿势和表情可以增强沟通	4
	是的，但并不是每个学生都会得到提高	3
Q4	是的，我需要更加注意姿势和表情	17
	是的，我担心犯错误	8
	不，一样	5
Q5	是的，我需要更加注意以避免错误	11
	是的，我需要更加注意考虑姿势、表情、沟通	13
	是的，一开始比较困难	4
	不，一样	2
Q6	是的，我不仅需要准备课程内容，还需要设计形象和行为	9
	是的，我需要付出更多精力来准备课程，以避免口头错误	17
	不，一样	4
Q7	是的，智慧教育可以减轻教师和学生的负担	18
	是的，人工智能的方法可以提高教学效果	10
	不，我喜欢自己教学和辅导	2
Q8	不，几乎一样	23
	我不确定	7
Q9	是的，看起来很有趣，我会尝试一下	10
	是的，在保证教学效果的前提下减轻了我的工作量	18
	不行，我怕学生不喜欢	2
Q10	这种方法学生能接受吗？	5
	这个方法可以更智能吗？ 例如，自动生成讲义、自动语音合成	3
	没有	22

综上所述，教师普遍认为带有教师形象的课程视频的教学效果较好，但带有教师形象的课程视频的制作成本远高于屏幕录制视频。通过本节的生成方法可以仅花费屏幕录制的成本达到与带有讲师形象的课程视频类似的教学效果。

8.2.3 问卷调查

教学的参与者不仅仅是教师，还有学生。因此，还需进行问卷调查，以检验提出的课程视频生成方法是否会被学生接受。在本次实验中，邀请了 40 名大学生完成了问卷调查，准备了三个课程视频：录屏视频(video1)、使用 2D 教师图像生成的课程视频(video2)和使用短视频教师形象生成的课程视频(video3)。video2 和 video3 是使用 video1 和相对应的教师形象生成的。video2 输入的 2D 教师图像是从 video3 的输入教师图像视频中截取的，所以 video2 和 video3 的教师形象是同一个人。在回答问卷之前，学生依次观看了 video1、video2、video3，他们事先并不知道这 3 个视频的制作方法，video1、video2、video3 中的知识点也是相同的。

　　这里通过比较视频质量和学生的观看意愿来比较三种方法。设计了几个问题进行问卷调查，如表 8.3 所示。Q1～Q3 为背景调查，包括性别、年龄、学习经历。Q4 和 Q5 是关于视频质量的。事实上，video2 和 video3 的分辨率和帧率与 video1 相同。但 video2 和 video3 具备教师形象，video2 和 video3 中的视觉元素比 video1 更复杂。此处需要验证 8.2.1 小节中的方法生成的课程视频是否影响了教师的形象。Q6～Q9 与用户偏好有关，Q10 和 Q11 检验了课程视频生成方法与传统录制方法之间的差距。

表 8.3　问　卷　调　查

编号	问 题 和 选 项
Q1	性别 A 男　　　　B 女
Q2	年龄 A 15～20　　　B 21～25　　　C 26～30
Q3	您学习过视频课程吗？ A 是　　　　B 否
Q4	三个视频中哪个视频质量最好？ A video1　　　B video2　　　C video3　　　D 一样
Q5	三个视频中哪个的音频质量最好？ A video1　　　B video2　　　C video3　　　D 一样
Q6	三个视频哪个和传统的线下学习最接近？ A video1　　　B video2　　　C video3　　　D 一样
Q7	三个视频中哪个视频最有趣生动？ A video1　　　B video2　　　C video3　　　D 一样
Q8	哪个视频让您更加专注于学习？ A video1　　　B video2　　　C video3　　　D 一样
Q9	您会选择哪个视频作为长期学习的方式？ A video1　　　B video2　　　C video3　　　D 一样
Q10	您认为 video2 中的授课教师是由人工智能技术生成的吗？ A 是　　　　B 否
Q11	您认为 video3 中的授课教师是由人工智能技术生成的吗？ A 是　　　　B 否

发放并回收了 40 份问卷,结果如表 8.4 所示。从 Q1～Q3 的结果中,可了解受访者的背景信息。从性别比例来看,工科院校的学生以男性为主。所有受访者都有学习视频课程的经历。3 个视频的分辨率和帧率是相同的,从 Q4 的结果来看,大多数受访者认为视频质量相同,但有 3 位受访者投票给了 video1。这可能是由于授课教师的形象改变了课程视频的元素布局,影响了学生的视觉认知。Q5 的结果表明,授课教师形象不会影响听觉认知。Q6 至 Q9 的结果显示,大多数受访者投票给了 video3。video3 显然更接近传统的线下学习;video3 是这三个视频中最有趣、最生动的;与 video1 和 video2 相比,video3 对学生更有吸引力,可以用于长期学习。video2 是用 2D 教师形象照片生成的,所以看起来有点呆板,所有受访者都能很轻易分辨出 video2 是由人工智能技术生成的。令人惊讶的是,95% 的受访者并不认为 video3 是由人工智能技术生成的。Q6～Q10 的结果显示,在相同知识点的 3 个视频中,video3 最受欢迎。与屏幕录制相比,使用教师形象短视频生成的课程视频更容易被学生接受。从 Q11 的结果中,不难看出 video3 能够以假乱真,已经具备替代真实教师授课的可能性。

表 8.4　问 卷 结 果

编号	选项	频次	比例
Q1	A 男	28	70%
	B 女	12	30%
Q2	A 15～20	23	57.5%
	B 21～25	17	42.5%
	C 26～30	0	0
Q3	A 是	40	100%
	B 否	0	0
Q4	A video1	3	7.5%
	B video2	0	0
	C video3	0	0
	D 一样	37	92.5%
Q5	A video1	0	0
	B video2	0	0
	C video3	0	0
	D 一样	40	100%
Q6	A video1	0	0
	B video2	0	0
	C video3	40	100%
	D 一样	0	0

续表

编号	选项	频次	比例
Q7	A video1	0	0
	B video2	0	0
	C video3	40	100%
	D 一样	0	0
Q8	A video1	0	0
	B video2	0	0
	C video3	32	80%
	D 一样	8	20%
Q9	A video1	0	0
	B video2	0	0
	C video3	37	92.5%
	D 一样	3	7.5%
Q10	A 是	40	100%
	B 否	0	0
Q11	A 是	2	5%
	B 否	38	95%

8.3　基于三维虚拟教师的课程视频制作

也可以将三维(three dimensional，3D)动画生成技术应用到教学视频制作当中，配合录屏教学视频，先生成带有虚拟教师形象的教学视频，再基于课程的语音和内容生成 3D 虚拟教师动作，达到教师与学生交互的目的。

8.3.1　课程制作方案

3D 虚拟教师教学视频的制作流程如图 8.6 所示，这里以录屏视频和预制作的 3D 虚拟教师模型作为输入。将 3D 虚拟教师动画生成分为两个部分：面部口唇动画生成以及肢体动画生成，肢体动画又包含了基础动画以及特殊动作动画。首先，提取录屏视频中的音频，进行音素识别，以此驱动 3D 虚拟教师的口唇动作；其次，音频转化为文本，从文本中模糊查找关键词，以此触发肢体动作动画。最后，录屏视频和 3D 虚拟教师动画融合，得到最终的 3D 虚拟教师教学视频。

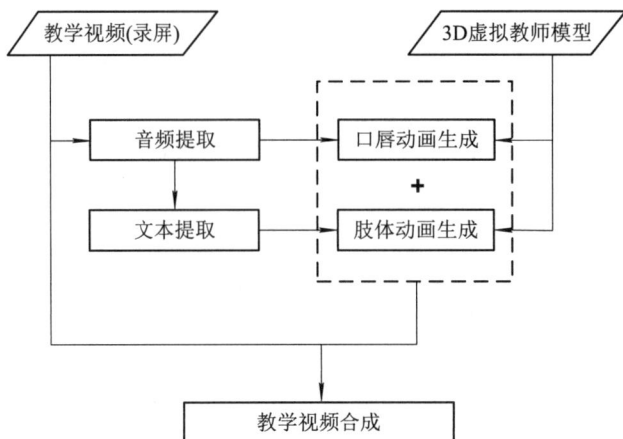

图 8.6　3D 虚拟教师教学视频制作流程

　　可预先制做若干 3D 虚拟教师形象，主要以动画人形和吉祥物类型的教师形象为主。以图 8.6 所示的教学视频制作流程生成的样例课程效果如图 8.7 所示。3D 虚拟教师的口唇是可以根据语音内容驱动的，如图 8.7(a)和图 8.7(b)所示；在面部动画生成时，3D 虚拟教师会有规律的眨眼，使虚拟教师更加灵动，如图 8.7(c)所示；在讲解到关键课程内容时，会根据关键字触发关键肢体动画，比如图 8.7(d)的手势指引动作。

(a) 口部闭合

(b) 口部张开

(c) 眨眼动作

(d) 手势指引动作

图 8.7　样例课程效果

8.3.2　关于 3D 虚拟教师形象在教学视频中应用的访谈

1. 访谈对象及内容

对 15 名高校本科生进行访谈，其中 8 名男生，7 名女生，均是大学二、三年级学生。15 名受访者在观看无教师出镜教学视频和带有 3D 虚拟教师形象的教学视频后接受访谈，受访时间为 20 分钟，受访内容如表 8.5 所示。其中，第 1～3 个问题是受访者过往的学习情况，第 4～6 个问题是关于 3D 虚拟教师观感的调查，第 7 个问题则是针对当前的 3D 虚拟教师提出更好的意见。访谈过程中重点关注受访者对带有 3D 虚拟教师的教学视频的态度和看法。

表 8.5　3D 虚拟教师形象在教学视频中的应用访谈

问题编号	访　谈　内　容
1	你是否有视频学习的经历？
2	你学习过的教学视频都是什么形式？
3	你学习过的教学视频教师是否有动作交互？
4	带有 3D 虚拟教师形象的教学视频能提供一种与真实教师互动的感觉吗？
5	相对于录屏视频，带有 3D 虚拟教师形象的教学视频会让你更专注吗？
6	相对于录屏视频，带有 3D 虚拟教师形象的教学视频会让你的学习过程更有趣吗？
7	你对 3D 虚拟教师在教学中的应用有什么建议？

2. 分析和讨论

对访谈过程中的问答对进行了归纳整理，实现概念化和范畴化，同时进行了频次统计，如表 8.6 所示。

表 8.6　访谈问答对和频次统计

问题编号	回　　答	频次
1	有过，自学或课堂中都有	15
2	直播、有教师形象的录播	13
	直播、屏幕录制	2
3	没有，授课教师只展示了形象，无肢体交互	7
	有一些，但是和讲解的内容无关	5
	有，有较多的肢体交互	3
4	有，口型和动作结合很有真实感	2
	有一点，语音是真实授课教师的，所以较为真实；形象是虚拟的，所以不真实	10
	没有，虚拟教师感觉不到真实	3

问题编号	回　　答	频次
5	更加专注，注意力更加集中	8
	更加专注，但会分心观察虚拟教师	6
	没有，和录屏一样	1
6	更加有趣，和看动画片一样	9
	更加有趣，比没有教师形象/严厉呆板的教师形象要有趣	4
	不会，课程是否有趣取决于内容	2
7	教师虚拟形象定制化	4
	肢体动作与教学内容的精确配合	2
	虚拟助教	3
	没有建议	6

从表8.6中针对问题1～3的答对和频次统计结果中发现，当前的本科生均有观看教学视频的经历，且教学视频的种类多样；但是当前的教学视频普遍缺乏授课教师与学习者的互动，教师形象较为呆板。

针对"3D虚拟教师能否提供一种与真实教师互动的感觉"的问题，有3人认为3D虚拟教师的教学视频无法提供与真实教师互动的感觉，绝大部分受访者认为3D教师的形象是虚拟的，所以很难具备与真实教师一样的互动感。

相对于录屏教学视频，15名受访者中有14人认为带有3D虚拟教师形象的教学视频能够让他们更加专注地学习。但是，其中有6名受访者表示在观看教学视频过程中，会分心观察3D虚拟教师的面部和肢体动作。其原因是部分受访者在观看带有3D虚拟教师的教学视频时，抱着找出虚拟教师口型不准、肢体动作错误的目的。

相对于录屏教学视频，15名受访者中有13人认为带有3D虚拟教师形象的教学视频更加有趣生动，2人认为课程是否有趣取决于课程内容。60%的受访者将带有3D虚拟教师形象的教学视频当作动画片来看待。从访谈结果看，相比于没有教师形象和有严厉呆板的教师形象的教学视频，可爱生动的3D虚拟教师更受欢迎。

关于3D虚拟教师在教学中的应用，有9名受访者从学生的角度给出了建议。他们认为通过一定的改进，3D虚拟教师可以在教学中的得到更好的应用。9人中有4人认为教师虚拟形象要能实现定制化，同样的教学内容不同的教师形象对学生的吸引度是不同的；有2人认为当前的关键词触发特殊肢体动作的设计很贴近真实课堂，但是虚拟教师的指引点与知识点在屏幕中的位置不契合，需要改进；还有3人提出了3D虚拟教师的其他应用模式，比如虚拟助教。

综上所述，带有3D虚拟教师形象的教学视频能够被大部分学习者所接受。首先，带有3D虚拟教师形象的教学视频能够给学习者提供一定程度上的真实交互感；其次，相比于录屏视频，带有3D虚拟教师形象的教学视频更加有趣，更能吸引学习者的关注；再者，教师出镜录制的教学视频中可能存在缺乏有效师生互动、教师形象呆板的问题，而3D虚拟教师课程更加灵活，交互动作可以根据授课内容生成。

第 9 章　面向智能教育的边缘计算

9.1　边缘计算的提出背景

　　近年来，随着互联网领域内大数据、云计算及智能技术的迅速发展，互联网产业经历了前所未有的深刻转型，同时这一转型向计算模式提出了更为严苛的挑战。在大数据时代背景下，数据生成量呈指数级增长态势，加之物联网等应用场景下数据地理分布的广泛性与离散性，各种应用对数据处理的响应效率与安全性提出了更为迫切的需求。尽管云计算技术为海量数据处理构筑了高效能的计算平台，然而，当前网络带宽的增长速率显著滞后于数据爆炸性增长的步伐，且带宽成本下降的速度远低于硬件成本的削减速度。此外，复杂多变的网络环境进一步加剧了网络延迟的顽疾，难以实现根本性的突破。传统云计算模式在应对带宽受限与延迟瓶颈方面显得力不从心，在此背景下，边缘计算作为一种创新性的计算范式应运而生，并在近年间迅速成为学术界与产业界关注的焦点。

　　在边缘计算中，"边缘"一词特指分布于网络架构边缘的计算与存储资源，这些资源相较于数据中心而言，在地理位置及网络拓扑结构上均更接近于终端用户。边缘计算技术正是基于这些边缘资源，为用户直接在数据源附近执行计算任务和服务提供支撑，显著缩短了数据处理路径，增强了服务的实时性与效率。若以仿生学为喻，云计算可视为人体中枢神经系统的核心——大脑，负责复杂信息处理与决策制定；而边缘计算则类比于遍布全身的神经末梢，能够迅速响应外界刺激，执行即时性的非条件反射动作，如手遇针刺立即回缩，此过程由神经末梢直接控制，无需大脑即时干预，从而加速了反应速度，有效避免潜在伤害，并允许大脑集中资源处理更高级别的认知任务。随着物联网技术的蓬勃发展，思科等权威机构预测：至 2025 年将有高达 500 亿的设备接入互联网，构建出一个万物互联的新时代。在这一背景下，依赖单一云计算中心作为所有设备的"大脑"将变得不切实际且效率低下。边缘计算正是为解决这一问题而生，它赋予设备以局部的"智能大脑"，使得数据处理与决策能够更贴近源头，实现更加高效、灵活与智能的物联网生态系统。

　　智能教育是一种借助先进技术改进传统教育方式的新兴教育模式，随着信息技术的迅猛发展，作为一种新兴计算模式的边缘计算，为智能教育带来了广阔的应用前景。边缘计算将计算和数据处理能力靠近数据源头，能够在教育现场提供实时、高效的计算和数据处理，为智能教育带来了诸多机遇。

9.2 基于国产芯片的异构边缘计算平台

9.2.1 边缘计算概述

在物联网的广阔领域中，"边缘"一词被赋予了新颖而具体的内涵，它特指位于设备终端邻近区域的计算环境。据此，边缘计算可定义为在设备边缘附近执行的计算活动，其本质上构成了一种服务形态，与云计算、大数据服务等并驾齐驱。但其独特之处在于其高度的用户邻近性，旨在为用户带来近乎即时的数据处理与内容呈现体验，显著提升用户感知的响应速度。

边缘计算的核心价值在于其针对传统云计算(或称中央计算)模式固有问题的有效解决策略，这些问题主要包括高延迟、网络波动性以及带宽限制。以普遍存在的手机 APP "无法访问"错误为例，这类问题往往归咎于复杂的网络环境、远程云服务器带宽的局限性以及资源分配的不均衡。在云计算框架下，尽管服务具有广泛性和可扩展性，但不可避免地受到网络延迟和稳定性波动的制约。边缘计算通过将计算任务或处理流程的部分乃至全部迁移至更接近用户数据生成点的边缘节点，有效缓解了这些问题，显著降低了云中心模式对应用程序性能的不利影响，实现了数据处理与服务提供的即时性与可靠性的双重提升。

图 9.1 是边缘计算网络的概念图，边缘计算作为设备与云端之间不可或缺的桥梁，扮演着至关重要的中间层角色。边缘计算的兴起，源自广域网环境中构建高效虚拟网络架构的迫切需求，运营商们希望拥有一套简化且兼具云计算特性的管理平台，以此为契机，微缩化的云计算管理平台应运而生并逐渐渗透市场。从这一发展历程来看，边缘计算无疑是云计算理念与技术框架的延伸与细化。随着这一微型化管理平台的持续发展，特别是虚拟化技术的突破性进展(该技术通过逻辑分割，使单一物理计算机能够模拟出多个独立运行的虚拟计算机环境，每个虚拟环境均可承载不同的操作系统与应用，彼此间实现高效隔离与并行处理，极大提升了资源利用率与计算效率)，人们逐渐认识到该平台在高效管理海量边缘节点方面的独特优势，以及其对多样化应用场景的广泛适应性。随后，不同厂商基于这一平台进行了深入的定制化开发与功能拓展，不断注入创新元素，极大地推动了边缘计算技术的成熟与普及，促使其步入了快速发展的黄金时期。

云计算和边缘计算通常会被用来做比较，大家都熟悉云计算，它有着庞大的计算能力、海量的存储能力。我们目前使用的许多 APP，本质上都是依赖各种各样的云计算技术，如视频直播平台、电子商务平台等。边缘计算脱胎于云计算，靠近设备侧，具备快速反应能力，但不能应对大量计算及存储的场合。这两者之间的关系，可以用我们身体的神经系统来类比解释。

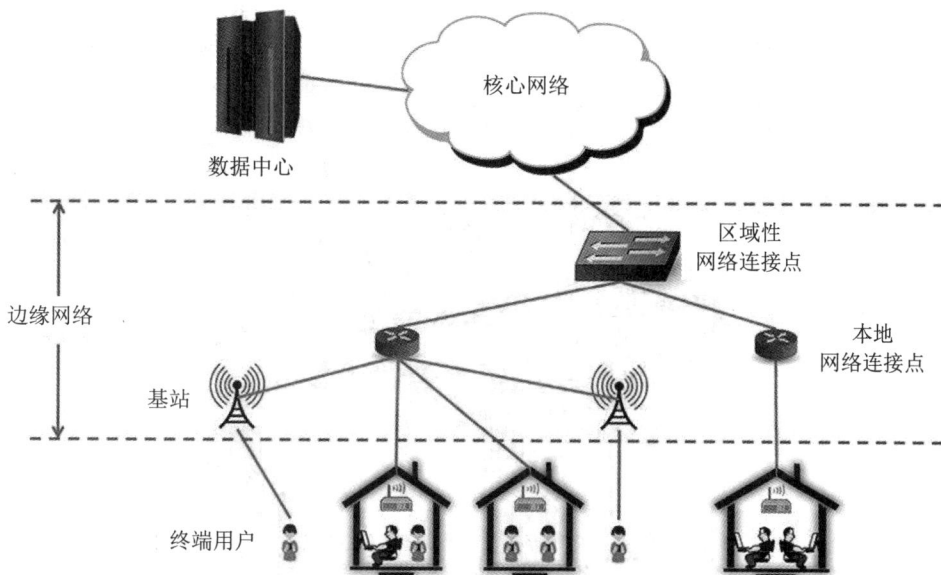

图 9.1　边缘计算网络概念图

云计算能够处理大量信息，并可以存储短长期的数据，这一点非常类似于我们的大脑。大脑是中枢神经中最大和最复杂的结构，也是最高部位，是调节机体功能的器官，也是意识、精神、语言、学习、记忆和智能等高级神经活动的物质基础。人类大脑的灰质层，富含着数以亿计的神经细胞，构成了智能的基础。而具有灰质层的并不只有大脑，人类的脊髓也含有灰质层，并具有简单中枢神经系统，能够负责来自四肢和躯干的反射动作，以及传送脑与外周之间的神经信息。大家熟悉的膝跳反应是脊髓反应能力的证据。边缘计算对于云计算，就类似于脊髓对于大脑，边缘计算反应速度快，无需云计算支持，但其智能程度较低，不能够适应复杂信息的处理。

综上所述，边缘计算具备以下优点。

(1) 低延迟特性：通过将计算能力直接部署于设备边缘，实现了对设备请求的即时响应，显著降低了数据传输与处理过程中的延迟，提升了系统整体的实时性能。

(2) 带宽优化运行：边缘计算具备将计算任务迁移至更接近用户或数据采集源的能力，这一特性有效缓解了站点带宽限制对系统性能的影响。特别是当边缘节点承担更多数据处理任务，从而减少了对中心服务器的大规模数据传输需求时，带宽利用效率得到显著提升。

(3) 增强的隐私保护：边缘计算架构促进了数据的本地化采集、分析与处理，这一过程极大地减少了数据在公共网络中的传输与暴露，为数据隐私提供了更为坚实的保护屏障，符合日益严格的数据安全与隐私保护要求。

9.2.2　自主可控的异构计算设备

目前，性能领先的计算机设备生产技术主要由 Intel、AMD 等公司掌握，为了缩小与国际顶尖设备之间的差距，国内近年来逐步加大自主研发的力度，并取得了一定成果。图

9.2 展示了一款国产主板，其所使用的 CPU(Central Processing Unit)型号为 FT-2000/4。目前，国产设备已被应用于医疗、航空航天、武器装备等国家安全重要领域，并在智能穿戴设备、新能源汽车和分布式服务器等领域得到了广泛的应用。同时国内企业也在大力发展半导体和芯片产业，研发出许多卓越的设备，如鲲鹏 920、麒麟 9000、飞腾 2000、海光 7000 和龙芯 3A4000 等。

图 9.2　飞腾 2000 主板

随着近年来云计算的发展，国产异构计算平台在云计算中的应用越来越广泛，其中包括云服务器、路由器和交换机等。随着云计算的发展，人们发现了云计算的许多不足，比如对于巨大的数据量，这种传输带宽成本难以接受。通用电气很早就意识到工业机床上的传感器产生的大量的数据需要在设备边缘进行处理，只将最有价值的数据移到云端进行机器学习并且在不同设备之间共享。此外，诸如头戴式虚拟现实(VR)设备、机器人及无人机等智能设备，因网络传输延迟的限制而难以充分利用云计算的庞大计算资源，导致这些智能设备对于低延迟、高强度计算能力的需求得不到满足。同时，这类设备还普遍面临电池续航能力受限的共性挑战。边缘计算正是旨在应对上述复杂问题，提供一种创新的解决方案。在边缘计算框架下，传感器、控制器及众多互联设备不仅负责物联网数据的直接采集，还具备初步分析或即时传输至邻近计算节点(如边缘服务器、便携式笔记本等)进行深度处理的能力。在边缘计算领域有一些国产的硬件供应商和制造商，提供各种边缘计算硬件设备。这些设备通常包括边缘服务器、边缘网关、边缘节点、边缘设备等。它们通常具备低功耗、高性能、可靠性强、适应恶劣环境等特点，以满足边缘计算场景下的需求。

表 9.1 是国产边缘计算设备在教育中的应用，从其中可以看出目前国产的硬件设备可以支撑起边缘计算的国产化。

表 9.1　国产边缘计算设备及在教育中的应用

国产边缘计算设备类型	设备举例	设备作用
边缘服务器	华为 Atlas 300 AI 边缘服务器和中兴 MEC 系列	用于搭建教育云平台或数据中心,提供存储、计算和管理教育资源的能力
边缘网关	紫光展锐边缘网关和云从科技边缘网关	用于连接学校内的各种智能设备和传感器,实现设备之间的数据交换和通信
边缘节点	海思半导体麒麟芯片	处理教育应用和服务的计算任务
边缘设备	华为手机、华为电脑和海康威视摄像头	直接应用于学生的学习和教学过程

可用于边缘计算的硬件设备,图 9.3 展示了一款 DEP01A 智能盒子。这款设备不仅支持深度学习神经网络算法的运行,而且内部集成了多个高算力的 AI 处理模块,每个模块都能提供高达 2T 的算力。此外,这些模块的数量可扩展至 4 个,以满足更高级别的计算需求。DEP01A 智能盒子以其轻量化设计、卓越性能、低功耗和灵活的算力配置而著称,方便接入多种应用场景。它在人脸识别、智能安防和行为分析等多个领域都有广泛应用。

图 9.3　DEP01A 智能盒子

图 9.4 是一款 DEP02A 边缘计算设备,基于 RK3568 设计,并搭载了英码 AIM16T AI 加速模组。这款设备不仅性能强大,而且功耗低,可根据需求灵活配置 1 到 2 个 AIM16T 加速模组,每个模组能提供最高 16Tops 的算力。RK3568 支持 4K H264/H265 解码和 1080P@60fps H264/H265 编码,以及最高 4K@60fps 的 HDMI 视频输出。其外观设计轻巧,适应性强,适用于多种边缘计算环境。

图 9.4　DEP02A 边缘计算设备

图 9.5 是一款 IVP02C 人工智能设备,它专注于智能视频分析处理,不仅支持深度学习神经网络算法的运行,而且内部集成的高算力 AI 处理模块能提供高达 12Tops 的超强算力。该设备的主控平台具有高性能配置,具备 8K 高清视频的编解码能力,并集成了多种视频信号处理单元。IVP02C 人工智能设备以其轻量化设计、高性能、低功耗和便捷的接入方式,

在人脸识别、智能安防和行为分析等多个领域得到了广泛应用。

图 9.5　IVP02C 人工智能设备

9.2.3　国产设备在异构边缘计算平台中的应用

　　使用边缘技术，可以在更靠近边缘的地方运行人工智能和机器学习工作负载，而不必向云端发送大量数据。国产设备在边缘计算中的应用十分广泛，比如物联网边缘、工业 4.0 和工业物联网边缘。

　　图 9.6 是一款由广州向成电子科技有限公司生产的微服务设备，其在智慧城市、智慧交通和智慧零售等领域均有广泛应用。边缘计算的兴起，是物联网技术广泛应用与设备规模急剧扩张的产物。随着大量物联网设备接入互联网，它们频繁地与云端进行数据的发送与接收，特别是在操作执行过程中，往往涉及大量数据的实时传输。鉴于此，物联网边缘的概念应运而生，它依托于物联网网关技术，使用户能够直接在设备端执行边缘计算任务，其中边缘计算设备既可充当网关角色，也能作为数据处理的核心单元。在工业物联网的应用场景中，边缘计算设备扮演着至关重要的角色，它们将分布于各个生产环节的物联网设备紧密相连，实现数据的无线或有线高效传输至现场部署的边缘计算硬件。随后，这些边缘计算设备运用人工智能分析、机器学习算法等先进数据处理技术，对接收到的数据进行即时处理与分析，而无需将所有数据上传至云端，这一模式极大地提升了数据处理的时效性与安全性。

图 9.6　微服务器设备

"智慧城市"是一个高度集成的智能系统架构，融合了物联网传感器、通信网络、视频监控等先进技术，并通过边缘计算技术的应用，实现了对城市应用的快速响应与安全保障的显著提升。边缘计算设备在智慧城市的实际部署中，展现了多样化的应用场景，包括但不限于交通异常监测、不良驾驶行为识别、人群异常行为检测、基于面部识别的罪犯追踪以及智能交通系统优化等。

值得注意的是，在构建"智慧城市"的过程中，国产设备发挥了举足轻重的作用。图 9.7 所展示的是由佑亿电子公司研发的摄像头产品，该产品在道路监控领域，尤其是安全防范方面，展现出了广泛的应用价值。此外，在防控 COVID-19 的特殊时期，此类摄像头结合高性能边缘计算设备与先进的计算机视觉算法，构建了一套高效的视频智能监控系统。该系统不仅能够识别未佩戴口罩的个体，还能通过人脸识别技术建立潜在感染者观察名单，并在关键入口点利用热成像技术自动筛查体温异常者，为疫情防控提供了强有力的技术支持。

图 9.7　佑亿电子摄像头

图 9.8 所展示的是华智融公司出品的智能 POS 机，具体型号为 NEW9220，该设备在零售商店及超市环境中得到了广泛的部署与应用。边缘计算技术的引入同样为零售行业带来了效益，具体而言，通过边缘计算服务器，零售行业内的各类终端设备，如 POS 终端、库存管理系统服务器、支付控制器等，可以实现虚拟化与集中化管理，这一创新模式被业界称为"软件定义的零售商店"。此模式不仅提升了运营效率，还增强了系统的灵活性与可扩展性，为零售行业的数字化转型提供了强有力的支持。

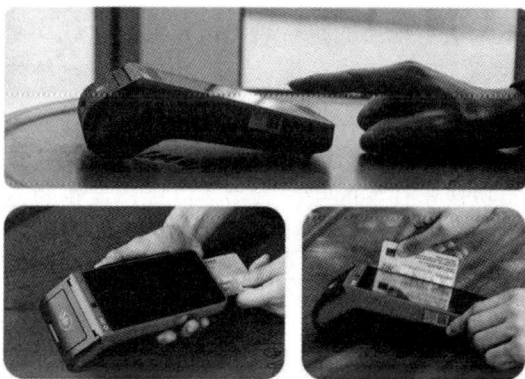

图 9.8　华智融 POS 机

    图 9.9 是一款由浪潮公司生产的边缘服务器，产品型号是 NE3160M5。边缘服务器，也称为边缘计算服务器，是一种放置在网络边缘，使计算资源更接近最终用户的服务器。边缘服务器具有广泛的应用场景，从物联网和内容分发网络到移动计算、人工智能和机器学习以及智慧城市。通过使计算资源更接近最终用户，边缘服务器可以减少延迟、提高性能并增强整体用户体验。边缘式服务器采用紧凑的设计，配备高性能的处理器、内存和存储设备，支持边缘计算和物联网应用的部署。

图 9.9　浪潮边缘服务器

9.3　面向计算需求的任务调度方法

9.3.1　基于任务计算量的任务调度方法

    基于任务计算量的任务调度方法是一种常见的调度策略，用于分布式系统或并行计算环境，根据任务的计算量来决定任务的执行顺序，以实现负载均衡和性能优化。这种调度方法基于任务的计算需求，通过合理地分配计算资源，提高系统的吞吐量和效率。在基于任务计算量的任务调度方法中，任务被视为可并行执行的单元，每个任务都具有不同的计算量。任务的计算量可以是任务的执行时间、指令数或其他衡量任务复杂度的度量。根据任务的计算量，调度器可以决定任务的执行顺序，以优化系统的性能。

    常见的基于任务计算量的任务调度方法包含：最短作业优先(Shortest Job First，SJF)调度和加权最短作业优先(Weighted Shortest Job First，WSJF)调度。

1. 最短作业优先调度

    最短作业优先调度算法将每个进程的调度优先级与其下一次 CPU 执行所需的时间长度紧密关联。当 CPU 资源处于空闲状态时，该算法会优先将 CPU 分配给下一次执行时间最短的进程。若存在两个或多个进程具有相同的下一次 CPU 执行时间长度，则这些进程之间的调度顺序可依据先来先服务的原则来确定，以确保调度的公平性与有序性。"最短作业优先调度算法"更为准确的描述应为"最短下次 CPU 执行时间优先"算法，因为此调度决策是基于进程下一次 CPU 执行时间的预估，而非其整体执行时间的总和。

举一个 SJF 调度的例子，假设有如下一组进程，CPU 执行长度以毫秒(ms)计量，如表9.2 所示。

表 9.2　进程执行时间表

进程	执行时间/ms
P1	6
P2	8
P3	7
P4	3

使用 SJF 调度表 9.2 中的任务，可以得出任务调度结果，使用甘特图描述任务调度结果，如图 9.10 所示。

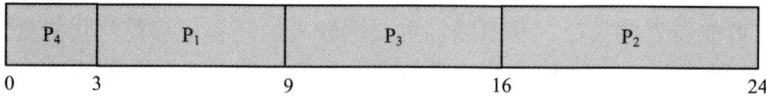

图 9.10　任务调度结果

图 9.10 是使用最短作业优先调度方法调度表 9.2 中任务的调度结果，进程 P1 的等待时间是 3 ms，进程 P3 的等待时间为 9 ms，进程 P2 的等待时间为 16 ms，进程 P4 的等待时间为 0 ms。因此，平均等待时间为(3 + 16 + 9 + 0)/4 = 7 ms，如果使用先来先服务调度方案，那么平均等待时间为 10.25 ms。

在进行 SJF 算法时，面临的核心挑战在于如何准确预测每个进程下一次 CPU 执行的长度。针对批处理系统的长期(或作业级)调度场景，一种常见的做法是将用户提交作业时所声明的进程预计执行时间作为该次 CPU 执行长度的估算值。在此情境下，用户往往倾向于提供尽可能精确的进程时间估计，因为较低的估计值可能预示着更快的作业响应速度，但同时也需注意，过于乐观的估计可能导致时限超出错误，进而要求用户重新提交作业。鉴于其优化响应时间和减少平均等待时间的潜力，SJF 调度策略在长期调度中得到了广泛应用。

综合分析最短作业优先调度算法的优缺点，如表 9.3 所示。

表 9.3　SJF 算法优缺点

优　点	缺　点
拥有最大吞吐量	可能会面临饥饿问题
最短的平均等候时间和周转时间	不公平

2. 加权最短作业优先调度

上述 SJF 调度算法让执行时间最短的任务先被调度到，加快作业的疏散速度，这可以极大地缓解紧张的内存资源，提高计算性能，加权最短作业优先(WSJF)就是在这个原理上的扩展。

在 WSJF 算法中，每个作业都有一个权重值，表示该作业的重要性或优先级。作业的权重可以根据一些因素来确定，例如业务价值、紧急程度、投资回报率等，作业的预计执行时间表示完成该作业所需的时间，算法 1 是 WSJF 算法的伪代码。算法 1 步骤及对应操作如表 9.4 所示。

表 9.4　算法 1 步骤及对应操作

步骤	算法 1 加权最短作业优先调度算法操作
1	将系统中的所有作业按照权重值从高到低进行排序
2	从排序后的作业列表中选择第一个作业作为当前作业
3	执行当前作业，直到完成
4	更新系统状态和作业列表
5	重复步骤 2 至步骤 4，直到所有作业完成

使用 WSJF 算法，可以最大程度地优化系统的资源利用和作业的执行效率。较高权重的作业将更有可能首先被执行，从而确保重要性较高的任务能够得到优先处理。WSJF 算法是一种静态调度算法，它在作业到达系统之前就已经确定了作业的顺序，如果在运行过程中出现新的作业到达或者已有作业的权重发生变化，可能需要重新进行作业调度。

9.3.2　基于负载均衡的任务调度方法

随着信息技术和计算能力的飞速发展，尤其是在云计算、大数据和分布式计算等领域，任务调度作为确保计算资源利用率和系统性能的重要手段，已成为研究和实际应用中的热点问题。负载均衡作为任务调度中的一个关键问题，旨在优化计算资源的分配与调度，既要避免部分计算节点负载过重而影响整体系统性能，又要避免部分计算节点资源的闲置和浪费。

负载均衡的基本目标是实现各个计算节点之间的负载均匀分配，避免某些节点因过载而导致性能瓶颈或系统崩溃。通过合理的任务调度策略，可以提高系统的吞吐量和响应速度，降低延迟，提升资源的利用率，进而增强系统的整体性能和可靠性。在分布式系统和云计算环境中，负载均衡尤为重要，因为这些环境通常由大量的节点组成，任务调度的效率和资源分配的合理性直接影响到系统的稳定性和处理能力。

以下是一些常见的基于负载均衡的任务调度方法。

1. 轮询调度(Round-Robin Scheduling)

轮询调度是一种简单且广泛使用的任务调度方法，尤其适用于负载较为均匀的系统。其核心思想是将任务按顺序循环地分配给各个计算节点，每个节点接收任务后处理一定时间或数量的工作，然后交给下一个节点。这样，每个任务在不同节点之间轮流分配，确保所有节点都能参与计算，避免某些节点因长时间不分配任务而闲置。

轮询调度算法的实现非常简单，通常不需要复杂的负载均衡机制，也不考虑任务的优先级或节点的处理能力。每次调度时，系统只需维护一个队列(或者任务列表)，依次为每个任务选择下一个计算节点。当所有节点都分配完任务后，调度器会从第一个节点重新开始循环分配任务。

2. 最少连接调度(Least Connections Scheduling)

最少连接调度是一种基于节点当前负载(即连接数或正在处理的任务数)来进行任务分配的调度策略。它的核心思想是将新的任务分配给当前正在处理任务数量最少的节点，从而保证系统负载的均衡。与传统的轮询调度不同，最少连接调度考虑了节点的实时负载情况，能够动态地适应系统负载变化，提高系统整体效率。

在实际应用中，最少连接调度通常用于负载较重、任务处理时间不均的场景。每当有新任务到来时，调度器会查询每个节点当前的连接数或任务数，并将任务分配给连接数最少的节点。该方法能够确保系统中所有节点尽可能平衡地处理任务，避免某些节点因过载而成为性能瓶颈。

3. 加权轮询调度(Weighted Round-Robin Scheduling)

加权轮询调度是一种改进版本的轮询调度方法，它结合了节点的不同计算能力或资源情况，对每个节点分配不同的权重值。传统的轮询调度假设所有节点的处理能力相同，每个节点在循环中接收相等数量的任务。而加权轮询调度则根据节点的性能差异，给计算能力较强的节点分配更高的权重，这样节点接收到的任务数量与其处理能力成正比。简而言之，加权轮询调度通过对不同节点的权重进行调整，使得性能较强的节点可以处理更多的任务，而性能较弱的节点则处理较少的任务，从而提高整个系统的资源利用率。

加权轮询调度通常在多节点分布式系统中使用，例如负载均衡器、Web 服务器、云计算平台等。权重通常由节点的硬件资源(如 CPU、内存、磁盘 I/O 性能等)决定，系统会根据每个节点的处理能力动态调整任务的分配，以达到更合理的负载平衡。

加权轮询调度通过为每个节点分配权重来调整任务分配的顺序和频率。具体来说，权重值越高的节点会在每一轮轮询中处理更多的任务。例如，如果节点 A 的权重为 3，节点 B 的权重为 1，那么在一轮调度中，节点 A 将处理三次任务，而节点 B 将处理一次任务。每当一个节点完成分配的任务，它将重新回到队列中等待下一次调度。这样，权重较大的节点将处理更多任务，从而充分利用其强大的处理能力。

加权轮询调度能够较好地平衡节点负载，并避免某些节点在系统中负载过重，而其他节点处于空闲状态。然而，权重的设定需要根据节点的实际处理能力和当前负载进行合理配置，以避免在某些情况下某些节点的负载不平衡。

4. 最短任务优先调度(Shortest Job First Scheduling，SJFS)

最短任务优先调度是一种基于任务执行时间长度来决定调度顺序的任务调度策略。该算法的核心思想是，系统优先执行那些预计运行时间最短的任务，直至所有任务完成。这种策略的目标是最小化系统的平均等待时间和周转时间，从而提高整体系统的效率。SJFS可以分为两类：非抢占式和抢占式。在非抢占式 SJFS 中，一旦任务开始执行，便会一直执行至完成；而在抢占式 SJFS 中，如果一个新任务的预计执行时间更短，则当前任务可能会被暂停，新的短任务会优先执行。

SJFS 的基本工作原理是根据任务的预计执行时间(或实际执行时间)来安排任务顺序。具体而言，系统会选择那些执行时间最短的任务首先执行。对于非抢占式 SJFS，任务一旦开始执行，直到任务完成才能执行下一个任务。而在抢占式 SJFS(也称为最短剩余时间优先调度)中，如果新到达的任务所需的时间更短，则当前执行的任务会被暂停，新的短任务将被优先执行。这种方法可以有效减少任务的平均等待时间，尤其适用于任务执行时间差异较大的情况。

5. 优先级调度(Priority Scheduling)

优先级调度是一种常见的任务调度算法，基于任务的优先级来决定调度顺序，被广泛应用于实时系统和需要处理紧急任务的场景。在这种策略中，每个任务都被分配一个优先级，调度器按照任务的优先级高低依次分配资源，优先执行优先级较高的任务。优先级调度可以是抢占式的或非抢占式的。在抢占式优先级调度中，如果一个新任务的优先级高于正在执行的任务，当前任务会被暂停，新任务会被执行；而在非抢占式优先级调度中，一旦任务开始执行，直到完成才能调度其他任务。

通常，优先级是根据任务的紧急程度或重要性来设定，优先级较高的任务会优先获得 CPU 时间。优先级的设定可以是静态的，也可以是动态的。静态优先级是系统在任务到达时就设定好的，而动态优先级则可能根据任务的执行情况或外部环境的变化进行调整。例如，某些任务在长时间等待后，其优先级可能会提高，以避免饥饿现象。

6. 基于负载均衡的自适应调度(Adaptive Load Balancing Scheduling)

基于负载均衡的自适应调度是一种动态调度方法，旨在通过实时监控系统负载和任务执行情况，自适应地调整任务分配策略，以实现更高效的资源利用和系统性能优化。该调度方法强调根据节点当前的负载状况和任务的特点，动态地调整任务分配和资源调度，从而确保任务在各个计算节点之间的均衡分配，避免某些节点因过载而成为瓶颈，而其他节点则处于空闲状态。

自适应调度方法与传统的静态负载均衡方法不同，它不仅考虑到各节点的计算能力，还会根据节点的实时负载、响应时间、任务执行时间等因素来动态调整任务的分配方式。这种方法常用于大规模分布式系统、云计算环境、Web 服务器集群等需要高效调度的场景，尤其适用于任务负载动态变化的环境。

基于负载均衡的自适应调度通常通过以下几个步骤来实现任务的动态调度。

(1) 实时负载监控：系统持续监控各个节点的负载情况，包括 CPU 使用率、内存使用量、网络带宽、磁盘 I/O 等关键指标。监控数据帮助系统评估每个节点的当前负载，并为后续调度提供依据。

(2) 任务分配策略：系统根据实时负载信息，结合任务的性质(如任务的计算量、响应时间要求等)，动态选择合适的节点进行任务分配。负载较低的节点会接收到更多的任务，而负载较重的节点则会减少任务分配，以避免过载现象。

(3) 任务调度调整：在任务执行过程中，系统会不断评估当前任务的进展和节点的负载情况。如果某个节点过载，或者任务的执行时间远超预期，系统可以将任务迁移到负载较低的节点，或者调整任务的调度策略，以确保整个系统的负载均衡。

(4) 自适应优化：为了进一步优化资源利用，系统会基于历史调度数据进行自适应学习，根据各节点的负载变化趋势自动调整调度策略。例如，某些节点可能会因为长期低负载而被设置为优先调度的节点，或者系统可能会根据任务的执行时间自适应地调整任务分配的频率。

7. 固定权重调度(Fixed Weighted Scheduling)

固定权重调度是一种基于任务或节点的固定权重值来进行任务分配的调度策略。在这种策略中，每个任务或者计算节点都会被赋予一个固定的权重值，调度系统根据这些权重来决定资源分配和任务调度的优先级。权重值通常代表了任务或节点的重要性、资源需求或执行能力。固定权重调度通过按照预设的权重来决定任务的处理顺序或资源分配比例，从而达到优化资源利用和提高系统整体性能的目的。

与动态调度方法(如自适应调度)不同，固定权重调度在任务调度过程中不依赖于实时负载监控或任务的执行情况，而是根据预先设定的权重进行调度。这种方法相对简单，易于实现，并且适用于任务负载相对均衡且不需要频繁调整的场景。

8. 源 IP 哈希调度(Source IP Hash Scheduling)

源 IP 哈希调度是一种基于源 IP 地址的调度策略，广泛用于负载均衡和任务调度中，尤其是在分布式网络环境下。该调度方法通过对请求的源 IP 地址进行哈希运算，将请求固定地分配给某个特定的后端服务器或节点，从而实现请求的均衡分配。源 IP 哈希调度的主要优点是能够保证同一源 IP 地址的请求始终被转发到同一个服务器，这种"会话保持"特性对于一些需要连续会话的应用(如 Web 服务)非常有用。

源 IP 哈希调度利用哈希算法将源 IP 地址映射到一个固定的后端服务器或资源池中。哈希函数的输出通常会映射到服务器的编号或虚拟节点，这样每个源 IP 地址对应的请求就会被定向到相同的服务器或节点。

9.3.3　基于列表的任务调度方法

基于列表的任务调度方法是一种启发式调度方法，其调度过程包括计算任务优先级权重和任务分配。计算任务优先级权重主要依据任务属性、设备特性等信息，计算任务节点的优先级权重并确定任务调度顺序。任务分配是按照顺序调度任务，并综合考虑任务特性、设备特点以及对其他任务的影响，决定将任务分配到哪个处理器上执行。

基于列表的任务调度方法的调度过程包含两个阶段：第一阶段，计算任务的优先级权重，并使用优先级权重确定任务调度顺序。第二阶段，分配任务，确定任务分配在哪个处理器上执行。经典的基于列表的任务调度方法有 HEFT[28](Heterogeneous Earliest Finish Time)、PEFT[29](Predict Earliest Finish Time)、PPTS[30](Predict Priority Task Scheduling)和 IPPTS[31](Improved Predict Priority Task Scheduling)等方法。HEFT 方法使用"向上权重"(upward rank)作为任务优先级权重，并依据任务的最早完成时间(Earliest Finish Time，EFT)分配任务，忽略了当前任务节点对其他任务节点的影响，并且对关键路径上的任务关注不足，导致调度结果不理想。PEFT 方法使用乐观成本表(Optimistic Cost Table，OCT)计算任务优先级权重，但 OCT 表中的元素不包含当前任务的状态。在分配任务时，综合使用 EFT 和 OCT 分配任务，其中 OCT 表中包含部分关键路径信息，但仍对关键路径上的任务关注不足。PEFT 方法的调度结果得到了改善，说明关注关键路径上的任务可以提高任务调度效率，然而关注得还不够充分。PPTS 方法和 IPPTS 方法在计算任务优先级权重时，在 PEFT 方法的 OCT 表中引入当前任务节点的执行时间，然而采用的是当前任务在后继任务所在的处理器上的执行时间，这种计算任务优先级权重的方法没有合理利用任务节点的信息；在分配任务时，PPTS 和 IPPTS 方法的分配策略和 PEFT 方法基本相同，都没有充分关注关键路径上的任务。

综上所述，基于列表的任务调度方法中存在以下不足：在计算任务优先级权重时，存在对当前任务节点信息使用方式不当的问题，导致任务调度顺序不佳；在分配任务时，任务调度方法没有从全局角度调度任务，尤其没有关注关键路径上的任务，导致任务调度效果不理想。

针对上述问题，提出基于关键路径的异构平台任务调度方法(Task Scheduling based on Critical Path for Heterogeneous Platform，TSCP)，在计算任务优先级权重时，使用预测的乐观成本表(Predict Optimistic Cost Table，POCT)计算优先级权重。在计算 POCT 表时，通过合理地利用任务节点信息和最短路径信息，优化任务调度顺序。在分配任务时，引入关键路径成本表(Critical Path Cost Table，CPCT)，不仅可以从全局角度调度任务，而且更关注关键路径上的任务，可以降低关键路径长度，提升任务调度效果。

一般使用二元组 $G=(T, E)$ 描述 DAG(Directed Acyclic Graph)任务图，其中 T 表示任务节点集合，$|T|$ 表示任务节点的数量 (n)，E 表示边集合，$|E|$ 表示边的数量 (e)。每一条边 $e(i,k) \in E$ 表示任务节点 t_i 和任务节点 t_k 有数据依赖，以及任务节点 t_i 和任务节点 t_k 调度的先后顺序。

任务调度过程中，除了使用平台模型和任务模型，还经常使用与任务模型相关的定义，如直接前驱任务节点、直接后继任务节点、关键路径等。下面介绍与 DAG 任务图的相关定义：

pred(t_i)表示任务节点 t_i 的直接前驱任务节点集合。如果一个任务节点的直接前驱任务节点集合为空，则称这个任务节点为开始任务节点，记为 t_{start}。

succ(t_i)表示任务节点 t_i 的直接后继任务节点集合。如果一个任务节点的直接后继任务节点集合为空，则称这个任务节点为结束任务节点，记为 t_{end}。

如果存在多个开始任务节点或结束任务节点，则添加一个"虚拟开始任务节点"或"虚拟结束任务节点"。新增的"虚拟任务节点"的通信时间和计算时间均为零，并且新增的"虚拟任务节点"是最初开始任务节点的直接前驱任务节点或结束任务节点的直接后继任务节点。

DAG 任务图的关键路径(Critical Path，CP)是从开始任务节点到结束任务节点的最长路径。DAG 任务调度的最短调度长度是 DAG 任务图的最小关键路径长度(CP$_{MIN}$)，CP$_{MIN}$ 可以通过计算关键路径中每个任务节点的最小计算成本得到。

$l(t_i)$表示任务节点 t_i 的层级，表示从开始任务节点到任务节点 t_i 的最多的路径边数。对于开始任务节点，$l(t_{start})=1$，其他任务节点的层级计算方法如公式(9-1)所示。

$$l(t_i) = \max_{t_w \in pred(t_i)} \{l(t_k)\} + 1 \tag{9-1}$$

EST(t_i, p_k)表示任务节点 t_i 在处理器 p_k 上的最早开始时间(Earliest Start Time，EST)。任务节点的 EST 可以从开始任务节点递归计算得出，计算方法如公式(9-2)所示。

$$EST(t_i, p_k) = \max\left\{ T_{Available}(p_k), \max_{t_w \in pred(t_i)}[AFT(t_w) + c_{w,i}] \right\} \tag{9-2}$$

在公式(9-2)中，$T_{\text{Available}}(p_k)$ 表示处理器 p_k 的就绪时间(最早可以执行任务的时间)，$\text{AFT}(t_w)$ 表示任务节点 t_w 的实际完成时间(Actual Finish Time)，$\text{AFT}(t_w) + c_{w,i}$ 表示任务节点 t_i 的直接前驱任务节点 t_w 的数据到达时间，$c_{w,i}$ 表示任务节点 t_w 和任务节点 t_i 之间的通信时间，当任务节点 t_w 和任务节点 t_i 在相同处理器上执行时 $c_{w,i} = 0$，并且对于开始任务节点，$\text{EST}(t_{\text{start}}, p_k) = 0$。

$\text{EFT}(t_i, p_k)$ 表示任务节点 t_i 在处理器 p_k 上的最早完成时间。$\text{EFT}(t_i, p_k)$ 计算方法如公式(9-3)所示。

$$\text{EFT}(t_i, p_k) = \text{EST}(t_i, p_k) + w_{i,k} \tag{9-3}$$

在公式(9-3)中，$\text{EST}(t_i, p_k)$ 由公式(9-2)所定义，$w_{i,k}$ 表示任务节点 t_i 在处理器 p_k 上的执行时间。

AEST(Average Earliest Start Time)表示节点的平均最早开始时间，任务节点的 AEST 可以从开始任务节点递归计算得出，$\text{AEST}(t_i)$ 计算方法如公式(9-4)所示。

$$\text{AEST}(t_i) = \max_{t_k \in \text{pred}(t_i)} \left\{ \text{AEST}(t_k) + \overline{w_k} + c_{k,i} \right\} \tag{9-4}$$

在公式(9-4)中，t_i 表示第 i 个任务节点，$\text{pred}(t_i)$ 表示任务节点 t_i 的直接前驱任务节点集合，$\overline{w_k}$ 表示任务节点 t_k 的平均执行时间，$c_{k,i}$ 表示任务节点 t_k 和 t_i 之间的通信时间，并且对于开始任务节点 t_{start}，$\text{AEST}(t_{\text{start}}) = 0$。

ALST(Average Latest Start Time)表示任务节点的平均最迟开始时间。任务节点的 ALST 可以从结束任务节点递归计算得出，$\text{ALST}(t_i)$ 计算方法如公式(9-5)所示。

$$\text{ALST}(t_i) = \min_{t_k \in \text{succ}(t_i)} \left\{ \text{ALST}(t_k) - c_{i,k} \right\} - \overline{w_i} \tag{9-5}$$

在公式(9-5)中，t_i 表示第 i 个任务节点，$\text{succ}(t_i)$ 表示任务节点 t_i 的直接后继任务节点集合，$\overline{w_i}$ 表示任务节点 t_i 的平均执行时间，$c_{i,k}$ 表示任务节点 t_i 和 t_k 之间的通信时长，对于结束任务节点 t_{end}，$\text{AEST}(t_{\text{end}}) = \text{ALST}(t_{\text{end}})$。

CN(Critical Node)表示关键任务节点，用于判断任务节点是否是关键任务节点，$\text{CN}(t_i)$ 计算方法如公式(9-6)所示。

$$\text{CN}(t_i) = \begin{cases} \text{true, if } \text{AEST}(t_i) = \text{ALST}(t_i) \\ \text{false, otherwise} \end{cases} \tag{9-6}$$

在公式(9-6)中，t_i 表示第 i 个任务节点，$\text{AEST}(t_i)$ 和 $\text{ALST}(t_i)$ 分别由公式(9-4)和公式(9-5)所定义。

基于关键路径的异构平台任务调度方法主要包括以下两个部分：

1. 计算任务优先级权重

TSCP 方法基于预测的乐观成本表(POCT)计算任务节点的优先级权重，预测的乐观成本表 POCT 是一个 $n \times m$ 的二维矩阵，n 表示任务节点数量，m 表示处理器数量，每一个元素 $\text{POCT}(t_i, p_k)$ 表示当任务节点 t_i 在处理器 p_k 上执行时，任务节点 t_i 的直接后继任务节点 t_γ 到结束任务节点 t_{end} 的最短路径的最大调度成本，$\text{POCT}(t_i, p_k)$ 计算方法如公式(9-7)所示。

$$\text{POCT}(t_i, p_k) = \max_{t_\gamma \in \text{succ}(t_i)} \left\{ \min_{p_w \in P} [\text{POCT}(t_\gamma, p_w)] + w_{\gamma, w} + w_{i,k} + \overline{c_{i,\gamma}} \right\}, \overline{c_{i,\gamma}} = 0 \text{ if } p_k = p_w \qquad (9\text{-}7)$$

在公式(9-7)中，P 表示处理器集合，t_i 表示第 i 个任务节点，p_k 表示第 k 个处理器，$\text{succ}(t_i)$ 表示任务节点 t_i 的直接后继任务节点，$w_{i,k}$ 表示任务节点 t_i 在处理器 p_k 上执行所需要的时间，$\overline{c_{i,\gamma}}$ 表示任务节点 t_i 和 t_γ 之间传输数据的时间，并且当任务节点 t_i 和 t_γ 在同一个处理器上执行时通信时间为 0，对于结束任务节点 t_{end}，$\text{POCT}(t_{\text{end}}, p_k) = w_{\text{end}, k}$。

TSCP 方法计算任务优先级时，主要依据 POCT 表计算任务的优先级权重，具体的计算方法如公式(9-8)所示。在确定任务的调度顺序时，需要结合任务的优先级权重以及拓扑排序，这样可以确保任务完成调度。确认任务调度顺序的详细过程如下：首先，创建一个空的就绪队列 ready_list 和辅助队列 schedule_list，ready_list 中的任务始终按照任务的 rank 值从大到小排序，并将开始任务节点 t_{start} 放入 schedule_list；然后，判断其他任务节点的直接前驱任务节点是否全部都在 schedule_list 中，如果都在 schedule_list 中，则将任务节点放入 ready_list 中；接着，弹出 ready_list 队头的任务节点，并放入 schedule_list；最后，重复上述步骤直到所有任务节点都在 schedule_list 中。最终任务在 schedule_list 中的顺序就是任务的调度顺序。

$$\text{rank}(t_i) = \frac{\sum_{k=1}^{m} \text{POCT}(t_i, p_k)}{m} \qquad (9\text{-}8)$$

在公式(9-8)中，m 表示处理器数量，$\text{rank}(t_i)$ 表示任务节点 t_i 的优先级权重，$\text{POCT}(t_i, p_k)$ 由公式(9-7)定义。

2. 分配任务

TSCP 方法基于关键路径信息分配任务，任务分配策略的核心是关键路径成本表(CPCT)，CPCT 是一个 $n \times m$ 的二维矩阵，n 是任务节点的数量，m 是处理器的数量。任务节点 t_i 在处理器 p_k 上执行时，如果任务节点 t_i 的直接后继节点中存在关键直接后继任务节点，$\text{CPCT}(t_i, p_k)$ 值表示关键直接后继任务节点到结束任务节点的最短路径的最大值；否则，$\text{CPCT}(t_i, p_k)$ 值表示直接后继任务节点到结束任务节点的最短路径的最大值。任务节点 t_i 在处理器 p_k 上的 $\text{CPCT}(t_i, p_k)$ 值的计算方法由公式(9-9)递归定义给出。

$$
\mathrm{CPCT}(t_i, p_j) = \begin{cases} \max\limits_{(t_k \in \mathrm{succ}(t_i)) \wedge \mathrm{CN}(t_k)} \left\{ \min\limits_{p_w \in P} \Big[\mathrm{CPCT}(t_k, p_w) + w_{k,w} + w_{i,j} + \overline{c_{i,k}} \Big] \right\}, \\ \qquad\qquad\qquad if\ \exists t_j \in \mathrm{succ}(t_i) \wedge \mathrm{CN}(t_j) \\ \max\limits_{t_k \in \mathrm{succ}(t_i)} \left\{ \min\limits_{p_w \in P} \Big[\mathrm{CPCT}(t_k, p_w) + w_{k,w} + w_{i,j} + \overline{c_{i,k}} \Big] \right\}, \text{otherwise} \end{cases} \tag{9-9}
$$

在公式(9-9)中，P 表示处理器集合，t_i 表示第 i 个任务节点，$\mathrm{succ}(t_i)$ 表示任务节点 t_i 的直接后继任务节点，p_w 表示第 w 个处理器，$w_{k,w}$ 表示 t_k 在处理器 p_w 上执行任务节点需要的时间，$\overline{c_{i,k}}$ 表示任务节点 t_i 和 t_k 之间的通信时间，当任务节点 t_i 和 t_k 在相同处理器上执行时通信时间为 0，$\mathrm{CN}(t_k)$ 是公式 (9-6) 所定义，对于结束任务节点 t_{end}，$\mathrm{CPCT}(t_{\mathrm{end}}, p_k) = w_{\mathrm{end},k}$。

在分配任务阶段，使用关键路径最早完成时间(Critical Path Earliest Finish Time，CPEFT)分配任务，CPEFT 计算方法如公式(9-10)所示。

$$
\mathrm{CPEFT}(p_k) = \mathrm{EFT}(t_i, p_k) + \mathrm{CPCT} \tag{9-10}
$$

在公式(9-10)中，$\mathrm{EFT}(t_i, p_k)$ 由公式(9-3)定义，$\mathrm{EFT}(t_i, p_k)$ 表示任务节点 t_i 在处理器 p_k 上执行的最早完成时间，$\mathrm{CPCT}(t_i, p_k)$ 由公式(9-9)定义，$\mathrm{CPCT}(t_i, p_k)$ 表示从任务节点 t_i 在处理器 p_k 上执行时，任务节点 t_i 到结束任务节点 t_{end} 的最短关键路径的长度。

$\mathrm{CPEFT}(t_i, p_k)$ 包含 $\mathrm{EFT}(t_i, p_k)$ 和 $\mathrm{CPCT}(t_i, p_k)$ 两个部分，使用 CPEFT 作为任务分配的依据有两个主要原因。首先，使用 EFT 可以提前任务的完成时间，然而，仅仅使用 EFT 分配任务可能会导致出现局部最优解。其次，CPCT 包含从开始任务节点到结束节点的关键路径长度，使用 CPCT 可以缩短关键路径长度，从而弥补使用 EFT 分配任务的局限性。

9.4　边缘计算在智能教育中的应用

9.4.1　智能课堂辅助教学

当前，我国各级各类学校普遍面临着教育资源配置不均与教学建设失衡的严峻挑战。一方面，部分学校已配备了先进的硬件设施及卓越的师资队伍，展现出显著的教育资源优势；另一方面，大量学校则面临设备陈旧且更新滞后、教师队伍整体素质亟待提升等困境。鉴于此，如何实现教育资源的优化配置与广泛共享，已成为推动我国教育改革与发展进程中一个亟待解决的关键问题，其重要性不容忽视。而边缘设备恰好能够推进资源的配置和共享。此外，许多课程需要分析大量数据以帮助学生理解课程内容。通过在边缘设备上运行实时分析程序，学生可以获得更及时的反馈，并更好地理解课程内容。在教学中，边缘计算可以应用于以下几个方面：

1. 实时人工巡视

常规教学巡课需要巡课员到各教室外进行实地考察统计，对是否按课表上课、教师上课情况、课堂需求进行统计和记录。这种情况可能会出现一些问题，如会影响教师的发挥、学生的表现、对教师造成心理压力等。通过这个系统可实时巡视课程，对于有中央监视器的学校来说，可以很方便地锁定需要关注的教室画面，实现方便的操作。对于教室里的每一堂课，可以直接在平台上进行记录评价，评价的维度和权重可以根据实际情况设定。

2. 虚拟实验

增强现实(AR)、虚拟现实(VR)和混合现实(Mixed Reality，MR)的应用：在高等教育中，AR、VR 和 MR 已被广泛应用于课堂教学。通过在边缘设备上运行这些应用程序，学生可以获得更身临其境的学习体验，并提高对课程内容的理解。边缘计算可以使教育资源和内容更容易地在远程教育环境中传输和交互。边缘设备可以提供高性能的计算和存储能力，支持虚拟实验、模拟和互动教学。学生可以通过边缘设备远程访问虚拟实验室，进行实验操作和观察，获得更丰富的学习体验。

3. 数据安全和隐私保护

在教学中，学生的学习数据和个人信息需要得到保护。边缘计算可以将敏感数据存储在边缘设备上并进行处理，减少数据传输带来的风险。边缘计算可以通过在边缘设备上进行数据处理和加密，降低数据被攻击或泄露的风险，提高数据的安全性和隐私保护水平。边缘计算对数据隐私保护主要体现在以下几个方面。

(1) 数据本地处理：边缘计算可以在边缘设备上进行数据的处理和存储，减少数据在网络传输过程中的风险。通过在边缘设备上进行数据处理，可以减少对中心服务器的数据传输需求，降低了数据泄露和被攻击的风险。

(2) 数据加密和安全传输：边缘计算可以使用加密技术对数据进行保护。在数据传输过程中，可以使用加密协议确保数据的安全传输。同时，边缘设备也可以提供安全的存储和访问机制，通过身份验证和访问控制等方式确保只有授权人员可以访问敏感数据。

(3) 匿名化和去标识化：边缘计算可以对数据进行匿名化和去标识化处理，以保护学生的隐私。通过去除个人身份信息或对个人身份进行加密，可以降低学生个体的可识别性，从而减少数据泄露和隐私泄露的风险。

(4) 数据权限管理：终端用户为降低成本并提升效率，普遍倾向于将私有数据外包至边缘数据中心或云端存储。此举虽便捷，却显著增加了数据遭受内外部攻击的风险。因此，强化数据的保密性与实施精细化的访问控制机制，成为构筑系统安全防线、捍卫用户隐私不可或缺的核心技术与策略。传统访问控制框架大多基于单一信任域内的用户与功能实体设计，难以适应边缘计算环境下跨越多信任域的复杂授权架构。故而在边缘计算领域，访问控制系统需革新设计，以支持不同信任域间多实体的灵活访问权限管理，同时综合考量地理位置、资源归属权等多元化因素，以确保权限分配的安全性与合理性。

(5) 安全审计与监控机制：边缘计算架构内嵌的安全审计与监控功能，构成了数据访问与使用的透明监视网。该机制能够实时捕捉数据交互的细微动态，迅速识别偏离常态的访问模式或潜在的安全隐患，为及时响应、有效干预乃至预防未来安全事件提供了坚实支撑。通过持续监测与深入分析，系统能够智能触发相应的安全策略与防护措施，确保边缘计算环境的安全稳定运行。

9.4.2　在线教学

《2019 中国在线教育行业市场前瞻分析报告》显示：未来几年，在线教育用户规模将保持 15%左右的速度继续增长。

在线教育相较于传统的线下教育具有诸多显著优势。首先在学习的灵活性与便利性方面，学习者能够按照自身的时间安排，不受固定课时束缚，随时随地借助网络通过各类电子设备开启学习之旅，不再局限于特定场所。其次，拥有海量且丰富多元的学习资源，整合了各地各机构众多课程，涉及各学科领域，还以文字、图片、音频、视频等多样化媒体形式展现，使知识呈现更直观有趣。再次，个性化学习体验突出，借助大数据和人工智能打造自适应学习系统，依据学生情况定制方案、推送内容，同时学生可自主规划学习路径。学生学习的交互性与社交性得以增强，通过实时互动功能方便学生随时交流答疑，还能结识不同背景的人拓展社交圈。最后，学习成本也得以降低，学费较线下更为低廉，并且省去了交通花费以及往返奔波的时间成本，让优质教育资源能以更经济、高效的方式被更多人所获取。

随着技术的发展，在线教学既面临挑战，同时也迎来了新的机遇。

1. 在线互动课堂的技术挑战

在线互动课堂作为一种新兴的教学模式，其实时性要求网络能够在极短时间内完成数据传输，但互联网的多跳传输特性可能导致不可避免的延迟问题。如果网络发生抖动(抖动指数据包到达时间的不均匀)，会直接影响音视频的连续性，导致画面卡顿或声音断续。而在教学中音画同步问题尤为关键，任何延迟和抖动累积都会使教学内容难以被学生流畅理解。

当课堂需要覆盖全国甚至全球范围时，长距离传输面临着网络链路质量的不确定性，容易因链路拥塞、路由切换或丢包等问题导致数据传输的不可靠。例如，从西安向全国传输教学内容，跨区域的网络条件可能千差万别，某些地区的网络状况不佳会导致音视频质量显著下降。这种不均衡传输给课堂的互动性和教学效果带来了严峻的挑战。

综上所述，构建高效稳定的在线互动课堂平台，需克服以下几项关键技术挑战：

第一，优化网络传输协议技术。研发或选用更适合大带宽、长距离链路传输的网络传输协议，通过改进数据传输的规则和机制，减少传输过程中的损耗与延迟，保障数据能高效稳定地在远距离下进行传输，满足在线互动课堂的大带宽需求。

第二，网络拥塞控制技术。建立有效的网络拥塞控制机制，实时监测网络流量情况，当出现高并发等可能引发拥塞的情况时，该机制能智能地调节数据传输速度、分配带宽等，避免因网络拥塞导致的传输缓慢、卡顿等问题，确保网络的顺畅运行。

第三，抗抖动优化技术。运用先进的抗抖动技术，比如采用缓存策略、动态调整播放帧率等手段，降低网络抖动对音视频播放以及互动的影响，保障即使在网络环境稍有波动时，也能维持较好的音画同步以及流畅的互动效果。

第四，实时网络监测与智能切换技术。搭建实时网络监测系统，能精准检测网络的延迟、抖动、丢包等各项指标，一旦发现当前网络链路出现严重问题，可智能切换到备用网络链路或者采用优化策略进行调整，保障在线互动课堂始终能在相对稳定可靠的网络环境下开展教学。

2. 边缘计算为在线互动课堂带来的价值

在线互动课堂对网络性能有着严苛的要求，而边缘计算技术通过将计算和存储资源部署到靠近用户的网络边缘节点，可以显著提升在线教学的质量和体验。

第一，降低延迟，保障实时互动体验。在线互动课堂对音视频的实时性要求极高，边缘计算通过将计算和缓存部署在靠近用户的边缘节点，可以显著缩短数据传输路径，减少网络延迟。这样，师生间的音视频流不需回传至中心服务器处理，从而实现音画同步并消除卡顿，确保问答互动的即时性和课堂体验的连贯性。

第二，提高抗抖动和网络稳定性。网络抖动和丢包是在线互动课堂中音视频卡顿的主要原因，特别是在长距离传输中更为明显。边缘计算通过在边缘节点实现流量控制、数据包重排序和丢包补偿等技术，能够有效缓解抖动影响，确保复杂网络环境下教学内容的流畅性和连续性，为学生提供稳定可靠的学习体验。

第三，减轻中心服务器压力，支持大规模并发。在线课堂通常需要支持成百上千名学生同时在线，传统中心化架构容易因流量激增而超负荷。边缘计算采用分布式架构，将音视频流的处理、解码和分发任务分散到边缘节点，减轻中心服务器的压力。这种架构不仅能满足大规模用户的并发需求，还可根据流量动态扩展资源，保证服务质量。

第四，提供个性化和本地化服务。在线课堂的用户分布广泛，网络条件和学习需求差异较大。边缘计算能够根据学生所在地区提供本地化缓存和优化服务，例如缓存热门课程内容或调整音视频质量。这样可以为偏远地区的学生提供与城市学生一致的课程流畅体验，同时动态适配不同用户的网络条件，保证个性化教学效果。

第五，提升安全性和数据隐私保护。在线互动课堂涉及敏感数据和师生隐私，需要高度安全的网络环境。边缘计算通过本地化数据处理，减少敏感数据长距离传输的风险，并支持边缘节点的加密传输和访问控制，进一步提升数据安全性。这不仅保护了师生隐私，还能满足不同地区的数据合规要求，增强在线课堂的信任度。

第六，促进混合教学与沉浸式体验的实现。随着 VR/AR 等技术在教学中的应用，在线互动课堂对计算能力和大带宽提出了更高要求。边缘计算可以分担这些技术的渲染和计算任务，减轻终端设备的性能负担，同时降低网络传输压力。这为学生提供了沉浸式互动体验，支持虚拟实验课等创新教学模式，进一步提升学习效果和课堂趣味性。

图 9.11 呈现出了一种基于边缘计算的在线教学系统架构图，描绘了在线教学过程中数据流的传输路径以及运行机制。以跨国授课这一典型应用场景为例，阿里云所提供的边缘计算解决方案展现出了显著优势。它借助国际高速通道，能够极为高效且稳定地把海外的授课媒体流传输至国内云中心。在此基础上，依靠先进的边缘云智能选路系统，再结合覆盖全国范围的边缘转发网络，整个系统得以对授课内容展开实时的调度，并实现精准分发。如此一来，便确保了学生能够顺利接收教学视频流，而且所接收的视频流具备高质量、低延迟的优良特性，为学生打造良好的在线学习体验。

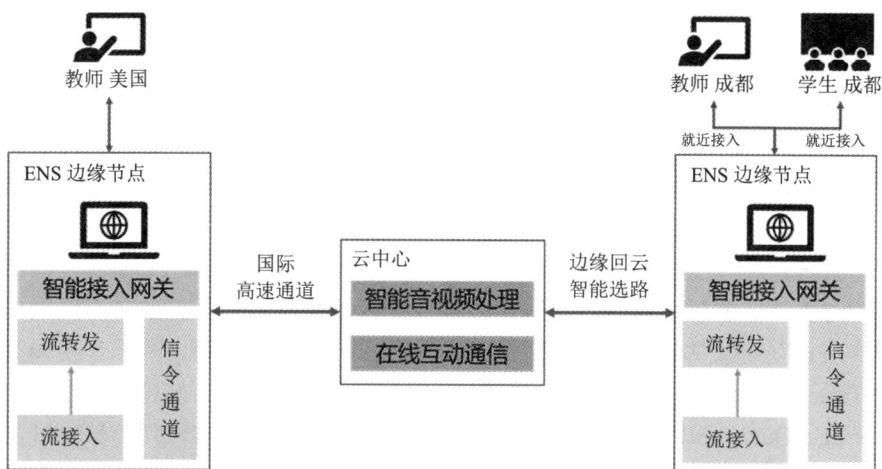

图 9.11　基于边缘计算的在线教学系统架构图

3. 更低成本、更灵活地启动边缘计算应用

拓课云是在线教育行业音视频技术服务提供商，其技术总监陈勇冀先生表示：除了实现全球高效的传输网络之外，阿里云边缘计算也为拓课云解决了灵活部署、节约成本、高效运维等问题。

他在云栖大会现场讲到"在接入阿里云边缘节点服务(Edge Node Service，ENS)后，首先我们能非常灵活地部署，根据当前的需求来动态地增加服务器使用的数量，启动的速度在分钟级别，后续还能根据大数据做提前预测，做到完全无人值守；其次，如果我们要把流的传输质量做到足够好，除了采用 WebRTC(Web Real-Time Communication)和自研的抗丢包算法外，还有一个办法就是把服务器部署在家门口，如果按照传统方法走，我们与不同运营商去沟通，开机房、测试、接入等流程比较复杂，ENS 很好的解决了这个问题，为我们省去了很多繁琐的工作；最后，这也为我们节约了很多运维成本，同时在边缘节点上部署足够多的运算能力，在机器和带宽上也得到足够的成本降低。"

阿里云高级技术专家王广芳表示"边缘计算应该注重为客户提供平台能力，我们覆盖全国主流地区和运营商，并且将底层复杂的边缘设施形态封装起来，标准化地开放底层的计算/存储/网络基础能力，以及分布式所需的分发、调度、安全等能力，让客户能非常方便地搭建自己的边缘分布式业务架构，进行轻量化的运维，同时十分灵活地按需进行资源动态扩缩容。那些专业的、繁琐的、耗心力的事情交给阿里云来做，客户只需要专注于业务本身，这就是我们做边缘计算的思路。"

此前，阿里云对外宣布对 ENS2.0 进行全面升级，赋予了 ENS2.0 诸多强大功能，例如能够实现一键部署，让相关应用或服务可以迅速搭建完成；支持一键升级，便于及时更新迭代，保持系统性能处于最优状态；还具备一键扩缩容的能力，可根据实际业务需求灵活调整资源配置；并且能实现报警自动响应，当出现异常情况时可自动做出应对，通过上下游互动来全方位保障运营体系的稳健性与可靠性。

不仅如此，在付费模式方面，阿里云也进行了优化，使其变得更加灵活且富有弹性，达成了真正意义上的轻资产运营模式。客户在使用过程中可以便捷快速地进行部署，按照自身实际需求来付费，甚至还能够先使用相关服务，之后再支付相应费用，极大地提升了客户使用的便利性与灵活性。

4. 云、边、端一站式互动课堂解决方案

在在线互动课堂这一业务场景之下，有着多方面的关键需求。一方面，要确保拥有就近的网络覆盖，以此保障数据能够实时传输，满足教学过程中信息即时流通的要求；另一方面，视频流的处理以及视频推流、播放等端上应用也是不可或缺的，这些环节共同作用，才能支撑起流畅且高效的在线互动课堂。

为了助力客户能够以更加便捷、快速的方式接入服务，阿里云打造了专门面向在线教育行业的一站式互动课堂解决方案。阿里云视频云依托覆盖全球的、基于音视频实时通信RTC(Real-Time Communication)传输网络，充分发挥其优势，同时巧妙整合了本地消息队列(Local Message Queue，LMQ)、智能存储等各类产品，并集成了实时通信软件开发工具包(Software Development Kit，SDK)、推流 SDK、播放器 SDK。通过这样全方位的资源整合与技术集成，实现了诸如实时音视频通话、互动直播、白板教学、实时聊天、网盘存储、文档浏览等一系列全面且实用的功能，进而为客户提供了高质量、一体化的互动课堂解决方案，全方位满足在线互动课堂各方面的使用需求。

图 9.12 是基于边缘计算的在线教学模块，在这幅图中，从底层的相关设备一直到上层的教学班级，各个模块都被详细地展示了出来。这一方案实用性强，能够全面覆盖在线教育业务所涉及的各类场景。哪怕是处于存在丢包、网络抖动这类不稳定网络状况下，它也依然可以有效保障 1 对 1 以及小班课的互动教学体验，确保师生之间能够顺畅地进行交流互动，让教学过程不受网络不佳的影响。不仅如此，借助优质的直播平台，该方案还能实现对全国大班课直播的全面覆盖，无论身处何地的学生，都可以通过这个平台参与到大班课学习当中。

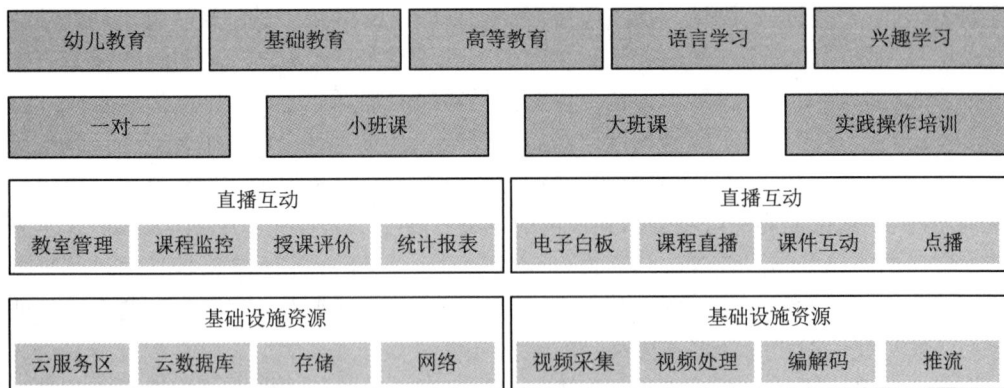

图 9.12 基于边缘计算的在线教学模块图

5. 技术赋能，在线教育场景未来发展

在当今社会，国民的教育意识正持续增强，这一趋势推动着在线教育的市场需求不断拓展，而技术领域的持续革新也宛如一股清泉，为这个看似传统的行业源源不断地注入新活力。

5G 时代的到来，无疑是为在线教育产业的发展添了一把旺火。它所引发的堪称是一场

视频传输领域的重大变革，凭借高质量的视频通话，在线互动变得轻而易举，近乎能够最大程度地重现线下教学时那种真实的场景与氛围。并且，在清晰度更高的互动课堂环境里，教师能够更细致地观察学生，更好地履行督促职责，进而实现学习效率与学习效果的同步提升。

与此同时，人工智能也已然开启了对在线教育行业的赋能之旅。举些例子来说，借助人脸识别技术，可以对学生的微表情进行精准识别与分析，从而及时反馈他们在课堂上的表现以及学习状态；运用大数据与个性化推荐算法，能够更精确地为学生匹配契合其需求的教学风格以及知识点；还可以利用人工智能技术来为学生批改作业、答疑解惑等。人工智能的融入，切实地助力教师提高了教学效率。

在线教育依托互联网技术，已然成功突破了线下传统教育模式存在的诸多限制，达成了跨地域、跨时空的教育资源共享这一目标。展望未来，借助云计算、边缘计算、实时音视频通信以及直播平台、人工智能等一系列先进技术，无论学生身处何方，只要身边有手机或者电脑，在线教育平台都能够将最优秀的教师"带到"他们身边，让优质教育资源触手可及，为学生提供更加便捷、高效且高质量的学习体验。

第 10 章　大规模语言模型(LLM)与智慧教育

10.1　LLM 用于高等教育的背景

　　人工智能技术的快速发展使得大规模语言模型(Large-scale Language Model，LLM)得到了广泛研究和应用。随着 2022 年 11 月 30 日 ChatGPT 的发布，一方面类 ChatGPT LLM 已经开始被运用于智能客服、智能问答等领域，取得了显著的成果并引起了广泛的讨论。另一方面，在教育领域特别是高等教育领域，利用类 ChatGPT LLM 构建智能系统也呈现出了较高的研究价值和应用前景。

　　以高等教育为例，相比于其他教育，它传播的是专业性的高深知识，而且受教育者一般都是刚满 18 岁的学生，身心已经较为成熟；此外高等教育目前也具有大众化、智慧化和信息化的特点。可以看出，这些特点都为 LLM 的垂直域应用提供了某些方面的契机。例如专业性的高深知识本身就可以被视为垂直域，甚至某类、某门课程可以是一个垂直子域。而年轻的受教育者对于新鲜事物的学习和接受能力也很强，高等教育的普及程度和数字化、智慧化的发展是密不可分的。因此，诸如国外的 ChatGPT、GPT-4，国内的 GLM、文心一言、盘古等 LLM 在高等教育中应用是顺应趋势的。

　　此外，驱动 LLM 在高等教育落地的因素还有现在的高等教育模式已经提供了比较坚实的数据基础和技术支撑。这主要体现在两个方面，一方面是教育信息化基础设施优化，包括软硬件的逐步完善，特别是慕课的提出和推广，使得目前已具备较为丰富的多模态线上教学资源。另一方面就是教育大数据积累基本完成，其中包括教辅资料、教案、教学录像、课件、试题、电子教材等数据的积累，特别是学生学习过程中的行为数据和个性化数据也是高等教育目前信息化中具有特色的信息积累。这些都为类 ChatGPT LLM 落地提供了可能。

10.2　LLM 相关简介

10.2.1　LLM 基本技术

　　目前绝大部分 LLM 依赖于 Transformer 的双向注意力编码器和单向注意力解码器，因此在语言建模上自然而然分为了基于自编码的掩蔽语言建模(Masked Language Modeling，MLM)预训练和基于自回归的传统逐字生成的(Language Model，LM)预训练两个大方向。两种基本方法如图 10.1 所示。自编码是在输入文本序列全局均可见的前提下对掩蔽的词元进行预测恢复，而自回归是类似人类从左到右读写文本，模型仅可见当前预测位置之前的文本序列。两种方式各有利弊，但自回归因其在推理阶段有更高的效率，被广泛地用于生成式语言模型的研究。

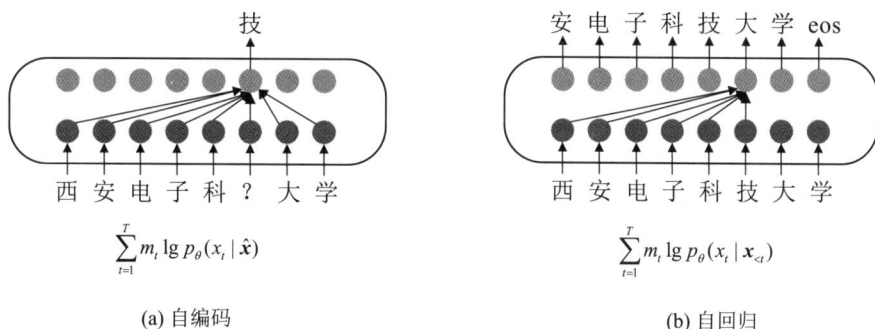

$$\sum_{t=1}^{T} m_t \lg p_\theta(x_t \mid \hat{\boldsymbol{x}})$$

(a) 自编码

$$\sum_{t=1}^{T} m_t \lg p_\theta(x_t \mid \boldsymbol{x}_{<t})$$

(b) 自回归

图 10.1　语言建模中两种基本方法

在生成式 LLM 中，GPT 家族一直在开展代表性的工作。从 GPT 到 GPT-3 的演进过程可以看出，模型的规模越来越大，参数量从最初的 1.17 亿增长到 1750 亿，对应的预训练所用语料也从 5 GB 增长到 570 GB。模型规模的增加带来了性能的提升和更强小样本学习能力。GPT 预训练是采用自回归生成目标，然后在下游微调时将输入格式调整到尽可能和预训练任务一致的样式。GPT-2 则是在预训练时直接加入了多种任务的自回归预测，通过多任务联合学习，验证了 LLM 对零射(Zero-shot)下游任务的泛化性。而在 GPT-3 中，采用了元学习(Meta Learning)的思想，在内循环学习中使用小样本的情景学习(In-context Learning)评估模型的多任务能力，而外循环依然是采用自回归生成任务进行优化。随后，InstructGPT 在此基础上主要采取了带人类反馈的强化学习(Reinforcement Learning From Human Feedback，RLHF)和近端优化策略(Proximal Policy Optimization，PPO)，实现了模型输出与人类真实意图的对齐。此外，思维链(Chain-of-thought，CoT)方法则使用带有逐步推理的人工标注的指令数据集，这是"Let's think step by step"这一著名提示的由来。研究发现，对于数学计算和逻辑推理问题，直接输出答案是很困难的。即便是回答正确，也很难具有可解释性。与预训练数据相比，人工标注只需要非常小的一部分数据来进行指令微调(几百个数量级)，并且人工标注的逐步有监督微调使模型输出更安全和有用；CoT 微调提高了模型在需要逐步思考的任务上的性能，从而使模型学习到一般的推理范式，有效地解决了小样本领域适应问题。

ChatGPT 综合利用了上述方法，可以视为预训练方法集大成者。因此 ChatGPT 相比于现有的对话机器人具有更强的理解上下文和用户意图的能力，甚至可以在多轮对话的过程中主动承认无知和错误，从而在开放域对话、任务型对话、搜索问答和持续学习等领域都有更好、更真实的用户体验，由此引发了现象级热议。最新发布的 GPT-4 采用与 ChatGPT 完全相同的技术路线，但相比于 ChatGPT 有了更强的能力，最明显的特性是支持图片输入，这意味着多模态 LLM 提上了研究日程。

10.2.2　当前通用主流 LLM 简介

随着类 ChatGPT LLM 的爆炸式热度，国外其他的科技公司也纷纷发布自己的 LLM，抢占通用大模型的高地。例如谷歌的 Bard、Meta 的 LLAMA、BlenderBot3，从表 10.1 中可以看出这些大模型大部分都是千亿级参数量，并在特定应用范围有自己的特长。

表 10.1　国外 LLM 主要特性对比

模型名	开发公司	技术支持	参数量	主 要 特 点
ChatGPT	OpenAI	GPT-3.5	千亿	支持连续对话、可质疑、主动承认错误、加入 RLHF 训练范式
Claude	Anthropic	Constitutional AI	520 亿	最大化积极影响、避免提供有害建议、自主选择、加入 RLAIF 训练范式
Bard	Google	LaMDA	1370 亿	可以根据最新事件进行对话、更负责任
Llama	Meta	Transformer	70～650 亿	具备指令微调，可以改善其对未见任务的零样本和少样本泛化能力
Megatron	Nvidia	Transformer	5300 亿	高质量的自然语言训练语料库

与此同时，国内高校和科技公司像百度、阿里、腾讯、华为也都发布了自己的 LLM，如表 10.2 所示，而且很多 LLM 支持多模态理解和生成。这些 LLM 通常能更好地适配中文任务，从预训练语料的角度也更适合中文 NLP 任务。

表 10.2　国内 LLM 主要特性对比

模型名	开发公司	技术支持	参数量	主 要 特 点
GLM	智源	GPT-3.5	60～130 亿	开源、支持中英双语、针对中文问答和对话进行了优化
文心一言	百度	ERNIE	2600 亿	生成式搜索、跨模态理解与交互
通义千问	阿里	Transformer	十万亿	国内首个 AI 统一多模态 LLM 基座、借鉴人脑的模块化设计
混元	腾讯	Transformer	万亿	成本较低、多模态理解、跨模态理解
紫东太初	中国科学院	MindSpore	千亿	全球首个视觉-文本-语音三模态预训练模型，同时具备跨模态理解与跨模态生成能力
盘古	华为	编码-解码Transformer	千亿	具备极佳泛化能力，效率高
星火	科大讯飞	Transformer	1700 亿	聚焦下游应用，与硬件结合，面向教育、金融、企业管理等领域

10.2.3　LLM 迁移技术

类 ChatGPT LLM 的出现是通用人工智能(Artificial General Intelligence，AGI)的一个里程碑式的发展。所谓 AGI 一般来说是用多模态信息训练一个通用的大模型，用于下游理解式任务和生成式任务，例如医疗中的医学影像分析等。一旦通用人工智能所依赖的基础大模型能够实现，它将会被迁移到各个垂直域去实现具体的功能应用。如果基础大模型足够好，那么为什么还要做迁移呢？这主要是各垂直域的特点所决定的。首先 LLM 的预训练虽然语料很大、覆盖面很广，但对于确定的垂直域应用依然不够"专"和"精"，这对于某些高要求的垂直域是不够的。其次，某些垂直域中的特有知识可能在预训练过程中 LLM 依然没有遇到过，虽然出现过当大模型的参数量和数据应用规模达到某个阈值时，模型对某些任务的解决能力突然爆发式增长的现象，但这种涌现能力目前还没有理论证明。仅依赖目前还没有理论证明的涌现能力是不可靠的。此外，垂直域中可能无法收集充分的微调语料，而 LLM 也很难在某个垂直域中全局微调，这样的计算成本一般机构很难支撑。LLM 迁移与应用整体示意如图 10.2 所示，本节将从迁移框架、迁移平台和迁移范式上对当前技术进行讨论。

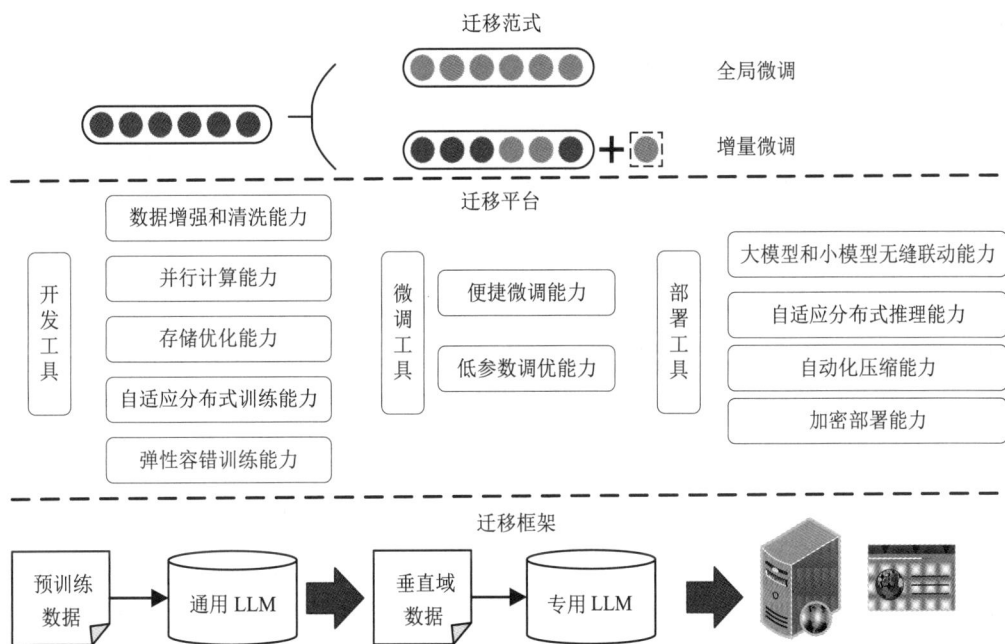

图 10.2　LLM 迁移与应用整体示意

1. 迁移框架

在整体迁移框架上，目前主流的思想是将通用 LLM 作为基础模型，再根据下游应用需求利用专用领域的数据进行微调，得到专用大模型，以适合特定业务场景。整个微调的过程尽可能采用与预训练相同的训练模式和任务形式，并且涵盖专用领域的多模态词表和概念，达到统一架构、统一模态、统一任务。

2. 迁移平台

配套的平台和工具应从预训练阶段的语料数据预处理、分布式并行计算等，再到微调阶段，最后到落地部署阶段的模型压缩与加载、知识蒸馏、通信等形成完善的流程体系。目前预训练和微调的开源工具和平台已较为丰富，但落地部署尚处于积极探索阶段。

3. 迁移范式

当前 LLM 在下游垂直域中的迁移方法主要可以分为四类。

(1) 继续预训练(Continue pretraining)。使用通用数据和专用数据对 LLM 自身的参数进行全量微调，使用的任务和语言建模方法一致，目的是通过预训练方法使 LLM 的内部参数对专用数据所涉及的词元(token)有更好的初始化。继续预训练的数据配比非常关键，根据当前经验，专用数据一般只占到 10%～15%，这是为避免预训练过程使 LLM 丧失原先的通用能力。由于继续预训练的优化对象是整个 LLM，因此所需显存较大，计算资源消耗较多。

(2) 全量监督微调(Full supervised fine-tuning, Full SFT)。该方法同样是将通用数据和专用数据混合进行监督训练。与继续预训练不同的是，此处的数据通常是具有较高质量的标注，而非自监督的语言建模。Full SFT 是对 LLM 的自身参数进行更新，但是由于需要高质量标注，数据量往往不足以支持 LLM 的训练，因此这种方法的优势是可以快速看到不错的结果，但要提高上限比较困难。

(3) 参数高效微调(Parameter-efficient fine-tuning，PEFT)。该方法一般考虑将 LLM 作为固定的通用知识库使用，在训练时不参与梯度更新，而在下游垂直域使用额外的模块或微调部分 LLM 参数以达到迁移的目的。PEFT 又根据外部模块的不同类型可以分为增量式微调、指定式微调和重参数化。增量式微调即使用适配器(Adapter)、提示学习(Prompt Learning)、前缀微调(P-tuning)等方法在 LLM 中增加额外神经网络模块进行下游数据和模式的学习；指定式微调一般通过解锁 LLM 中 Transformer 特定的块或层的参数梯度进行微调，当前经验通常是微调接近输出层的参数；重参数化则是将 LLM 中的参数进行低秩分解，在同层网络上给予较少参数的模块更新，再与 LLM 原始编码隐向量结合，从而达到迁移的目的。比较主流的重参数化方法如低秩自适应(Low Rank Adaption，LoRA)等已广泛用于 PEFT。由于仅微调外部加入的模块，这些方法往往对高质量标注的数据量要求比 Full SFT 低很多，且训练效果较为显著。

(4) 情景学习(In-context Learning)。GPT-3 证明 LLM 规模越大，越有可能具有涌现能力，通过检索或者外部行业知识库提供的依据，LLM 可以直接根据指令在少射(few-shot)甚至零射(zero-shot)下完成下游任务的回复生成。因此需要通过较小的垂直域模型提供提示，让 LLM 无需训练微调即可完成下游适配。

10.3　LLM 在教育教学中的具体应用

10.3.1　LLM 在教育中的应用场景

AI 结合教育已在多方面应用场景中得以体现。按照学校和教育机构的主体划分来看，

LLM 在高等教育中的应用场景可以按学校、教师和学生分别分析。

(1) 从学校角度，类 ChatGPT LLM 可以辅助政策研判、档案管理、宣发制作、办公自动化(Office Automation，OA)增强等。以 OA 增强为例，重复性的文件收发、统计、分析，请假流程办理以及财务申报自动化，都可以借助类 ChatGPT LLM 进行有效的辅助。

(2) 从教师层面可以实现教案设计、辅助备课、学情分析、批改作业等。以批改作业为例，类 ChatGPT LLM 可以根据给定答案判定学生的作业情况，从而生成针对每位学生的知识掌握情况，为教师提供合理的统计信息，有利于教师制定更为科学的教学策略和教学计划。

(3) 从学生层面主要集中在教学过程中引发兴趣、激活思维、个性化教育、自主学习，而这些和教师的教学活动是相互配合的。以激活思维为例，类 ChatGPT LLM 可以基于预训练知识生成对学生的学科问题的多样性回答，从而让学生在人机交互中获取相关的知识补充，甚至能够引起认知冲突，激励学生主动学习。

不难看出，这些场景或任务都有以下几个特点。

(1) 绝大部分场景和任务都是以自然语言为载体的，存在大量自然语言处理工作，因此自然而然可以借助类 ChatGPT LLM 去提升效率和效果。

(2) 存在重复性、具有制式规则的应用场景通常适合类 ChatGPT LLM 实现自动化处理，从而解放人力并将其投入到更富有创造力的任务中。

(3) 对于涉及原创性、思维发展的工作，类 ChatGPT LLM 能够提供一些参考依据，但仍无法保证回复的正确性和一致性，需要人为地进一步判别和采纳。

10.3.2　类 ChatGPT LLM 在教学创新中的应用分析

本节以 LLM 结合教学创新的具体案例，探讨类 ChatGPT LLM 存在的应用优势。目前创新教学的核心理念就是构建"以学生为中心"的思维型教学模式，通过先进的教学技法和新颖的教学模式，实现学生掌握知识、提高创新能力、完善品德的目标。当前创新教学过程一般具有数字化、网络化、智慧化和多媒体化的技术特点，特别是数字化和智慧化，在教学过程中起到重要作用。在教育模式上，鼓励开放、共享、交互、协作和泛在等基本特征，其中交互和协作对学生创造力的培养至关重要。可以看出，类 ChatGPT LLM 本身固有的特性和优势能够迎合上述技术特点和基本特征。此外，ChatGPT 的出现引出了一个亟待探讨的问题，即面对当前技术革新，教育体系应如何调整以培养适应未来社会需求的人才类型。ChatGPT 作为先进技术的代表，其出现标志着机械化文本创作已不再是衡量个体能力的单一维度，进而凸显了教育体系向重视逻辑思维、批判性思维及创造性思维等高阶能力培育转型的紧迫性。传统教育中过度依赖知识灌输与积累的模式，可能在一定程度上抑制了学生好奇心与想象力的自由发展，这对于培养具有创新精神与实践能力的未来人才构成了潜在障碍。因此，探索如何引导学生有效整合智能工具资源，使之成为促进个人创造力发展的助力，而非替代品，成为了构建学生核心素养体系中不可或缺的一环。

以一堂课为例，通常整个教学过程由教师根据教学内容重难点设计情景，由情景案例引出问题，引起学生的学习动机，再通过教师精讲重难点和课堂互动，达到学生能掌握知识，并且在课后作业举一反三，实现思维启发的目的。在这个过程中，无论是情景设计、分组兼容和课后资料查阅，类 ChatGPT LLM 都有可利用、可发展的空间。进一步地，结合目前已经较为成熟的线上线下混合教学模式，类 ChatGPT LLM 本身可以视为更灵活、功能更强大的线上工具，将传统"师-生"二元交互结构转向"师-生-机"三元结构，如图 10.3 所示。一方面，教师可以借助其进行学情分析和教学内容设计，学生可以利用类 ChatGPT LLM 主动地进行个性化提问、探究和思考，引发分享、合作和讨论动机，实现自主学习。整个过程也与目前主流的翻转课堂理念相一致，由此可以将课程教学过程进行扩展。例如在课前，教师根据当堂知识点利用类 ChatGPT LLM 设计案例，学生根据情景引发个人兴趣进一步交互，了解问题；课中，教师由案例引出知识点，精讲知识点，并利用类 ChatGPT LLM 生成练习或应用场景，学生即时地利用类 ChatGPT LLM 辅助随堂练习，对知识点主动提问、分享、合作和讨论；课后，教师借助类 ChatGPT LLM 去布置练习作业，学生则查阅课外资料补充完成练习，扩展知识。

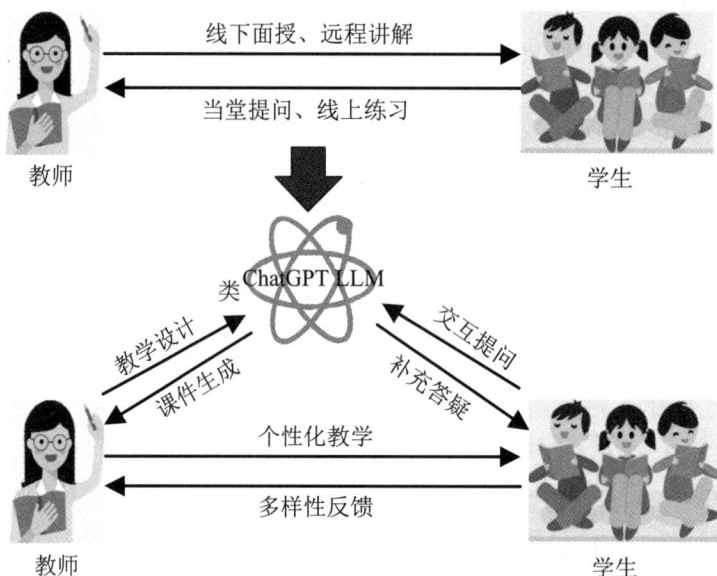

图 10.3 "师-生-机"三元结构

10.3.3 现有应用介绍

当前国内外已有一些将大语言模型应用于教育的尝试：

(1) 悉尼大学医学科学专业的学生已成为首批使用人工智能程序 ChatGPT 完成论文撰写作业的学生。该作业要求 180 名学生提出一个关于当代医学挑战的问题，使用 ChatGPT 就此写一篇文章，并阅读 ChatGPT 生成的内容，编辑其回答，跟踪回答的变化并提交最终草稿进行评分。医学挑战课程协调员 Martin Brown 表示：这项作业是在测试学生的判断力和创造力。

(2) 可汗学院正在通过 GPT-4 升级其教育平台 KhanMigo，使其成为一个更加智能化和个性化的教育工具而不仅是一个教育平台。在教师端，KhanMigo 将成为一个辅助工具，帮助教师完成备课、作业批改、学情分析等工作。在学生端，KhanMigo 还将成为学生的虚拟导师，帮助学生学习数学、科学和人文等课程。KhanMigo 还可以让学生与历史人物或虚构角色进行虚拟对话，增强学生的兴趣和理解。

(3) 2023 年 5 月科大讯飞发布的星火大模型，结合自身之前在教育领域研发的学习机和教育资源的积累，已尝试部署在中小学相关教育工作中，例如课程教学助手、英语口语学习、批改作业等。2023 年 5 月 6 日，科大讯飞发布大模型赋能的 AI 学习机，成为大模型厂商赋能 C 端教育产品的重要风向标。目前，讯飞智慧教育的业务覆盖了教、学、考、管四个主要场景。

① 教：精准教学与讯飞智慧教育相结合，在大数据与人工智能技术的支持下，深入挖掘并精确分析学生的学习数据。这种模式旨在帮助教师关注教学的重点，并聚焦学生的薄弱知识点，从而提高教学效率。其核心成果之一为"智慧课堂"，充分运用了物联网、云计算及人工智能等前沿技术，构建了一个智能化、高效能的教学环境。

② 学：借助传统 AI 技术构建的学生个性化自适应学习体系，通过知识图谱与自适应推荐引擎的深度结合，该类产品在数据收集与分析的基础上精准把握学生的学习特点，从而量身定制个性化的学习路径。同时，基于高考英语口语评测系统和作文批改引擎的技术支持，能够全面评估学生的语言表达能力，并针对性地进行优化提升。

③ 考：科大讯飞启明智能评卷系统通过人工智能技术对中英文作文、英语翻译、文科简答题等题型实施智能评测，在保障阅卷效率的同时确保评分公正性和精准性。其英语听说教考平台整合听说教学与测试功能，覆盖全国数十个省市的高考及各类考试需求，凭借二十年专业积累，已成为国内领先的英语语言能力培养与评估体系。

④ 管：科大讯飞高效管理方案以数据驱动实现教育领域的高效管理。该方案主打产品是智慧校园平台，其业务涵盖了教学教务一体化、教师综合管理、学生学习成长等模块，并提供全方位的校园办公服务，有效覆盖校园管理的各类日常场景。

(4) 桃李软件由北京语言大学语言监测与智能学习研究组开发。在通用中文基座模型上，该软件扩充了国际中文教育领域的专用词汇表，并利用相关领域专用数据集对大模型进行微调优化，从而使其在多项任务处理上展现出更强的专业能力。根据学习者的具体情况，桃李能够提供相应的反馈和指导，帮助学生更好地模拟真实语言交际情境。例如，在与汉语水平等级为三级的学生交流时，软件会控制对话内容，确保对话难度不超过该水平；同时，该软件还具备文本纠错功能，支持两种不同类型的错误纠正方式：一种是通过最小改动实现语义通顺，另一种则是通过优化提升流畅度，并深入分析错误原因，帮助学生提升语言能力。此外，桃李软件还提供作文评分功能，能够自动评判作文质量并给出改进建议，从而助力学生自主学习和提升写作水平。作为教学辅助工具，桃李能够帮助国际中文教师整合教学资源、优化教学设计，并提供高质量的教学素材，例如生成教学所需的教案、幻灯片中的例句或课堂中需要展示的课外阅读材料等。

(5) EduChat 由华东师范大学计算机科学与技术学院的 EduNLP 团队研发。EduChat1.0

版本主要分为三个学习阶段：首先融合了上千本心理、古诗等书籍教材进行预训练，然后采用清洗的 400 万条面向基础任务的多样化中文指令以及 40 万条面向教育特色功能的高质量定制指令进行多步微调，最后基于心理学专家和一线教师反馈进行价值观对齐学习。同时，探索了如何更科学、高效地结合实时检索，让大模型学会自主判断外部检索信息的有效性，并决策是否依据该信息来辅助生成，从而缓解大模型内部的知识更新滞后和无中生有的幻觉问题。目前，EduChat 在保障基础能力可以媲美其他同等参数规模大模型的情况下，在开放问答、作文批改、启发式教学和情感支持等教育特色功能方面取得了显著提升。

(6) 松鼠 AI 成立于 2014 年，是国内较早将人工智能自适应学习技术应用在教育领域的科技创新型独角兽企业。2024 年 1 月，松鼠 AI 发布第一代松鼠 AI 智适应大模型。同年 6 月，松鼠 AI 完成对第一代大模型的快速升级迭代。当前，松鼠 AI 多模态智适应大模型能够基于海量学生历史学习数据、全学科微颗粒知识图谱及海量学习资料，提供"目标看得见、过程看得见、结果看得见"的智慧教学。

10.3.4　面向电子信息学科的 LLM "慧通"

由西安电子科技大学自主研发的"慧通"大模型是专门面向电子信息学科设计的。下面将从数据准备、模型训练、模型部署推理、推理方案、应用场景、Web 测试方式几个方面展开介绍。

1. 数据准备

1) 预训练数据

预训练通常需要大量的数据，按照自回归方式进行 token 预测。目前可利用的数据有西安电子科技大学出版社出版的电子信息学科教材、专著的电子版，用作预训练语料。对于预训练数据需要作以下预处理。

(1) 教材章节内容都很长，因此使用了滑动窗口的方式，按照输入的最大长度获取数据，每行有固定数量字符是重复的，这是为了模型能够在续写中记住切断的句子。

(2) 对于较短的文本，比如问答、选择题这类数据，采用拼接的方式。将长度过低的文本相互进行拼接，中间以 "\n\n" 连接。拼接能大幅减少文本的条数，明显减少不必要的训练时间。

(3) 预训练数据格式的处理。在每条数据后面添加结束符</s>，比如问答数据"q+'\n'+a+'</s>'"；对话数据"学生：xx\n bot:yy</s>"。

(4) 注意数据多样性，考虑到预训练会对 LLM 的参数进行更新，仅使用课程数据会使 LLM 遗忘通用能力。因此，预训练数据仍然要保证多样性，需要结合多个领域数据，以保证 LLM 已有的能力。从经验角度，专有数据占整个预训练数据 10%～20%可以保证 LLM 已有能力。此外，还使用了百度百科、新闻、科技论文等来源的预处理语料。

2) 基于人-机大模型协同的指令微调数据构建

(1) 爬取了开源 GPT-3.5 生成的问题表，按照问题类型筛选出与电子信息专业相关(计算机网络、人工智能、电子电路等)的问题，通过 ChatGLM 回答组成问答对，产生共 3.08 万条样本。问答对数据示例如图 10.4 所示。

```
问题,答案
探讨 AI 技术在道德伦理上可能产生的问题,并提出应对策略。,"人工智能(AI)技术的发展已经引起了广泛的关注和讨论。虽然 AI 技术在某些
方面具有巨大的潜力,但同时也可能带来许多道德和伦理问题。为了避免这种情况,研究人员正在开发各种算法和工具,例如数据清洗和去偏见技术,以帮
助 AI 系统做出更公正和准确的决策。1. 自主决策和偏见:AI 系统可以自主地做出
决策,并且可能会受到历史数据和训练数据的偏见影响。为了避免这种情况,研究人员正在开发各种算法和工具,例如数据清洗和去偏见技术,以帮
助 AI 系统做出更公正和准确的决策。2. 隐私和数据安全:AI 系统需要处理大量的个人数据,这可能会导致隐私问题和数据安全问题。为了避免
这种情况,研究人员正在开发各种技术,例如数据加密和访问控制,以帮助保护用户数据的安全。3. 歧视和不公平:AI 系统可以用于各个领域,例
如医疗、金融和就业。如果 AI 系统没有受到充分的道德和伦理教育,它们可能会带来歧视和不公平。为了避免这种情况,研究人员正在开发各种
工具和框架,例如道德准则和透明度要求,以帮助 AI 系统遵循道德和伦理标准。4. 自主武器和战争:AI 系统可以用于各个领域,例如军事和警察。
如果 AI 系统被用于战争或冲突,它们可能会带来巨大的破坏和伤亡。为了避免这种情况,研究人员正在开发各种技术,例如安全和防御算法,以帮
助 AI 系统"
什么是聚类算法?相比于分类算法,它有哪些优点和局限性?,"聚类算法是一种无监督学习算法,旨在将数据集中的数据点按照其相似性度量划
分成不同的组或簇。聚类算法通过计算数据点之间的相似性度量,将数据点分为不同的组或簇。聚类算法的优点包括:1. 无监督学习:聚类算法不
需要标注数据,不需要指定簇的边界或标签,因此在没有标注数据的情况下能够学习到数据集的结构。2. 节省计算资源:与监督学习算法相比,聚类
算法不需要进行大量的标注数据,因此计算资源更少,可以在更短的时间内完成聚类任务。3. 相似性度量:聚类算法可以使用多种相似性度量方法,
如欧几里得距离、余弦相似度等,这些方法可以更好地反映数据点之间的相似性。4. 多样性评估:聚类算法可以评估不同簇的多样性,从而帮助确
定哪些簇应该被用于聚类。聚类算法的局限性包括:1. 不能解决具有局部最小值的问题:在一些聚类算法中,如果簇的中心点具有局部最小值,那么簇的
边界将不会形成循环或无规则的结构。这种情况下,聚类算法可能会忽略这些局部最小值,导致聚类结果不准确。2. 簇的数量可能非常大:当数据
集中的数据点非常密集时"
```

图 10.4　ChatGLM 根据 GPT-3.5 问题表生成的问答对数据示例

(2) 爬取了开源 327 万条 GPT-3.5 自问自答数据集,按照问题目录筛选出与电子信息专业相关(计算机网络、人工智能、电子电路等)的问答对,共 3 万条样本。自问自答数据集筛选结果示例如图 10.5 所示。

```
{
    "category":null,
    "q":"自然语言处理有哪些经典应用? ",
    "a":"自然语言处理有很多经典应用,以下是其中一些: \n\n1. 机器翻译: 将一种语言的文本自动翻译成另一种语言的文本。\n\
},
{
    "category":null,
    "q":"请解释一下什么是自然语言处理? ",
    "a":"自然语言处理 (Natural Language Processing, NLP) 是一种人工智能技术,旨在使计算机能够理解、解释和生成自然
},
{
    "category":null,
    "q":"列出三个重要的人工智能领域和每个领域的应用",
    "a":"1. 机器学习领域: 应用于自然语言处理、图像识别、推荐系统等领域。\n2. 深度学习领域: 应用于计算机视觉、语音识别、
},
```

图 10.5　GPT3.5 自问自答数据集筛选结果示例

(3) 在开源超大规模中文语料集 MNBVC 上抽取了科技论文相关的数据,共 2.02 万条样本。将论文内容及自定义提示(如:根据上述内容,生成两个问题,并用语句中的内容进行回答)输入在线 GPT-3.5 或者本地已部署的 Qwen、GLM 系列大模型,使用上述原则进行论文内容的问答对抽取,并人工梳理了少量错误指令。科技论文所生成的问答对数据示例如图 10.6 所示。

```
{
    "id": 4100,
    "title": "日常生活摄影报道的另类视角",
    "content": " 新闻摄影除了报道国内外重大、突发性新闻之外,还有不少报道日常生活的新闻。大部分摄影记者的主要工作精力,也是放到日
    "category1": "文学",
    "category2": "新闻传播学",
    "category3": "摄影报道_新闻摄影_突发新闻_贴近生活_摄影记者_趣味_突发性_工作者_视觉_国内_功夫_不平",
    "question": "新闻摄影中如何将平凡的日常生活拍得不平凡? ",
    "answer": "在新闻摄影中,将平凡的日常生活拍得不平凡需要记者运用真功夫。他们可以通过选择独特的视角和构图,捕捉到生活的细节
},
```

图 10.6　使用 GPT-3.5-Turbo 对 MNBVC 数据集中科技论文所生成的问答对数据示例

(4) 通过使用开源大模型对课程预训练语料生成问答数据,为使课程整体指令微调数据占比为 50%,另选取 webQA、alpaca_data_zh、Belle_open_source_0.5M、multiturn_chat_

0.8M 等通用语料作为补充，过滤后共有 39 万条数据。

(5) 收集了 487 份学校现行规章制度、1200 余条西电"1234 客服"问答对和 1500 余条基于学校官网信息人工构建的问答对。基于上述数据，构建了自适应检索增强指令微调数据。具体来说，为每个问题加入一个可能包含正确答案的上下文，并提示模型上下文有可能和问题不相关，并按照同制度、同部分的文件进行强负例构建，使得大模型在微调时能自适应判断当前检索内容是否有效。

2. 模型训练

"慧通"大模型基于开源通用大模型(截至 2024 年 9 月，采用 GLM4 系列)，依靠上述构建的预训练和微调数据，进行下列模型训练步骤。

1) 继续预训练

基于开源项目，采用 HuggingFace 封装好的 TrainingArguments 和 Trainer 进行训练。预训练的目标函数为输入序列的重新自回归生成。训练时，需要注意设置 gradient_checkpointing=True，模型训练使用的批量大小能够增大 10 倍，但需设置 use_cache =False。由于计算资源限制，还需要使用 deepspeed 等框架加速和降低显存负担。

2) 指令微调

在自身的预训练模型只涵盖了少部分电子信息专业知识的前提下，指令的答案内容如果与自身预训练数据分布相似是最有效的。

此外需要对微调数据质量有更高要求。例如 QA 问答规范化，网上开源的很多回答质量不高，为了提高回答的质量和规范，依旧借助 GPT-3.5、文心一言和通义千问等大模型，随机选取 QA 数据，利用 chaglm6b 进行答案抽取，以问题+答案作为指令。将单项问答数据如单轮 QA、实体识别、多项选择进行拼接，来模拟更真实的使用场景。因为在实际使用的时候，用户一般不会在界面窗口进行单轮问答后直接再新开界面，所以模型必须得做到区分是否使用前文信息。微调的数据格式参考 BELLE 的多轮问答监督微调格式。

指令微调分为全参数微调和参数高效微调。两者主要的代码区别在于是否使用 peft 库进行 HF model 转换，而 TrainingArguments 和 Trainer 只需修改超参数即可。

3) 基于强化学习的偏好对齐微调

在指令微调结束后，使用训练好的模型进行训练集和测试集问题批处理答案生成。采用贪婪解码得到当前模型置信度最高的回复，然后再与标准答案组成正负对；采用 DPO 策略进行偏好对齐学习，得到回复更加接近西电特定数据的大模型。

3. 模型部署推理

加载 LLM 通常涉及以下几个步骤：

(1) 下载模型：大语言模型通常以预训练的形式提供，可以从模型的官方网站、开源代码库或者其他途径下载获取。

(2) 安装依赖库：为了加载和使用大语言模型，需要安装一些依赖库或工具。这包括机器学习框架(如 TensorFlow、PyTorch 等)和相应的 NLP 工具包(如 transformers、Hugging Face 等)。

(3) 加载模型：使用所选的机器学习框架和 NLP 工具包，可以通过指定模型的路径或名称来加载预训练的大语言模型。这通常涉及创建一个模型对象，并加载预训练的权重参数。

(4) 配置模型：加载模型后，还需要配置一些模型参数，如输入序列的最大长度、生成策略等。这些参数可以根据具体的应用场景和需求进行设置。

4. 推理方案

"慧通"大模型中 LLM 的推理方案可以分为以下几个步骤：

(1) 输入处理：将用户的输入文本进行预处理，例如分词、编码或者其他形式的转换，将用户的问题或指令转化为模型可理解的向量表示。

(2) 上下文建模：将经过处理的输入传递给 LLM。模型会根据上下文信息来理解用户的意图和问题。通常，模型会考虑之前的对话历史或其他相关信息，以便更好地理解用户的语境。如果需要检索，则调用检索模块对原始教材、制度等文件向量数据库进行检索，得到文本片段作为上下文一并输入模型。

(3) 生成回答：模型利用预训练的知识和语言模型，在考虑上下文的基础上生成对应的回答或响应。模型会根据输入的信息、语法规则和语义关系来生成合理的回复。生成过程可能会涉及到采样策略、束搜索或其他生成技术，以平衡多样性和准确性。

(4) 输出处理：模型生成的回答往往是一个文本序列。为了得到最终的输出，可以对生成的文本进行后处理，例如去除空格、标点符号或其他格式化的调整，以提供更清晰、整洁的回答。

5. 应用场景

"慧通"大模型的使用场景包括以下几个方面。

(1) 基础对话：与学生或教师开展日常沟通，具备礼貌和友好的交流风格。可以根据用户的输入做出适当的回应，并以友善的方式向用户问候。还可以与用户进行闲聊，探讨各种话题，了解用户的兴趣爱好，并给予相应的回应和建议。

(2) 自主学习助手：提供电子信息专业的课程介绍，包括核心课程、选修课程和实践项目。LLM 可以解释每门课程的内容和目标，帮助用户了解专业的学习范围；解答学生提出的教材相关内容的问题，帮助学生自主预习复习；推荐与电子信息专业相关的学习资源，例如教科书、学术期刊、在线课程和研究论文；它可以提供链接或简要描述这些资源，以帮助用户深入学习。

(3) 实验指导：电子信息专业通常涉及实验室实验和项目。LLM 可以提供实验指导，包括实验设备的使用方法、实验步骤和数据分析。还可以回答实验过程中的问题，提供支持和建议。

(4) 技术讨论：电子信息专业涉及各种技术领域，如电路设计、通信协议、嵌入式系统等。LLM 可以与用户进行技术讨论，回答相关问题，提供解决方案和实用建议。同时可以与用户分享电子信息领域的最新技术动态和趋势，提供关于新技术、行业创新和研究进展的信息，帮助用户保持对行业的了解。

(5) 习题讲解：LLM 可以解答用户在电子信息专业中遇到的习题。无论是数学题、电路设计问题或编程练习，它都可以提供步骤和解题方法，帮助用户理解并解答习题。对于用户提交的错题，LLM 可以给出详细的讲解和指导。它可以解释错误的原因，提供正确的解答方式，并帮助用户避免类似错误的发生。同时。针对错题，提供相似的习题以达到巩固练习的目的。

(6) 教学帮助：LLM 可以向教师提供各种教学资源，例如教学课件、教学案例、教学视频等。它可以推荐优质的资源，以帮助教师丰富教学内容和方法。同时，它可以帮助教师设计问卷调查、并分析反馈结果，以提供针对性的教学改进方案。也可以帮助教师收集学生的教学反馈，并提供相应的改进建议。

6. Web 测试方式

如图 10.7 所示，可选择语音或者键盘输入学科问题，点击 ✈ 发送请求，后端接收到请求后为 LLM 提供输入，模型推理后把结果返回显示到前端页面。

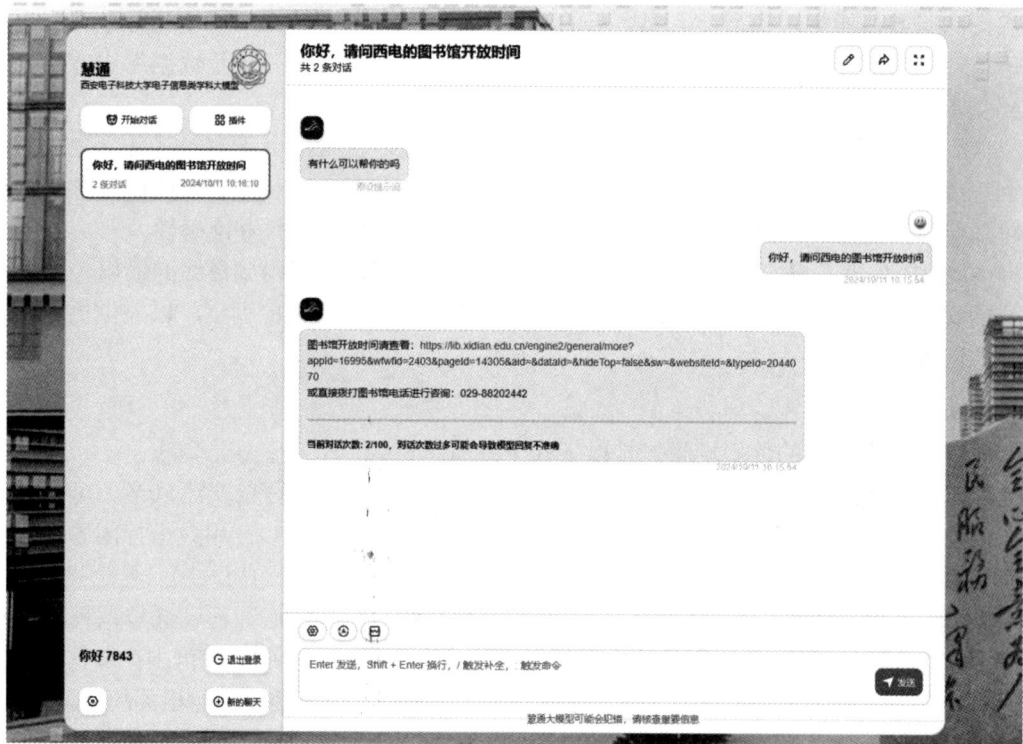

图 10.7　Web 端测试

10.4　LLM 应用于教育教学中的挑战

基于以上案例可以看到 AI 结合教育是有切实的场景需求和落地可行性的，但是 AI 结合教育不只存在机遇，同样面临着困难。想要使 AI 完全正面地、积极地渗透到学校管理、教师教学和学生学习的活动中，还存在很多挑战。有研究将其定义为四个层面，包括技术上的瓶颈、伦理冲突、系统上的组织融合以及学习机制的有效性。

具体到类 ChatGPT LLM 在高等教育上的挑战，可总结为以下四个方面。

(1) 高等教育本身具有很强的专业性，其中不乏"高精尖"专业，这些"高精尖"专业可以看成一个个垂直域应用领域，尽管 ChatGPT 使用了海量语料预训练，但整体的黑箱仍无法保证特定专业课程能够直接拿来用于教学。

(2) 由于当前类 ChatGPT LLM 还是"训练+推理"的使用范式，因此在预训练阶段完成的知识学习无法在下游应用中及时更新，这对于将日新月异的前沿研究、科学概念和理论融入教学内容仍是不足的。

(3) ChatGPT 主要依赖国外语料和人工喜好标注，这其中可能存在很多性别、种族甚至是政治偏见，如果让学生特别是思维活跃的本科生直接使用，很难保证其不受这些偏见的影响。从教育机构层面，如果要利用它，能否从技术层面对 ChatGPT 的输入输出做进一步的约束；从企业和大型研究院校层面，开发本地化甚至可以说具有"中国特色"的类 ChatGPT LLM，是一个可以展望的议题。

(4) 当前国内外很多高校已经对 ChatGPT 进行了封杀，因为已观察到学生直接利用其生成课业论文和研究报告，这使学生盲目依赖人工智能工具，导致学生满足于现成答案，缺乏问题意识和批判精神，助长学生求知上的惰性，对主动学习是非常不利的。另一方面，ChatGPT 生成的内容无法直接判定正确与否，因此需要人力的进一步判定和监管。

造成上述挑战的主要因素一方面是技术上 LLM 的算法发展以及配套的数据算力支持都越来越完备，LLM 势必会越来越智能；另一方面，学生一味贪图新鲜省事，缺乏数字素养。此外，还缺乏应对措施，例如缺乏对 LLM 在学术不端方面的界定等。可以看出，(1) 和(2)是上述垂直域数据如何配合 LLM，利用合适的迁移范式完成垂直域迁移。(3)则需要我国科研企业或研究机构集中力量收集高质量、符合我国特色的预训练语料实现 LLM 自研。(4)也是 OpenAI 同步 GPT-4 发布 System Card 的原因，这是一个开放的"打补丁"工具，可以发现漏洞、减少语言模型"胡说八道"的问题。这标志着 LLM 从一个优雅简单的语言建模任务进入了各种工程技术介入的阶段。

10.5　高校面临 ChatGPT LLM 挑战的应对措施

基于对 LLM 应用于教育教学中面临挑战的分析，可从以下几个方面思考应对方案。

(1) 技术应用上，要积极探索，对新技术研发自主可控的工具。高校应利用自身已构建的教学资源优势，结合现有的 LLM 迁移技术，研发基于类 ChatGPT LLM 的智慧教育平台和智慧办公平台。通过习题、教材等内容构建问答指令，借助提示学习或指令学习对开源 LLM 进行微调，使其能够符合高等教育学科要求，为激发学生自主学习提供有利条件。

(2) 价值导向上，应秉持以学生发展为核心的原则，警惕对人工智能(如类 ChatGPT LLM 技术)发展的过度依赖。虽然，此类技术展现出提升高等教育教学质量的潜力，但是其本质终归为辅助性智能工具，无法全面取代教师角色的多维价值。高校教育应坚定不移地践行立德树人的根本任务，强化人文关怀，聚焦于学生情感培育、思维拓展及道德品质塑造，以促进学生实现全面而自由的发展。同时，需引导学生树立正确的诚信观念与责任感，培养其成为具备自主意识与责任担当的人工智能技术使用者，科学合理地将 AI 技术融入学习、工作、生活及社会交往之中。

(3) 教学目标上，应超越单纯的知识传授层面，转向"授人以渔"的深层次追求。大学教育不仅要承载"知识内容的传递"功能，更需致力于创造性思维与创新能力的培养。因此，高校需积极探索并实施多元化的教学模式，设计并开展促进高阶思维发展的教学活动，包括那些难以被类 ChatGPT LLM 等人工智能工具直接替代的任务。大学教育的重点在于激发学生的探索欲与创造力，培养其自主学习、合作探究及终身学习的能力，为学生的全面发展奠定坚实基础。

(4) 教学过程中，应坚持因材施教的原则，避免简单依赖智能化工具的智慧化和个性化推送。尽管类 ChatGPT LLM 等技术能基于学生反馈进行一定程度的知识推送，但真正的教育在于教师的主动介入与个性化关怀。教师应作为学生学习旅程中的关键引导者，通过深入了解每位学生的特点与需求，实施有针对性的教学策略与课外实践活动。这一过程不仅关乎知识的传递，更在于成为学生学业成长与人格完善的"引路人"，展现出教育的人性化温度与深度，这是任何技术所无法比拟的。

(5) 学生学习上，应着重培养批判性思维能力，避免仅满足于算法推送的即时答案。从积极视角审视，类 ChatGPT LLM 等技术的应用为学生提供了接触多元化信息与观点的宝贵契机，促使学生更频繁地挑战并审视自身既有观念，从而在知识体系的自我审视中填补空白、完善结构，并逐步形成个性化的独到见解。鉴于此，批判性思维能力的培养对于学生面向未来的个人发展具有不可估量的价值，尤其是在信息爆炸的时代背景下，此能力更是成为学生甄别信息真伪、把握知识精髓的关键所在。

(6) 考试评价上，应创新评价理念，并适时调整考试内容与方法，以开放包容的态度接纳新技术带来的变革。鉴于类 ChatGPT LLM 等技术在知识记忆与复现方面已展现出超越人类的性能，高校应果断摒弃以往过分倚重知识记忆的传统考试评价体系，转而构建一套多维度、综合性的评价标准，重点考查学生在批判性思维、创新性思维等高级认知能力上的表现。同时，应引导师生以道德规范和高效益为导向，合理使用人工智能技术，通过制定详尽的教学规范与标准，明确其在教师教学、学生学习及考试评价中的应用边界，从而最大化地激发人工智能技术对教学质量的提升作用。

第 11 章　元宇宙与智能教育

11.1　元宇宙技术及其在教育教学中的应用

11.1.1　元宇宙教育的概念与特征

随着科技的迅猛发展，智能教育技术成为了引领教育变革的重要驱动力。这项技术的出现与元宇宙技术的蓬勃发展相互交织，为教育教学带来了前所未有的机遇和挑战。元宇宙技术以其虚拟、增强和混合现实的特性，将人与数字世界无缝融合，为教育创造了全新的空间与可能。智能教育技术则以人工智能、机器学习和大数据分析为基础，赋予教育更深层次的个性化、智能化和自适应能力。在这个新兴的教育领域中，元宇宙技术与智能教育技术可深度融合，譬如如何利用元宇宙技术创造沉浸式学习环境，使学生能够身临其境地参与其中，提升他们的学习动力和效果。如何实现技术落地，为每个学生提供量身定制的教学内容和支持，实现优质教育资源的普惠性和可及性。对这些问题的探索，将为教师和学生带来前所未有的教学体验和学习机会。

元宇宙利用虚拟现实、增强现实和人工智能等技术，创造了一个沉浸式、高交互性的数字空间，旨在模拟真实世界或构建虚拟世界，并与现实世界进行互动和融合。它允许用户在虚拟空间中与他人交互、创造和探索，从而提供更个性化、更高自由度的学习、工作、社交和娱乐体验。元宇宙的起源可以追溯到 2D 向 3D 技术转变时期的虚拟网络世界。教育是一个开放、不可逆、非线性和非均衡的复杂系统，深入理解它的发展规则并不容易。在元宇宙出现后，我们可能获得了理解教育系统复杂性和发展规律的新方法。这里，我们将元宇宙在教育中的应用称为"教育元宇宙"。

虽然"教育元宇宙"是一个全新的概念，可能并不具备科技产业所描述的所有特征，但若要发展教育元宇宙，学者们普遍认为它应至少具备三个核心特性，即交互性(Interactivity)、沉浸性(Immersive)和多元性(Pluralism)。

1. 交互性——重视社交交互

教育元宇宙强调的是社交交互性，这是其建设的一个关键部分。在这个环境中，教师、学生、学习资源和学习环境都是基本组成部分。用户可以对虚拟学习环境进行建模和改动，旨在促使学生与环境和资源的互动进一步加深。教育元宇宙的构想同样支持学生与教师通过虚拟化身份建立交流与联系，这种虚拟化的角色代表了他们在虚拟世界中的身份。学生还可以在这个环境中进行社交，建立社会联系。这种沉浸式的社交交互为学生和教师创造了接近现实的社会环境，扩大了学习空间，并提供了更多的学习和社交机会，从而形成了社区观念。这种交互性给各种教育活动带来了新的思路，为各个阶段、学科、级别和领域的教育开辟了新的可能。

2. 沉浸性——模拟真实世界

教育元宇宙通过模拟物理定律和创建逼真的环境，使用户体验到非常接近现实世界的感觉。在这个三维虚拟环境中，为了增强虚拟世界的真实感和沉浸感，一些我们熟悉的行为规则，例如不能穿过墙壁、物体受重力影响等都能得到体现。同时，用户在特定场景能够实现飞行等特殊能力，进一步丰富了虚拟学习的维度与趣味性，鼓励用户在元宇宙中深入探索。教育元宇宙的高度真实感和沉浸性进一步提升了用户的存在感和临场感，使他们能够全身心地投入学习。

3. 多元性——自由、开放、灵活的规则

教育元宇宙没有预设的规则，也不会强加给用户既定的目标，这一点不同于商业游戏。在这一环境中，所有的用户(即教育元宇宙的居民)都享有自主设立如他们所愿的环境规则与条件的自由。这种开放性意味着居民们能够自由地实现多样化的创意，如开展运动会、组织团建或开设兴趣班等。教育元宇宙借助分布式云计算技术，支持全球范围内多个服务器的托管，从而为用户提供根据需求调整学习环境规模的灵活性。此外，该平台支持访问控制，允许授权用户在特定区域内制定限制与规则，以便在共享的环境中划分私人空间。因此，无论是大规模开放在线课程还是小规模私有在线课程，教育元宇宙都能提供一个三维沉浸式的体验。这种对规则的灵活处理赋予了用户无边界的活动、创造及交流空间，激发了教育的多元化可能。

11.1.2　虚拟角色教学和在线学习

通过元宇宙技术，可以创建虚拟教室，让学生和教师在虚拟空间中进行在线教学和学习。学生可以与教师和其他学生进行实时互动，提高学习效果和参与度。同时，教师可以通过虚拟教室提供个性化的学习内容和反馈。在元宇宙虚拟教室中，学生不再局限于物理空间的限制，可以随时随地进行学习，并能够与世界各地的同学和老师进行互动。在这个环境中，教学资源的获取和分享变得更加便捷，教学方法也更加多元和创新。

虚拟角色扮演作为元宇宙教育中一种重要的学习方式，是指在元宇宙教育中，学生通过扮演虚拟角色，进入虚拟场景中，与其他虚拟角色进行互动，并参与故事情节的发展和决策过程。学生可以根据情节的需要，模拟不同的角色身份，面对各种挑战，解决问题，做出选择。

教育元宇宙利用先进的技术创造了近乎真实的虚拟情境，为语文、英语、历史、地理等学科的学习提供了更丰富和生动的体验。传统的学习方式通常使用图片、视频等形式呈现相关内容，但受到技术限制，无法完全还原真实的情境。而教育元宇宙则能够突破

时空限制，让学生几乎身临其境地观察和体验不同时间、不同地点的人文、历史、地理环境。

在某中学一堂以"纯碱工业"为主题的实验课中，教师利用 VR 眼镜，通过虚拟现实的方式向学生展示了纯碱的外观、应用场景以及中国的纯碱发展历程。同时，教师还利用 AR 技术，将联合制碱法的每一个生产环节完整地展示给学生，配合化学方程式的学习，生动形象地解析了联合制碱法的全过程，如图 11.1 所示。学生们在学习理论知识的同时，也能通过 5G 在线实时连线，仿佛亲临现场般地感受纯碱的制作过程，无需离开教室，即可实现完整的场景参观和展示。

图 11.1　元宇宙助力"纯碱工业"主题实验课

11.1.3　元宇宙教育平台

元宇宙教育平台，作为当今教育领域的热门话题，正在引领教育创新的浪潮。它将虚拟现实、增强现实和人工智能等先进技术与教育相结合，创造出一种全新的学习体验，为教育者提供了丰富的工具和资源，帮助他们营造出更具互动性和沉浸感的学习体验。当前市场上已经有多个元宇宙教育平台，下面将列举其中几个。

1. Sloodle 教育平台

Sloodle 为教育者提供了全新的教学工具，教师可以在元宇宙中创建各种各样的学习环境和资源，如虚拟实验室、历史场景模拟等，让学生在逼真的环境中进行实践，增强学习的趣味性和实践性。对于一些难以在现实中实现的实验或模拟，通过 Sloodle 在虚拟世界中进行，既安全又便捷。除此之外，Sloodle 还具有优秀的协作学习特性，用户可以在 Sloodle 中创建自己的角色，并通过角色进行交流和互动，形成虚拟的学习小组，进行协作学习。这种方式突破了传统的面对面交流的限制，使得全球的学生和教育者都可以在同一平台上进行交流和学习。

Sloodle 还拥有优秀的自适应学习特性，允许教育工作者依据每位学生的学习进展和能力水平，定制针对性的学习策略，使得每个学生都能在适合自己的环境中进行学习。Sloodle 的虚拟社区特性不仅仅是一个学习工具，更是一种全新的学习方式。它将教育和游戏完美融合，创造出一种全新的学习体验，让学习变得更加有趣和有效。

2. Hodoo Labs 社区学习平台

Hodoo Labs 是一个以英语学习为主的学习社区，它将 300 多名角色和约 4300 种情景移植到虚拟现实场景中进行英语会话，使用者在 5 个大陆、30 多个假想村庄中自由旅行，在此过程中提升英语能力。

3. Virbela 虚拟校园

Virbela 作为一家百分之百在虚拟空间内运营的公司，允许用户在一个沉浸式的三维空间内开展一系列活动，包括参与教学、开展活动、召开会议等。Virbela 虚拟校园包括礼堂、独立会议室、足球场，甚至还有海盗船，其设计在重现物理世界校园的课堂文化和实践经验方面做了精细考量，包括但不限于翻转课堂、演示屏幕、个人学习室以及供社交和学习之用的自由空间，为学生提供了既有趣又真实的校园生活体验。在 Virbela 虚拟校园中，教师能够放映 PPT、播放视频或自定义学习空间的布局，而学生则可以探索校园内的学习区、会议室或参与活动，通过在线课程和互动学习促进社区建设与文化意识的发展。

4. Zepeto 元宇宙教育平台

Zepeto 是韩国新兴的元宇宙生态系统平台，其在教学单元也有良好的体验感，可以通过选择背景、场景、教室来完成课堂的个性化布置。Zepeto 在教学基础上，增加了即兴创作、游戏互动等设计巧思，从细节上提升了人物的互动性和获得感。在 Zepeto 元宇宙教育平台上，学生可以通过自己的虚拟角色在虚拟世界中探索、学习和互动。他们可以参观虚拟的博物馆、科学实验室或历史遗址，亲身体验各种不同的学习场景。同时，教师也可以利用这个平台进行线上授课，设计各种富有创新性的教学活动。此外，Zepeto 元宇宙教育平台也提供了丰富的教育资源和工具，帮助教师制作自己的教学内容。例如，教师可以创建虚拟的教室或实验室，设置各种任务和挑战，引导学生进行自我学习和探索。

11.2　云边协同的元宇宙教育关键技术及实现

11.2.1　基于增强型 5G–CPE 的云边协同 XR 系统

在元宇宙教育中，实现多设备接入是一个重要的问题。这意味着不同的设备，如 VR 终端，AR 终端或手机，都可以无缝接入学习环境。此外，还需要考虑带宽的问题。随着越来越多的设备接入，网络带宽可能会变得紧张，这可能会导致视频卡顿，因此使用 5G 网络是一个可行的解决方案。

5G 家庭无线接入终端(5G Customer Premises Equipment，5G-CPE)是一种无线宽带设备，能够帮助用户在家庭或办公环境中接入 5G 网络。使用 5G-CPE 可以让元宇宙用户随时随地接入网络中，实现室外的元宇宙教学。在元宇宙的教育应用中，由于其对实时性、交互性的高要求，会产生大量的数据流量，而传统的中心化云计算模型可能会面临带宽不足的问题。

因此，云边端协同通信的方案被提出以解决此问题。图 11.2 展示了一种基于增强型

5G-CPE 的扩展现实(Extended Reality，XR)云边协同系统。在传统 CPE 处集成具备计算控制能力的硬件单元，并在硬件单元处部署智能传输和资源调配算法，使增强型 5G-CPE 具备边缘计算能力和智能资源调度能力。该系统通过云边端信息协同技术降低 XR 终端设备的硬件配置要求；通过算力资源智能调度算法将算力资源根据不同的应用需求进行合理分配，保证延迟和算力满足 XR 应用需求；通过增强型 CPE 的 5G 模块传输 XR 数据，使用户可以随时随地获得高质量 XR 应用体验。

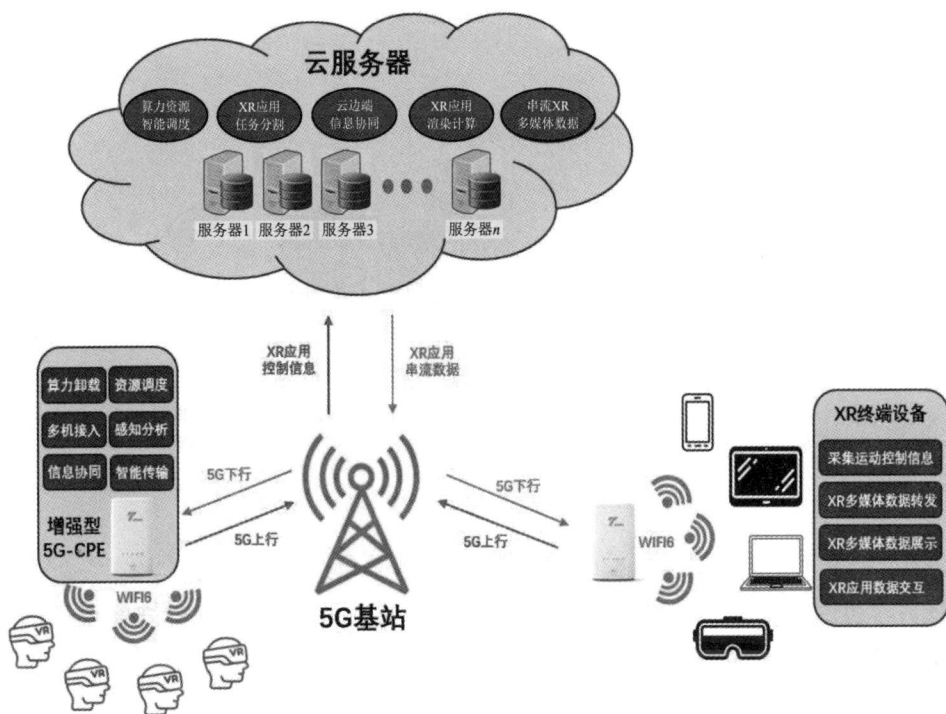

图 11.2　基于增强型 5G-CPE 的 XR 云边协同系统

　　该系统应用了英伟达公司推出的一种将高质量的 VR、AR 和 MR 体验带入 5G 网络的方案——CloudXR。CloudXR 通过将计算和渲染的工作从本地设备转移到云端，大大减轻了本地设备的负载，并且可以实现更高的图形质量和更低的延迟。这种串流方案的优势在于，它可以克服本地设备的计算和渲染能力的限制，使用户能够享受到更高质量的 XR 体验。此外，由于大部分工作都在云端完成，用户的设备不需要特别强大的硬件，这大大降低了用户体验 XR 的门槛。

　　云端渲染-终端解码-边缘端转发的集成方案如图 11.3 所示，云端(云服务器)负责实现 XR 应用的渲染计算功能，并将渲染好的多媒体数据串交给部署 CloudXR 客户端的 XR 主设备；部署 CloudXR 客户端的 XR 设备负责实现 CloudXR 串流数据的解码操作，并将解码后得到的音视频数据推流给增强型 5G-CPE 计算单元(视频流服务器)；增强型 5G-CPE 负责实现 XR 串流数据的转发功能；未部署 CloudXR 客户端的 XR 从设备通过向增强型 5G-CPE 拉流来获限下发的视频流。

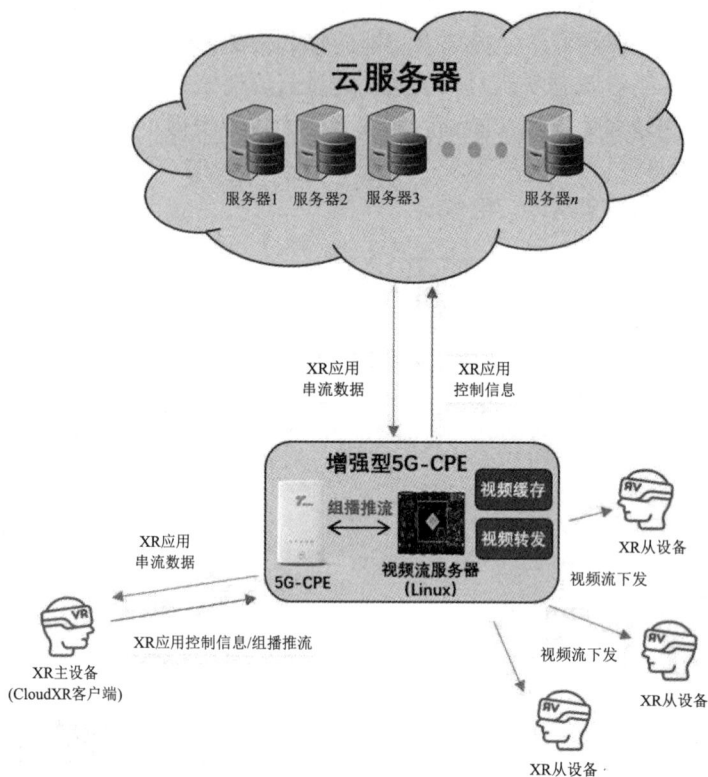

图 11.3　云端渲染—终端解码—边缘端转发集成方案示意

该方案通过云服务器和边缘端增强型 5G-CPE 的协同，实现了元宇宙教学场景下的信息传输，多个 XR 从设备只需要具备视频转发能力，边缘端和云端承担了渲染和转发的功能，极大降低了用户的使用门槛。

11.2.2　基于 WebRTC–SVC 的智能传输系统

针对多设备接入的问题，系统需要考虑接口的兼容性和适应性。考虑到不同的设备可能使用不同的操作系统和软件接口，兼容性成为了一个重要的考量因素。为了确保所有设备都能顺利接入，接口需要能够与这些不同的系统和软件兼容。除了接口兼容性，接口适应性也是一个重要的问题。这是因为不同的设备可能有不同的功能和性能。例如一些设备可能支持高清视频，而其他设备可能只支持标准清晰度视频，接口需要能够适应这些不同的设备性能，以提供最佳的用户体验。

可以使用 WebRTC 解决兼容性问题。WebRTC 是一个支持网页浏览器进行实时语音、视频通话和 P2P 文件共享的 API。它的设计目标就是帮助开发者在无需任何插件的情况下，仅通过简单的 JavaScript 就能实现网页间的音视频通话。WebRTC 是一项实时通信技术，使得终端能够在无须依赖任何中介媒体的条件下，直接在浏览器间建立点对点连接。这一技术不仅支持视频和音频流的传输，还允许传送其他类型的数据，传输示意图如图 11.4 所示。WebRTC 还为用户提供了一个便捷的途径，即在不必安装任何第三方软件的前提下，开展点对点的数据通信功能。表 11.1 中针对市面上已有的通信协议进行了调研和对比，不难看出 WebRTC 是目前最适用于当前系统的通信协议。

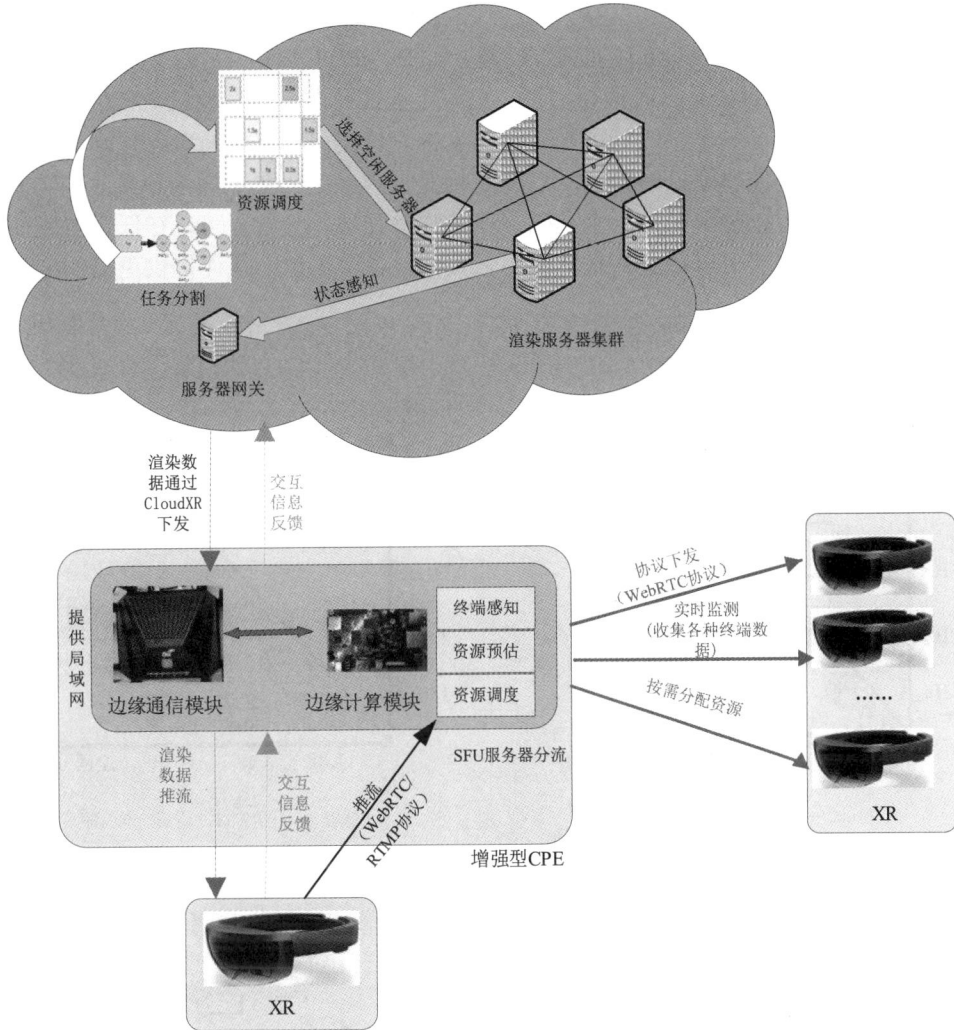

图 11.4　WebRTC 传输示意图

表 11.1　通信协议对比

协议	RTMP	HTTP-FLV	HLS	WebRTC
全称	Real Time Message Protocol	Flash Video over HTTP	HTTP Living Streaming	Web Real-Time Communication
原理	收到数据立刻转发	收到数据立刻转发	集合数据并生成切片文件	直接在浏览器间发送数据
优点	技术成熟，不需要多次建连	避免防火墙影响，类似 RTMP	技术成熟，不需要多次建连	低时延，性能好，无需插件
缺点	需 Flash 技术支持	需 Flash 技术支持，不支持多视频流	需多次请求，对网络质量要求高，时延大	难以保证传输质量

考虑到后期的用户感知和业务感知目标，系统需要在平台的基础上进行改进，分别调研了 Simulcast 和可伸缩视频编码(Scalable Video Coding，SVC)，通过对比分析后确定采用 SVC。将 WebRTC 与 SVC 相结合，可以在元宇宙教育场景中带来许多优势和创新。

如图 11.5 所示，基于 WebRTC 的 SVC 是一种 H.264/MPEG-4 AVC 视频编码标准的扩展，即 SVC 具有伸缩性，具有时间可适性、空间可适性及质量可适性三大特性，允许一个视频流被解码为多个分辨率、比特率和质量的版本。这使得它可以适应各种网络环境和设备能力，从而提供更佳的用户体验。SVC 的目标是使视频编码更加灵活和高效。例如，一个高分辨率的视频可以被编码为一个基础层和一些增强层。基础层可以在低带宽或低功率设备上播放，而增强层可以在更高带宽或更强大的设备上添加，从而提供更高的分辨率或更好的质量。

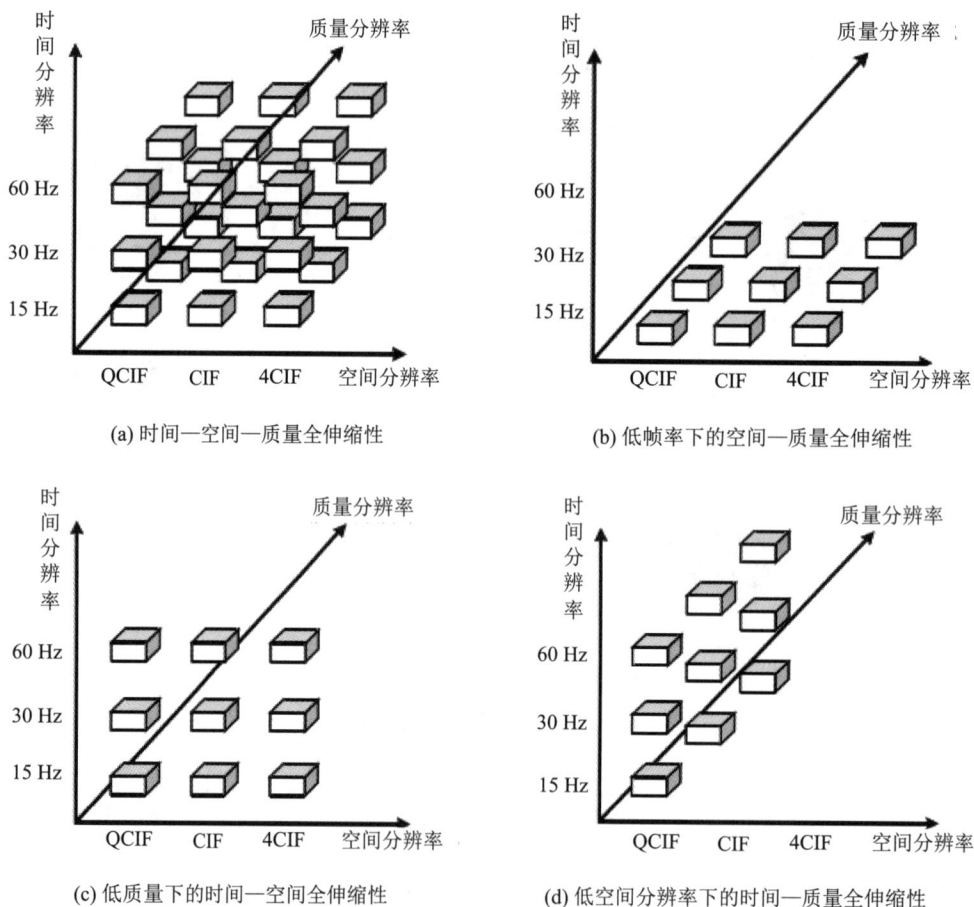

(a) 时间—空间—质量全伸缩性

(b) 低帧率下的空间—质量全伸缩性

(c) 低质量下的时间—空间全伸缩性

(d) 低空间分辨率下的时间—质量全伸缩性

图 11.5 SVC 伸缩性示意图

将 WebRTC 与 SVC 相结合，可以在元宇宙教育场景中带来许多优势和创新。首先，这种结合可以实现高质量、流畅的实时视频通信，使学生和教师无论身处何地都能够进行远程交流和互动。通过适应不同网络条件和设备能力的自适应视频编码，可以确保在带宽有限或设备性能较低的情况下，仍能保持良好的视频质量。

其次，结合 WebRTC 和 SVC 还可以实现多方视频会议的扩展。在元宇宙教育场景中，可能需要同时连接多个学生和教师，进行群体讨论、团队合作等活动。通过 SVC 的多路复用和扩展性能，可以确保在多方参与的情况下，仍能保持稳定的视频通信，并有效地利用带宽资源，提供一致的用户体验。

此外，结合 WebRTC 和 SVC 还可以为元宇宙教育场景提供更多交互和沉浸式体验。通过使用分层编码和流媒体技术，可以实现动态自适应的内容传输，使学生能够根据自身需求选择不同细节层级的内容，提供个性化的学习体验。而且，在元宇宙中结合 VR 和 AR 等前沿技术，有助于学生更深层次地参与到教育场景中，增强沉浸感和互动性。

总的来说，通过 WebRTC 和 SVC 的结合，在元宇宙教育场景中可以实现高质量的实时视频通信、扩展性的多方会议，以及个性化、沉浸式的学习体验。这将为教育带来新的可能性，打破时空限制，为学生提供更广阔、丰富的学习环境。

参 考 文 献

[1] WANG H, SCHMID C. Action recognition with improved trajectories[C]. Proceedings of the IEEE international conference on computer vision, Sydney, Australia: IEEE, 2013: 3551-3558.

[2] SUN Z, KE Q, RAHMANI H, et al. Human action recognition from various data modalities: A review[J]. IEEE transactions on pattern analysis and machine intelligence, 2022, 45(3): 3200-3225.

[3] SIMONYAN K, ZISSERMAN A. Two-stream convolutional networks for action recognition in videos[J]. Advances in neural information processing systems, 2014.

[4] SOOMRO K, ZAMIR A R, SHAH M. UCF101: A dataset of 101 human actions classes from videos in the wild[J]. arXiv preprint arXiv: 1212.0402, 2012.

[5] KUEHNE H, JHUANG H, GARROTE E, et al. HMDB: a large video database for human motion recognition[C]. 2011 International conference on computer vision. Barcelona，Spain: IEEE, 2011: 2556-2563.

[6] JI S, XU W, YANG M, et al. 3D convolutional neural networks for human action recognition[J]. IEEE transactions on pattern analysis and machine intelligence, 2012, 35(1): 221-231.

[7] CARREIRA J, ZISSERMAN A. Quo vadis, action recognition? a new model and the kinetics dataset[C]. Proceedings of the IEEE Conference on Computer Vision and Pattern Recognition, Honolulu, HI, USA: IEEE, 2017: 6299-6308.

[8] DOSOVITSKIY A, BEYER L, KOLESNIKOV A, et al. An image is worth 16x16 words: Transformers for image recognition at scale[J]. arXiv preprint arXiv: 2010.11929，2020.

[9] FAN H, XIONG B, MANGALAM K，et al. Multiscale vision transformers[C]. Proceedings of the IEEE/CVF international conference on computer vision, Montreal，Canada: IEEE, 2021: 6824-6835.

[10] TONG Z, SONG Y, WANG J, et al. Videomae: Masked autoencoders are data-efficient learners for self-supervised video pre-training[J]. Advances in neural information processing systems, 2022.

[11] YANG F. A Multi-Person Video Dataset Annotation Method of Spatio-Temporally Actions[J]. arXiv preprint arXiv: 2204.10160, 2022.

[12] WEN Z, LI H, XIAO T, et al. MultiSports: A Multi-Person Video Dataset of Spatio-Temporally Localized Sports Actions[C]. Proceedings of the IEEE/CVF Conference on Computer Vision and Pattern Recognition. New Orleans, USA: IEEE, 2022: 17477-17486.

[13] SENSELAB. Center for medical informatics at yale university school of medicine yale university school of medicine[EB/OL]. [2016-01-08]. http://ycmi.med.yale.edu/.

[14] AIZAWA A. An information-theoretic perspective of tf-idf measures[J]. Information Processing & Management, 2003，39(1): 45-65.

[15] YU F, TANG J, YIN W, et al. Ernie-vil: Knowledge enhanced vision-language representations through scene graphs[C]. Proceedings of the AAAI conference on artificial intelligence, 2021, 35(4): 3208-3216.

[16] GRAVES A, FERNANDEZ S, GOMEZ F, et al. Connectionist temporal classification: labelling unsegmented sequence data with recurrent neural networks[C]. Proceedings of the 23rd international conference on Machine learning. Pittsburgh，PA，USA: ACM, 2006: 369-376.

[17] SUTSKEVER I, VINYALS O, LE Q V. Sequence to sequence learning with neural networks[J]. Advances in neural information processing systems, 2014, 27: 3104-3112.

[18] DU Y, CHEN Z, JIA C，et al. Svtr: Scene text recognition with a single visual model[C]. International Joint Conferences on Artificial Intelligence, Vienna，Austria: IJCAI, 2022.

[19] MNIH V, KAVUKCUOGLU K, SILVER D, et al. Playing atari with deep reinforcement learning[J]. arXiv preprint arXiv:1312.5602, 2013.

[20] VAN HASSELT H, GUEZ A, SILVER D. Deep reinforcement learning with double q-learning[C]. Proceedings of the AAAI conference on artificial intelligence, Phoenix, USA: AAAI, 2016: 2094-2100.

[21] WANG Z, SCHAUL T, HESSEL M, et al. Dueling network architectures for deep reinforcement learning[C]. International conference on machine learning.New York, USA: PMLR, 2016: 1995-2003.

[22] SCHAUL T, QUAN J, ANTONOGLOU I, et al. Prioritized experience replay[C]. International Conference on Learning Representations. San Juan, Puerto Rico: ICLR, 2016.

[23] MIN K, KIM H, HUH K. Deep distributional reinforcement learning based high-level driving policy determination[J]. IEEE Transactions on Intelligent Vehicles, 2019, 4(3): 416-424.

[24] WANG B, ZHU H, XU H，et al. Distribution network reconfiguration based on NoisyNet deep Q-learning network[J]. IEEE Access, 2021, 9: 90358-90365.

[25] YUAN Y, YU Z L, GU Z, et al. A novel multi-step Q-learning method to improve data efficiency for deep reinforcement learning[J]. Knowledge-Based Systems, 2019, 175(1): 107-117.

[26] ZHOU Y, Li D, HAN X, et al. MakeItTalk: Speaker-Aware Talking-Head Animation[J]. ACM Transactions On Graphics (TOG), 2020, 39(6): 1-15.

[27] PRAJWAL K R, MUKHOPADHYAY R, NAMBOODIRI V P, et al. A lip sync expert is all you need for speech to lip generation in the wild[C]. Proceedings of the 28th ACM international conference on multimedia.Seattle, WA, USA: ACM, 2020: 484-492.

[28] TOPCUOGLU H，HARIRI S，WU M Y. Performance-effective and low-complexity task scheduling for heterogeneous computing[J]. IEEE transactions on parallel and distributed systems, 2002, 13(3): 260-274.

[29] ARABNEJAD H, BARBOSA J G. List scheduling algorithm for heterogeneous systems by an optimistic cost table[J]. IEEE transactions on parallel and distributed systems, 2013, 25(3): 682-694.

[30] DJIGAL H, FENG J, LU J. Task scheduling for heterogeneous computing using a predict cost matrix[C]. Workshop Proceedings of the 48th International Conference on Parallel Processing, Kyoto, Japan: ACM, 2019: 1-10.

[31] DJIGAL H, FENG J, LU J, et al. IPPTS: An efficient algorithm for scientific workflow scheduling in heterogeneous computing systems[J]. IEEE transactions on parallel and distributed systems, 2020, 32(5): 1057-1071.